水轮机非定常流动及多相流特性研究

黄剑峰　著

科学出版社

北京

内 容 简 介

本书聚焦当前国家"双碳"背景下清洁可再生能源的持续高效利用，围绕当前水轮机研究领域中前沿热点课题开展研究，系统地介绍了水轮机非定常瞬态水动力学及空化、泥沙磨损多相流特性的数值模拟方法和最新研究成果，对水电站性能预估及优化设计具有重要参考价值。

本书内容新颖，重点突出，适合水利工程、水力机械、流体力学、能源动力工程等领域的科研人员参考，也可作为高等院校水利类和流体机械类专业本科生和研究生的教学参考书。

图书在版编目（CIP）数据

水轮机非定常流动及多相流特性研究 / 黄剑峰著. —北京：科学出版社，2024.4

ISBN 978-7-03-077518-4

Ⅰ. ①水… Ⅱ. ①黄… Ⅲ. ①水轮机－多相流－研究 Ⅳ. ①TK730.1

中国国家版本馆 CIP 数据核字（2024）第 006009 号

责任编辑：郭勇斌 邓新平 / 责任校对：任云峰
责任印制：徐晓晨 / 封面设计：义和文创

科 学 出 版 社 出版
北京东黄城根北街 16 号
邮政编码：100717
http://www.sciencep.com

北京中科印刷有限公司印刷
科学出版社发行 各地新华书店经销

*

2024 年 4 月第 一 版 开本：720 × 1000 1/16
2024 年 4 月第一次印刷 印张：16 插页：5
字数：315 000
定价：128.00 元
（如有印装质量问题，我社负责调换）

前　　言

在"双碳"背景下国家"十四五"期间要加快能源绿色低碳转型，科学有序推进水电开发，水轮机作为水力发电系统中的重要核心设备，在旋转湍流下工作会产生非定常压力脉动、空化、泥沙磨损、流致振动（或称流激振动）等严重影响机组正常运行的问题。水轮机非定常流动数值模拟研究、水轮机空化和泥沙磨损多相流模拟研究、水轮机三维暂态过程研究等一直是该领域中保证机组安全、可靠运行的重要研究课题。原来我国泥沙含量大的河流主要分布在华北和西北黄土高原地区，对于泥沙含量大的江河流域上的水电站都存在或将面临严重的水轮机磨蚀问题，空化与泥沙磨损联合作用，造成水轮机的磨蚀加重。流经水轮机过流部件的流态是典型的水-气-沙多相湍流，在某些特殊瞬态过程中，机组内部流态十分恶劣，流道中出现多种尺度的旋涡流动，流道某些局部位置可能发生空化，由此引起悬移质泥沙颗粒对水轮机过流部件的磨损，严重时会引起水轮机的性能下降、机组的空蚀和振动等一系列问题。本书以此为研究背景，利用现代计算流体动力学中先进的数值模拟方法，对水轮机研究领域中这些极富挑战性的技术难题开展研究，所研究的内容具有工程实际意义和理论学术价值。

自 2005 年以来我一直从事有关水轮机的流动数值模拟研究，本书是在总结多年的研究成果基础上撰写而成的，其中部分内容是已经公开发表的学术论文，部分内容则是近些年对水轮机泥沙磨损多相流数值模拟的一些探索。全书共分 8 章，第 1 章概述了水轮机 CFD 流动数值模拟及其当前研究领域中的热点课题，介绍了水轮机非定常流动及多相流特性的研究背景和意义。第 2 章对原型混流式水轮机全流道进行三维定常及非定常湍流计算，预估其能量和空化性能并分析内部流场的流动细节。第 3 章针对水轮机的非定常瞬态流动应用大涡模拟与分离涡模拟对混流式水轮机进行三维非定常湍流数值模拟，探索流道内涡旋生成演化机理。第 4 章基于欧拉-欧拉方法中的混合模型对水轮机的空化和泥沙磨损两相湍流场进行三维定常数值模拟，研究水轮机的气液两相空化性能和固液两相泥沙磨损特性。第 5 章基于 ALE 动网格和重叠网格方法对水轮机活动导叶关闭过程进行二维数值模拟，研究导叶绕流后的水动力特性并将两种方法的计算结果进行比较。第 6 章将浸入边界法和大涡模拟结合模拟水轮机导水机构双环列非线性叶栅绕流场，研究导叶动态绕流尾迹结构的演化机制。第 7 章基于欧拉-拉格朗日方法中的离散相模型对水轮机泥沙磨损颗粒流进行数值模拟，研究湍流与泥沙的相互作用机理及泥沙颗粒流特性对转轮磨损的影响规律；通过冲蚀-动网格耦合模型捕捉到水轮机泥沙磨损动态演化过程。第 8 章基于 DEM-CFD 耦合方法对水轮机内泥沙颗粒流动特性进行模拟研究，分析泥沙颗粒运动状态，探索含沙水流条件下水轮机内泥沙磨损机理。

在此特别感谢我硕士、博士期间的导师昆明理工大学工程力学系首席教授张立翔的悉心指导，将我引入水轮机 CFD 研究领域。导师学识渊博，品德质朴高尚，治学态度严谨，专业洞察力广博深邃，科研精神孜孜不倦，甘为人梯、平易近人的风范影响并伴随我的一生。感谢昆明理工大学工程力学系的姚激副教授、曾云教授、张洪明教授、何士华教授等对研究工作给予的帮助和支持。感谢哈尔滨工程大学的明平剑博士，北京航空航天大学的谢胜百博士、孙晓峰教授、单鹏教授对我在浸入边界法和计算流体动力学方面的指导与帮助。同时，特别感谢国家自然科学基金项目"含沙水流条件下水轮机内泥沙颗粒动力学特性及其对多相介质相间耦合机制的影响"（52169020）、"强瞬变流诱发水泵水轮机振动的非线性响应机制研究"（51541913）和北部湾大学引进高层次人才科研启动项目（2022KYQD01）等的资助。本书在撰写和出版过程中得到了北部湾大学建筑工程学院领导和同事的支持，以及科学出版社编辑的帮助，在此一并表示感谢。

由于作者水平有限，书中难免有疏漏之处，恳请各位专家和读者批评指正（hjf30@126.com）。

黄剑峰

2023 年 8 月于北部湾大学

目　　录

第1章 绪　　论

1.1　引　　言

清洁与可再生能源的综合开发与利用是国际学术前沿和我国可持续发展的重要战略方向，关系到政治、经济、社会以及生态环境可持续发展等诸多方面，能源短缺与供需矛盾，以及水电能源和洁净新能源可持续发展问题已经成为影响世界政治经济格局、主导国家关系、影响国家能源安全、制约国民经济发展的重要问题，同时也一直是全世界关注的焦点问题。特别是核电的安全问题也因2011年日本大地震引发海啸涌浪导致的福岛核电泄漏事故引起世界各国高度重视[1]。从近期我国能源规划报告可以看到，在我国电力组成中，水力发电是最清洁的可再生能源[2,3]。我国水力资源丰富，具有较广阔的开发利用前景，近年来开发的力度日增，因此对大中型水轮机需求量较大。根据国家"十三五"水电发展目标，全国新开工常规水电和抽水蓄能电站各6000万kW左右，新增投产水电6000万kW，2020年水电总装机容量达到3.8亿kW，其中常规水电3.4亿kW，抽水蓄能4000万kW，年发电量1.25万亿kW·h，折合标煤约3.75亿t，在非化石能源消费中的比重保持在50%以上。"西电东送"能力不断扩大，2020年水电送电规模达到1亿kW。预计2025年全国水电装机容量达到4.7亿kW，其中常规水电3.8亿kW，抽水蓄能约9000万kW，年发电量1.4万亿kW·h。2021年8月国家能源局提出2035年抽水蓄能装机规模将从3249万kW增加到3.05亿kW，助力实现碳达峰、碳中和目标。2021年10月24日，国务院印发的《2030年前碳达峰行动方案》提出，因地制宜开发水电，积极推进水电基地建设，"十四五""十五五"期间均新增水电装机容量4000万kW左右，西南地区以水电为主的可再生能源体系基本建立。除已建成的长江三峡和黄河小浪底等水电站外，包括澜沧江、雅砻江和金沙江在内的一些西南高山峻岭地区的丰富水力资源，也都具备建设大型水电站的条件。目前，已经建成的就有小湾、龙滩、向家坝、糯扎渡、溪洛渡、乌东德、水布垭和白鹤滩等一大批大型水电站。这些大型水电站机组的单机容量都计划在500~700MW水平范围，它们将与二滩水电站和三峡水电站组成我国的超大型水力发电群，在全国各大电网中承担起重要的作用[4]。水能是目前公认的最经济的一种一次能源，水力发电则是最经济的电能转换方式。水力机组运转灵活，速动性高，使它成为电力系统最可靠的负荷备用和事故备用，由于水力机组在偏离设计工况运行时也具有较高的运行效率，它可以经济且灵活地担负起调节电力系统尖峰负荷的任务。因此，水力发电在参与电力系统运行时，占据一种十分独特的地位，特别是随着电力系统容量的扩大，水力发电的这种独特地位愈加显著[5]。

水轮机是水电站生产电能的水力原动机，是水电站最重要的动力设备之一，在电力工业中占有特殊的地位。水能经旋转的水轮机转换成机械能，再由发电机将机械能转换成电能。水轮机运行性能的好坏，将直接影响水电站乃至整个电力系统运行的技术经济水平。水轮机运行性能除与水轮机和水电站的运行方式和经营管理水平有关外，还与水轮机的设计、制造、安装、检修等多方面的质量和技术水平有关。因此，要提高水轮机的运行质量，实际上不仅取决于水轮机运行方式的改善，还必须从多方面入手，提高水轮机产品的设计和制造水平，采用新工艺、新结构，从计算流体动力学方面改善水轮机的能量和空蚀特性；在机组的安装、检修过程中，各零部件以及水轮机整体的最终状态应充分满足规范的技术要求；此外，对水轮机运行中存在的各类重大技术问题，必须开展广泛的理论和实验研究，寻找切实可行的解决方法。

水电站中一台运行性能良好的水轮机，应具备较高的运行稳定性、可靠性、经济性和灵活性。因此，水轮机必须具备较高的水能利用效率和较宽的高效率运行区域；具有良好的抗空蚀性能和抗泥沙磨损性能；运行过程中机组的振动和噪声小，为消除不稳定状态所采取的技术措施行之有效；水轮机具有良好的过渡过程品质和改善水轮机水力暂态特性的有效措施；此外，水轮机还应具备一整套经济合理的运营方式和设备检修方式。

一台单机 50 万 kW 的水轮发电机组，运行效率平均提高 1%，每年可多发电能近 2000 万 kW·h，当然由于某些制造或运行中的缺陷而使水轮机效率下降所带来的经济损失也是相当大的。空蚀性能良好的水轮机或某些水轮机在运行中可以采取有效的空蚀防护措施，不仅使水电站在初建时厂房水下开挖量和投资减少，而且也可以减少因空蚀破坏引起水轮机效率下降所带来的电能损失；另外，延长检修周期、缩短检修时间，也可降低检修费用和因停机检修所带来的电能损失。

水轮机由于各种原因引起的振动，不仅影响水轮机及其零部件的使用寿命，而且还影响机组的安全运行和整个电力系统的供电质量。严重的振动甚至造成机组功率摆动使机组无法正常运转；当引起电力系统电力共振时，电力系统也无法正常工作。在国内外均曾发生过水轮机甩负荷反水锤或水轮机进入向心式水泵工况，而使机组转动部分上抬的事故，其中有的事故所造成的设备损坏是无法修复的。这说明合理的调节方式对保证水轮机在过渡工况下安全运转的重要性。只有当电力系统要求水力机组投运而后者能立即以最短的时间启动、并列时，它才能真正起到电力系统的负荷备用和事故备用的作用，延迟启动几分钟所造成的综合损失也是很大的。

对于工作在多泥沙河流水电站的水轮机，过流部件常遭到强烈的泥沙磨损而破坏，所以泥沙磨损常是决定机组大修周期的主要因素。除遭到严重损坏的零部件的修复需要消耗大量的工时和材料外，由于停机检修所带来的电能损失和运行中过流部件损坏使水轮机效率下降所带来的电能损失都是非常大的。因此，改善多泥沙河流水电站水轮机的抗泥沙磨损性能具有很重要的实际意义。

综上所述，在水电站所有的动力设备中，水轮机的工作条件最严酷，不仅转换的能量巨大，受力零件的应力很高，而且伴随高速水流所形成的特有的空蚀破坏、泥沙磨损、压力脉动等，对水轮机过流部件特别是对转轮构成了严重的威胁；此外，当负荷变动时要求在很短的时间内准确、安全地改变水轮机的运行工况。因此，改善水轮机的运行性能是提高水电站运行水平的关键因素之一。

要使水电站在电力系统中经济、可靠地参与联合运行，就必须成功地解决一系列水轮机的特殊运行问题，其中包括：水轮机的空蚀、水轮机泥沙磨损、水轮机过渡过程、水轮机振动、水轮机原型试验和水轮机的经济运行等。这些问题也是我国水轮机专业领域和水电站运行领域面临的一些最重要的研究课题。这一系列课题的研究结果，将有可能大大改善水轮机的运行性能，提高水轮机运行的技术经济水平，因而有着重要的实际意义[6]。

1.2　水力机械流体力学概述

1.2.1　工程现代流体力学概述

现代流体力学是用现代的理论方法、数值计算和试验技术，研究与人类社会生产和生存相关的各领域的流动问题[7]。许多现代科学技术所关心的问题既受流体力学的指导，同时也促进了流体力学不断地发展。现代流体力学的进展是和采用各种数学分析方法，以及建立使用大型、精密的实验设备和仪器等研究手段分不开的。自从 1687 年牛顿发现宏观物体运动的基本定律以来，直到 20 世纪 50 年代初，研究流体流动规律的主要方法有两种：实验研究和理论研究[8]。随着流体力学研究的进展，实验研究和理论研究各自的优势和困难逐渐为人们所认识。流体力学实验研究主要是在水洞、风洞、水槽、激波管、水电比拟等设备中进行模型试验或实物试验，能够在与所研究的问题完全相同或大体相同的条件下进行观测。它的优点是可以利用现代各种先进测试技术（如 PIV、LDV 等），给出许多工程流动的准确、可靠的测试结果，这些结果对于复杂流动机理的研究和与流体有关的工程结构和机械的设计具有不可替代的作用。但是实验研究通常费用高昂、周期很长；而且有些流动条件（高速、高温流动）难以通过实验手段来模拟，还会受到模型尺寸的限制和边界条件的影响。流体力学理论研究，首先是对流体及其运行进行合理简化和近似，设计恰当的理论模型；然后根据普遍物理定律和流体力学公式，建立描述流体流动规律的积分形式或微分形式封闭方程组，以及与之相应的初始条件和边界条件，并利用数学工具分析求解方程组以揭示流体量的变化规律；最后将解与实验或观察比较，确定解的准确度及适应范围。它的优点是可以给出具有一定适用范围的简洁明了的解析解或近似解析解。这些解对于分析复杂的流动机理和预测流动随某些参数变化而变化的情况非常有参考价值。其缺点是一般只能研究较为简单的流动问题。由于流体的流动具有强非线性，所研究问题的数学物理模型有时需要经过较大的简化处理，在这种条件下得到的解析解的适用范围非常有限，而且能够得到解析解的问题也为数不多，远远不能满足工程设计的需要。随着现代高性能计算机的出现，产生了研究流体流动规律及相关物理现象的"第三种方法"——计算流体动力学（computational fluid dynamics，CFD）。CFD 出现于第二次世界大战前后，在 20 世纪 60 年代左右逐渐形成了一门独立的学科。发展 CFD 的主要动机是利用高性能计算机这一新的工具，克服理论研究和实验研究的缺点，深化对于流体流动规律及相关物理现象的认识并提高解决工程实际问题的能力。通过 CFD 得到的是在某一特定流体流动区域内，在特定边界条件和流动参数的特定取值下的离散的数值解。因而，通过一次 CFD 计算，我们无法预知流动参数变化对于流动的影响和流场的精确分布情况。因此，它提供的数值解相关信息肯定不如理论解析解详尽、完整。从这一点上来说 CFD 与实验研究相近，所以用 CFD 研究流体流动的变化过程也称为数值实验。但是，与理论研究相比 CFD 的最大优点是它原则上可以研究流体在任何复杂条件下的流动过程。在 CFD 中采用简化数学物理模型的目的在于提高计算效率以及和计算机硬件水平相适应；如果计算机条件允许，在求解各种任意复杂的流动问题时，都可以采用最适合流体流动物理本质的数学物理模型。因此，CFD 使得研究流体流动的范围逐渐扩大，同时研究流体流动的能力也有了本质的提高。在模拟某些极端条件下（超速、超高温等）流体流动方面，和实验研究相比 CFD 也显示出了明显的优势。除此之外 CFD 还具有费用少、周期短的优点。如今，CFD 已经取得了和理论研究及实验研究同等重要的地位，流体力学的研究呈现出"三足鼎立"之势。三种研究方法之间密切联系，取长补短，彼此影响，相互促进。理论研究提供了各种描述流体流动的丰富的数学物理模型；而实验研究发现了流体流动中许多奇妙和有重要实际意义的现象；CFD 则架起了从流体流动现象到数学物理模型之间的桥梁，成为研究流体力学的重要手段之一。事实上，无论是理论研究还是实验研究，数值模拟这一工具都是不可或缺的。20 世纪 60 年代，基于固体力学和飞机结构力学的需要，出现了弹性力学问题的有限单元法。经过十多年的发展，有限单元法这种新的计算方法又开始在流体力学中应用，尤其是在流体低速流动和流动边界形状较为复杂的问题中，其优越性越发显著。近年来又开始用有限元方法研究高速流动的问题，也出现了有限元方法和有限差分方法的互相渗透和融合。20 世纪 60 年代以后，计算流体动力学的迅速发展使流体力学内涵不断地得到了充实与提高。流体力学开始和其他学科互相交叉渗透，形成新的交叉学科或边缘学科，如物理-化学流体动力学、磁流体力学、生物流体力学、地球和星系流体力学、非牛顿流体力学等；原来基本上只是定性描述的问题，逐步得到定量的研究，生物流变学就是一个例子。总之，计算流体动力学是一门交叉性很强的学科。它的理论基础是理论流体力学和计算数学，它的实现依赖于适当的计算机软硬件环境，而它的应用则遍及所有与流动现象有关的学科及工业领域。现代计算流体动力学从单相流体运动的模拟向多相流动模拟发展，从单纯的流体运动模拟向包括传热、传质方向发展。如模拟电站尾水管道中的水气明满流过渡过程和高拱坝泄洪消能问题，在水中掺混大量气体，需要模拟水、气两相流动。对于火力发电厂的高温排水问题以及燃气机内部的燃烧问题，不但需要模拟流体的流动，还需模拟温度传输过程。由于温度等物理状态量对流体运动产生影响，使得水流和水温变量相互耦合。可见随着计算机能力的提高和数值方法的进步，计算流体动力学的应用范围越来越广，从河流到海洋，从室内空气循环到全球大气对流，等等。

今后，一方面将根据工程实际问题的需要进行现代工程流体力学的应用性研究；另一方面将深入开展现代工程流体力学基础研究以探索流体流动的复杂力学机理，主要包括：通过湍流的理论研究和实验研究，了解其拟序结构并构建对应的计算模型；流体和结构的相互作用；边界层流动和分离；多相流；生物、地球和环境流体流动等问题；有关各种实验设备和仪器；等等。周恒院士在展望 21 世纪流体力学发展时，提出了 6 个研究课题："湍流与转捩""旋涡、分离和非定常流""计算流体力学""流场精细测量技术""多相流""未来数字地球计划对流体力学可能提出的挑战"，是解决未来技术发展所需特别重视研究的流体力学问题。这些流体力学基础问题和其他问题的研究会促进流体力学的学科进步[7]。

1.2.2　水力机械现代流体力学概述

随着国民经济的发展和人类社会的进步，新型水力机械不断出现，例如新型环保型水轮机及其他水力机械，可以促进低水头水能的利用，同时对水环境有一定的改善作用；环境工程中也不断出现新型水力机械，例如各种搅拌器和曝气机；海洋能的开发，包括潮汐能、海浪能、海流能和海洋温差能发电，都需要新型的水力机械。微型泵及其他微型水力机械的出现也对流体力学提出了新的要求。除了微型水力机械之外，小型水力机械也受到研究者的重视，例如小型血液泵应用于医疗中。仿生物水力机械是一个很有发展前途的课题。现代航天和航海事业的发展，要求研究出在有限空间具有高能量密度的水力机械。总之，新型水力机械的出现和发展对现代流体力学提出了新的研究课题和挑战。

　　水力发电中采用各种叶轮机械，水在其内流动属于复杂的内部流动问题，再加上叶轮的旋转，形成了复杂的旋转湍流，旋转湍流的模拟是目前流体力学研究的实际工程课题之一。此外，这些叶轮机械高效率和高性能的研究、非定常流动的研究、涡流动的研究和流动诱发结构振动的研究都是工程上要解决的课题[7]。

　　随着科学技术的进步和经济的发展，许多领域（特别是水电能源开发、调水工程等）对高性能的水力机械需求越来越迫切。为适应当前社会的需要，需要对水力机械进行试制和各种试验参数观测工作，为此不得不耗费大量的资金和时间。同时，要设计出各种高性能的水力机械，传统的设计方法已满足不了需要，必须采用现代设计理论和方法，这就要求设计者要详尽地掌握水力机械各种性能和内部流动状况，从而对水力机械内部流动理论研究和实验研究提出新的课题。其中数值模拟以其自身的特点和独特的功能，与理论研究及实验研究相辅相成，逐渐成为研究水力机械内部流动的重要手段。

　　目前，用于分析和计算水力机械内部流动的研究方法主要有三种：理论研究、实验研究和数值模拟。理论研究是最早也是最基本的研究方法，它能深刻地揭示水力机械内部流动现象的本质规律，指导产品的设计，同时也是实验研究和数值模拟的基础[9]。但是，由于水力机械内部流动的异常复杂性，以及各种影响因素、各部件内部流场的相互作用的复杂关系，不可能在理论研究中予以全部考虑。因此，理论研究对水力机械内部流动认识的程度还非常有限，仅靠理论分析方法对水力机械内部流动进行研究还远远满足不了工业发展的实际需要。因此，实验研究成了早期研究水力机械内部流动的另一种重要方法。实验研究通过对产品模型进行分析，能综合考虑影响流动的各种因素，其结果客观可靠。早期的水力机械设计主要是以大量的试验数据为基础，在理论研究的指导下进行的。但是实验研究由于存在投资大、周期长等实际困难，实验手段、数据的精度和可靠性还受测试仪器和环境的制约和影响，对流场的整体性能和细微流动机理分析的能力有限。与实验研究相反，数值模拟，即计算流体动力学（CFD），是具有投资小、研究周期短和精度易于提高等特点的一种研究流体流动的有效方法。这种方法自出现以来，就显示了强大的生命力并得到了迅速发展，水力机械内部流动研究和设计的手段进入了开始用数值模拟代替实验的时期。经过几十年的发展，水力机械内部流动的数值模拟已不再局限于性能预测的正问题分析，它正逐步被国内外学者应用于针对改善机器性能的杂交命题和反问题研究，水力机械 CFD 也成为当前国际上最活跃的研究领域之一。可以预见，随着计算机技术和计算技术的不断发展，数值模拟方法将成为一种研究水力机械内部复杂流动的有效而强大的工具，是理论研究和实验研究不可替代的主要研究方法[10]。随着高速、大容量、低价格计算机的出现，以及 CFD 方法的深入研究，其可靠性、准确性和计算效率得到很大提高，展示了采用 CFD 方法用计算机代替实验装置的"计算实验（数值实验）"的现实前景。CFD 方法可以实现水力机械的初步性能预测、内部流动预测、数值实验和流动诊断等功能。CFD 方法是现在和未来研制水力机械必不可少的工具和手段，它使设计者以最快、最经济的途径，从流体流动机理出发，寻求提高性能的设计思想和设计方案，在满足多种约束条件下获取最佳的设计。可以说 CFD 方法为水力机械设计提供了新的途径[11]。CFD 方法可以直接对水泵进行三维湍流数值模拟[12-20]，准确地模拟水泵内部流场，认识水泵叶片内的流动特征，就有可能设计出性能先进的水泵。另外，CFD 方法的使用使得预测水轮机全范围运行特性，即从最佳效率到满负荷、部分负荷的运行特性成为可能。应用 CFD 方法可以实现水轮机全流道的流场模拟[21-28]，利用其进行水轮机流道及叶型设计。在应用这些技术时，需考虑水轮机转动部件与固定部件之间水流的相互影响，即上游导叶与转轮之间、转轮与下游尾水管之间的水流动静干扰，以便获取精确有效的模拟结果。这些预测结果包括了整个水轮机全流道范围内各个过流部件的压力场、速度场和各种湍流量。由于相关因素的影响，水轮机有关性能参数如效率、空化系数等将会恶化。对混流式水轮机利用性能较好的现存模型及模型实验结果进行数值实验开发，可使最高效率出现在理想的水头及流量上，可满足所需的出力获得良好的运行特性。

CFD 在计算方法、网格技术、物理模型等方面都取得了较大进展[29, 30]。许多通用大型商业软件如 FLUENT、PHOENICS、NUMECA、STAR-CD、CFX 等相继问世，而应用于各个特殊领域、解决专门问题的专用化计算软件更是不可胜数，其应用也已从最初的航空扩展到包括水力机械在内的多个领域。通过这种"数值实验"可以充分认识流动规律，方便评价、选择多个设计方案进行优化设计，并大量减少实验和测试等实体实验研究的工作量。在降低设计成本、缩减开发周期及提高自主开发等方面，CFD 都起到了重要的作用。国内外许多大学、科研机构及大公司都开展了大量的研究工作并已有较多的应用实例。随着测试技术的进步和数值计算方法的不断完善，对于水力机械内部产生的物理现象及其机理的认识已成为可能。因而，开展水力机械内部流动机理数值模拟和实验研究，为水力机械的设计提供一个先进、成熟的评估方法，对于提高我国水力机械的设计水平具有重要意义。

1.2.3 水力机械流固耦合动力学概述

流体-结构相互作用（fluid-structure interaction，FSI）问题是目前多物理场、多学科交叉的前沿性学科内容[31]。流体与结构是相互作用的两个系统，它们之间的相互作用是动态的，流体作用在结构上的力将这两个系统联系在一起[32]。流体与结构之间的相互作用决定于流体和结构两个方面的因素，包括：①流体的密度和流体运动的速度（大小、方向）；②结构的尺度和形状，结构的刚度、质量及其分布。流固耦合动力学是研究变形固体在流体作用下的各种力学行为以及固体变形反过来对流体流场的影响这两者相互作用的一门科学。其重要特征是两种介质之间的相互作用：变形固体在流体作用下会产生变形或运动，而固体变形或运动又反过来影响流场，从而改变流场的分布和大小。正是这种流体-结构相互作用在不同条件下产生形形色色的流固耦合现象。

许多重要的工程领域中存在大量的流体-结构耦合问题，如水轮机、汽轮机、工业风机和各种流体机械的流体-结构振动问题；水利、水工建筑及海洋工程结构的水弹性振动；航空、航天飞行器的机翼颤振、气动弹性和降落伞运动分析；大跨度桥梁、高层建筑及工业建筑物的风致振动；生物领域中血液与细胞、心脏相互作用；石油、化工行业储液罐在地震载荷下的响应，核电站中的流体与管道、容器耦合作用问题；等等。流固耦合问题直接影响工业结构和设备的经济性、可靠性和使用寿命，严重时会引起结构破坏，造成重大经济损失和严重危害。研究此类问题对于工程设计具有十分重要的意义，受到国内外学者的关注。

流固耦合问题可以理解为既涉及固体求解又涉及流体求解，而两者又都是不能被忽略的模拟问题。因为同时考虑流体和结构特性，流固耦合可以有效节约分析时间和成本，同时保证结果更接近于物理现象本身的规律[33]。流固耦合问题并不是流体问题和结构问题的简单相加，通过流体-结构公共交界面上的连续性相容条件进行耦合是一个强非线性问题，特别是对于动态的（或称之为非定常的）流固耦合问题，原来分别用来求解流体、结构问题的稳定方法，如果没有处理好也会引起整个系统的计算不稳定从而导致计算失败。鉴于流固耦合问题的复杂性，需要根据实际的计算能力做相应的简化处理，以期在揭示物理力学本质与可接受的计算量之间找到最佳的平衡。流固耦合是一个涉及面极广的问题，在许多重要的工程应用中都存在各种类型的流固耦合运动，分析流固耦合运动的方法也是多种多样的。文献[34]中提出目前流固耦合分析方法有线性流固耦合分析方法、非线性流固耦合分析方法和物态变化时流固耦合分析方法。近几年来，该领域各种新问题层出不穷，学科领域的交叉性越来越明显，需在应用中进一步完善并建立新的数学模型。

　　流固耦合分析及其广泛应用是随着计算流体动力学（CFD）和计算固体力学（CSD）的快速发展而产生和实现的，并涌现出多种基于 CFD 和 CSD 技术的数值方法软件。所以要探究流固耦合的基本原理还需要从计算流体动力学和计算固体力学着手。文献[35]中把当前流固耦合分析方法分为非耦合方法、弱耦合方法和强耦合方法三大类。非耦合方法是将流体控制方程和固体控制方程分开求解。弱耦合方法（也称松耦合或分离解法）是在每个时间步内分别对流体控制方程和固体控制方程求解，通过耦合界面交换固体域和流体域的计算结果数据，反复交替计算从而实现耦合求解。强耦合方法（也称紧耦合或直接耦合解法）是将流体域、固体域和耦合作用构造在同一控制方程中，在同一时间步内同时求解所有变量。

　　由于同时求解流体和固体的控制方程，不存在时间滞后问题，所以强耦合方法在理论上非常先进和理想，也是解决复杂非线性问题的发展趋势。但是在实际应用中强耦合方法很难将现有 CFD 和 CSD 技术真正结合到一起，不能同时考虑同步求解的收敛难度和耗时问题，目前主要应用于如压电材料模拟等电磁-结构耦合和热-结构耦合等简单问题中，对流体和结构的耦合只能用于一些非常简单的研究中，还没有在工业应用中发挥重要的作用[33]。与之相反，弱耦合方法不需要耦合流体控制方程和固体控制方程，而是按设定顺序在同一求解器或不同的求解器中分别求解流体控制方程和固体控制方程，通过流固交界面把流体域和固体域的计算结果互相交换传递。待此时刻的收敛达到要求，进行下一时刻的计算，依次而行求得最终结果。相比于强耦合方法，弱耦合方法有时间滞后性和耦合界面上的能量不完全守恒的缺点，但是这种方法的优点也非常明显，它能最大化地利用已有 CFD 和 CSD 的方法和程序，只需对它们做少许修改，从而保持程序模块化；另外该方法对内存的需求大幅降低，因此可以用来求解实际的大规模工程问题。

　　从数据传递角度出发，流固耦合分析还可以分为两种：单向流固耦合分析和双向流固耦合分析。其中双向流固耦合因为求解顺序的不同又可分为顺序求解法和同时求解法。单向流固耦合分析是指耦合交界面处的数据传递是单向的，一般是把 CFD 分析计算的结果（如力、温度和对流载荷）传递给固体结构分析，但是没有固体结构分析结果传递给流体分析的过程。也就是说，只有流体分析对结构分析有重大影响，而结构分析的变形等结果非常小，以至于对流体分析的影响可以忽略不计。单向流固耦合的现象和分析非常普遍，比如塔吊在强风中的静态结构分析、旋转机械的结构强度分析等。双向流固耦合分析是指数据交换是双向的，也就是既有流体分析结果传递给固体结构分析，又有固体结构分析的结果（如位移、速度和加速度）反向传递给流体分析。此类分析多用于流体和固体介质密度比相差不大或者高速、高压下固体变形非常明显以及其对流体的流动造成显著影响的情况。常见的分析有挡板在水流中的振动分析、血管壁和血液流动的耦合分析、汽车发动机罩的振动分析等。一般来说，对大多数流固耦合现象，如果只考虑静态结构性能采用单向流固耦合分析便足够，但是如果要考虑振动等动力学特性则双向流固耦合分析必不可少，也就是说双向流固耦合分析很多是为了解决振动和大变形问题而进行的，最典型的例子莫过于深海管道的流致振动问题。同理，如前所述塔吊在强风中的静态结构分析属于单向流固耦合分析，但是如果考虑塔吊在强风中的振动情况，就需要采用双向流固耦合进行分析。不管从理论还是实际应用角度来说，单向流固耦合都是最简单、最基本的耦合分析，也是最实用的流固耦合分析。在大部分工程应用领域中，单向流固耦合分析都能较好地完成任务取得理想的分析结果。相比较而言，双向流固耦合分析比单向流固耦合复杂得多。首先，双向流固耦合分析都是瞬态分析，除了对流固单独设置瞬态分析特性外，还需要统一两者的时间步，保证时间步统一；其次，双向流固耦合分析需要考虑大变形问题，以及大变形带来的网格问题，可以通过流场域切分法、网格重构以及其他手段帮助解决。不过即便如此，目前为止在高度非线性问题和大变形问题中，双向流固耦合分析的应用也不是很普遍，还有待进一步提升和完善。从 20 世纪 90 年代末起，这些方法开始应用于商业软件，目前有不少已经发展成熟，如 MSC NASTRAN、ADINA、ANSYS CFX/FLUENT 等。MSC NASTRAN 提供了专门的气动弹性分析模块，可以实现飞行器的静气动特性、颤振以及气动弹性的优化分析。除了提供弱耦合迭代求解器外，ADINA 是第一个对流固耦合问题实现强耦合求解的商业软件。ANSYS CFX/FLUENT 可以借助 Workbench 平台实现单向流固耦合分析和双向流固耦合分析。

实际上，FSI 求解中最困难的问题是流体与结构耦合界面的分析。通过耦合界面，流体运动影响结构变形和运动，而结构变形和运动又影响流体；但由于耦合界面通常是运动和变形的，且界面上速度和压力等力学量呈现不连续（或间断）的特征，需通过耦合界面的有效分析算法和复杂的数值求解才可确定界面的形状[36]。任意拉格朗日-欧拉（arbitrary Lagrange-Euler，ALE）方法结合了拉格朗日法和欧拉法的优点，在处理流体和结构耦合界面上具有明显的优势，已被广泛应用于大范围移动边界、大位移和大变形的问题。Hughes 等[37]进一步发展了 ALE 方法，并用于计算复杂流固耦合问题。但是，在 ALE 方法中网格的修改或网格的重新划分非常费时。当结构的变形或移动过大时，原来的网格将使模拟精度降低甚至失败，因此必须对网格进行处理才能保证模拟的精度。通常有两种途径进行网格的处理：一种是移动网格，网格移动的目的是控制单元的畸变，以保持高质量的网格；另一种是网格再划分。然而它们的工作量都很大，且技术实现复杂。对大变形运动来说，网格移动开始变得不太有效，需要进行网格再划分。此外，为了保证模拟的精度，要求流体与结构相接区域进行自适应网格细化，这就增加了模拟的难度和时间。近数十年来，发展了一些有效求解 FSI 问题的数值方法，具有特色的如浸入边界法[38]（immersed boundary method，IBM）及其衍生的扩展浸入边界法[39]（extended immersed boundary method，EIBM）和浸入有限元法[40]（immersed FEM）等；最新发展的如近年来兴起的无网格方法中的粒子类方法、浸入粒子方法[41]（immersed particle method，IPM）、扩展有限元方法[42]（extended finite element method，XFEM）、ALE/SUPG 同步交替法[43]、MAC 法[44]、VOF 法[45]等。

　　将以上方法应用于水力机械流固耦合分析中还有很多工作要做。对于工作介质是水而非空气的水力机械，当机械因其本身或某种流体力激振而产生振动时，必然会带动其周围的流体一起振动，且流体的振动反过来又影响机械的振动特性，从而形成水力机械的流固耦合问题。这种水与固体（机械）耦合振动的结果使固体在水中的固有频率比空气中的固有频率低，还会对固体（机械）振动系统产生一种阻尼效应。因此水力机械流固耦合问题的产生与流固耦合振动及引起的共振有着直接关系。在流固耦合的区域，流体对水力机械过流部件的压力改变了过流部件振动的模态，而后者反过来影响流场的分布。在水力机械 CFD 分析中，例如水轮机的叶片（固定导叶、活动导叶、转轮叶片）在水流中的变形情况等，由于涉及的固体变形和流场变化都不能忽视，流固耦合分析便显得不可缺少和极为重要。特别是在水力机械运行中，流体黏性诱发结构振动的问题变得越来越严重。张立翔等[46-48]建立了流固耦合系统基于功率耗散平衡的广义变分原理，提出一种强耦合流激振动的建模及求解的预测多修正算法，以混流式水轮机转轮叶道计算为例，模拟结果与试验实测结果吻合较好。王福军等[49, 50]提出了一种适合于大型水轮机不稳定压力场与结构场耦合分析的界面模型，分析了以求解转轮区压力脉动为主要目标的非定常湍流计算模式，并预测了转轮叶片的寿命。因此，应在流固耦合框架下，在大涡模拟（LES）或直接数值模拟（DNS）的层面上对三维原变量形式的纳维-斯托克斯方程（Navier-Stokes equations，N-S 方程）开展数值模拟研究，深入揭示流体结构相互作用或流致振动的机理，真正解决工程中面临的流固耦合问题。

1.3　现代水轮机领域主要研究课题

　　严格地说，水轮机的工作介质并不是单一的水体，在水体中可能存在固体悬移质（泥沙）和溶解气体，以及空化过程形成的气相。实际的工作介质是复杂的多相流，当空化发展到一定阶段，或水体中的固体或气相含量增加到一定程度时，将会造成水轮机性能下降和不稳定，导致水轮机过流部件的破坏并引起机组的振动。在水轮机流道内的紊乱旋涡及各种流动不稳定性与泥沙磨损的共同作用下，机组的安全运行将受到威胁。

1.3.1 水轮机的非定常、瞬态流动研究

随着计算机技术和计算流体动力学的发展及其应用，根据湍流理论和湍流模型的进展，应研究水轮机全流道三维非定常湍流的数值模拟的理论和方法，分析模型和真机的流道湍流特性，分析全流道非定常湍流的瞬时流场、叶片边界层分离及叶道涡、叶片脱流涡、叶片后卡门涡街等的形成和运动规律，以及间隙湍流对主流的干扰和影响等，获取水轮机全流道中的流场、压力脉动分布及流动变化对转动部件的水动作用力。开展水轮机内部非定常流动机理的研究，将有助于对水轮机内部复杂非定常流动特性的理解和旋涡运动特性的认识，并使设计者有意识地对水轮机内部非定常流动加以控制，充分利用非定常流动所带来的益处，抑制非定常流动可能引起的不利因素，对提高水轮机的整体性能和工作可靠性具有重要意义。

水轮机非定常流场中，流体振荡的频率成分与水轮机系统密切相关，如叶片振动的固有频率、动静叶栅相互干扰的扰动频率及进出口流动参数的波动频率等都会产生流道内同样频率成分的流体振荡。从流体力学的观点看，振荡流意味着流体在流动过程中，流动的各种参数值随时间而脉动的物理现象[51]。随着水轮机中叶片振动故障的不断增加，人们越来越重视叶片所受到的非定常激振力及其对叶片振动影响的研究。但是因为这个课题具有跨学科的特点，涉及非定常水动力学和结构动力学，所以开展研究非常困难。另外，由于水动力学非定常分析结果与结构动力分析中的载荷压力场相互不对应，必须将水动力学非定常分析给出的流场压力转化成结构动力分析中的压力，才能进行水力机械的流固耦合分析。所以主要困难就是如何把流体计算得出的非定常压力转换为适合于结构动力计算的压力，并引入有效的数值求解方法（如有限元方法）。由于这个课题的复杂性，固体（如叶片）在非定常流场扰动条件下的动力预测技术一直进展缓慢。由非定常振荡流导致的叶片高周疲劳问题乃至结构安全性问题已成为进一步提高水轮机各项性能的重大障碍。

水轮机中真实流动的非定常性不仅影响水轮机的效率、稳定性，还能激发振动和噪声，导致叶片等发生颤振失稳产生过量附加动应力而出现裂纹，甚至断裂破坏。随着水轮机不断向高比转速、大容量的方向发展，对机组的稳定性要求越来越高，非定常流动对机组稳定性的影响也会更加凸显。为了预测实际复杂流动，进行水轮机内由空间非均匀性和动静部件相对运动所导致的非定常流动的数值模拟已成为现代水轮机研究的热点问题和前沿方向。此外，还应该研究水轮机内部非定常涡流的形成和运动规律，水轮机内部非定常流动机理及其控制，水轮机瞬态过程的内部非定常流动的测试及内流机理，水轮机典型瞬态过程的非定常流动

的数值计算模型和仿真技术,水轮机瞬态过程流固耦合振动机理和数值预测方法,等等。

1.3.2 水轮机的空化、泥沙磨损与多相流研究

现代水轮机发展的趋势是提高单机容量、比转速和应用水头。提高单机容量可以降低水轮机单位容量的造价;提高水轮机比转速可以增大机组的过流能力,缩小机组尺寸,降低机组成本;高比速反击式水轮机由于受到空化和强度条件的限制,适用的水头较低。如果改善高比速反击式水轮机的空化性能和强度条件就能提高它的应用水头,扩大水头应用范围,从而带来巨大的经济效益[6]。

以水为工质的水轮机流道中,水流具有较高的流速,某些局部压力降低是不可避免的,因而容易发生空化。作为叶片式水力机械的水轮机,研究转轮叶片绕流过程所发生的翼型空化和局部脱流的旋涡空化,具有特别重要的意义。翼型空化发生在良好绕流形状和表面光滑的翼型背面;局部脱流的旋涡空化则发生在绕流性能不良的物体产生旋涡的地方。在水轮机上这两种空化同时存在,有时彼此相互影响,形成一种特殊的空化形式。翼型空化与绕流的流动参数和翼型的几何参数有关。由于水轮机转轮各流面所截的翼栅中的翼型几何参数与流动参数不同,在同一工况下转轮叶片各截面翼型上可能发生形式不同的翼型空化;在不同工况下,同一截面的翼型也可能产生不同形式的翼型空化。不同的空化形式将引起不同的空化破坏,因此,水轮机转轮的空化和空化破坏是一种相当复杂的物理过程。如果转轮叶片表面粗糙度过大或凹凸不平将诱发局部脱流的旋涡空化。由于翼型空化和局部脱流的旋涡空化同时存在,且彼此间相互影响,致使水轮机转轮叶片上发生的空化十分复杂。根据空化发生程度一般把空化分为初生空化、附着型片状空化、空化云以及超空化四个阶段。超空化是空化发展的最后一个阶段,是一种充分发展的空化形态。在该阶段,空穴的尺度已经发展到整个绕流表面。长期以来,空化现象被认为是一个不易解决的问题。其原因在于到目前为止对空化的机理尚未研究得很清楚。

水轮机泥沙磨损属于自由颗粒水动力学磨损。被磨损部件为水轮机各过流部件,例如压力管道、蜗壳、座环、导水机构、转轮、转轮室及尾水管,介质则为水轮机的工作水流,磨粒则为水流中挟带的固体颗粒,即河流中的泥沙。由于磨损使水轮机过流部件的形状和表面发生变化,破坏了水流对表面应有的绕流条件,进一步加剧零件破坏。水电站水头越高,如果过流部件处于严重空化条件下,以及水流中含有大量泥沙,则磨损和破坏就越加厉害。两相湍流模拟的重要问题是离散相颗粒的模拟。和水轮机内部单相流动同步,水轮机内部两相湍流也取得了长足的发展。文献[52]采用试验方法对黄河上游青铜峡水电站、八盘峡水电站引用水中含沙量对水空化压力特性的影响进行了专项研究,

实测结果表明，随着含沙量的增大，初生空化与临界空化压力值均有所提高，且接近线性关系。文献[53]提出了考虑水质状况的空化流计算理论与方法，通过水轮机流场的计算实例验证了水质条件对空化流场流动特性的显著影响。文献[54]计算了混流式水轮机尾水管内部的空化流场，获得了空化涡带形态及特征断面的压力脉动特征。文献[55]利用修正的空泡质量传输方程，对某电站水轮机模型机的空化现象进行了数值模拟，并与实验结果进行了对比。水轮机空化、泥沙磨损和多相流的关键技术研究，主要包括：水轮机空化和泥沙磨损发生的流体动力学条件；水轮机空化与磨蚀的机理与预测；水轮机空蚀与磨损的相互作用；水轮机三维空化湍流模型研究；水轮机空化和泥沙磨损条件下的性能预测分析；等等。

1.3.3　水轮机的振动、过渡过程和稳定性研究

水轮发电机组及其附属设备，在机组运行过程中常常发生振动[5]。随着现代水轮机的单机容量和运行水头的不断提高，从安全可靠与稳定运行的角度对水轮发电机组的振动研究的要求愈来愈高。从产生振动的原因来看，水轮发电机组的振动与普通流体机械的振动有所不同。除需考虑机组本身的固定或转动部分的振动（不平衡惯性力和摩擦力）外，尚需考虑作用于发电机电气部分的电磁力，以及作用于水轮机过流部件的流体动压力（水压力脉动和水力不平衡）对系统及其部件振动的影响。在机组运转的情况下，流体-机械-电磁三部分是共同作用与相互影响的。因此，严格地说，水轮发电机组的振动是电气、机械、流体耦合振动，其与结构耦联作用十分复杂，使机组振动比一般的机械振动更为复杂。

水轮发电机组在运行过程中，当周期性干扰力的频率等于或接近于机组转动部件（主要有发电机转子、水轮机转轮、大轴）的固有频率时，可能发生共振。由于机组在启动、停机和飞逸工况等过渡过程中，其转频成倍于机组转动部分的固有频率，有可能产生对机组支撑部件和紧固部件非常有害的共振。水轮发电机组的一般振动不会危害机组，但当振动严重超过允许值，尤其是长期的周期振动及发生共振时，对供电质量、机组的使用寿命、附属设备及仪器的性能、机组的基础和周围的建筑物，甚至对整个水电站的安全经济运行等，都会带来严重的危害[56]。对于大型机组，当振动剧烈时所引起的出力摆动将直接影响电力系统的稳定性，严重时，即当系统发生共振时，可能导致系统解列。振动特性常是水轮机工况的函数，特别是由水力引起的振动往往与水轮机工况有着密切的关系。

从理论的角度，可将诱发机组振动的因素按机理大致分为三大类：①非定常流动和非均匀流动等旋涡动力学方面的因素，例如偏离最优工况或功率调节时产生的进口来流振荡、蜗壳和导叶后的不均匀流、导叶双列叶栅出口形成的卡门涡街以及

尾水管空化涡带的影响等；②流固耦合相互作用方面的因素，例如转轮进口水流撞击、叶片湍流激振、叶片脱流激振会改变系统的固有动力学特性，从而使问题更加复杂化；③机电系统以及土木支撑系统等方面的因素，例如机械旋转不对称、旋转小间隙约束的动力学特性、水轮机调速控制系统、电磁系统以及厂房结构系统等。这些因素的综合作用使机组的动力特性及其动力学行为极为复杂。按当前国际学术界和工程界较为通行的分类方式[57]，流固耦合相互作用下结构的振动按振因可分为流弹性失稳振动、湍流激振、轴向流诱发振动、两相流激振、涡激振动五类，对于混流式水轮机振动问题，诱发振动的因素可能是单项，也可能是多因素并存激振。今后应开展水轮机三维湍流激振问题研究，涡动力学、涡脱流及其振动反馈机理研究，水轮机非定常流场中的流弹性失稳研究，结构在两相流中的振动研究。

当机组处在过渡工况、机组起动和正常停机工况以及事故工况，水电站引水发电系统中的水流都处于一种瞬变流态，机组运行处在变化的过渡状态。特别是当水电站因线路故障，水轮发电机组丢弃全部负荷时，机组转速和管道压力都将发生急剧变化。水电站水力过渡过程分为小波动和大波动两类。小波动水力过渡过程是指水电站增加或减少负荷引起的水力过渡过程，通常变化较慢，系统中引起的波动较小。研究小波动问题的目的在于检验小扰动情况下系统的稳定性。大波动水力过渡过程是指水电站丢弃全部负荷工况（或称甩负荷工况）下，所产生的水力过渡过程。这种工况下所产生的水力过渡过程对水电站安全运行威胁最大。研究大波动问题的目的在于检验机电设备和水工建筑物的安全可靠性。在各种类型的水电站中，可能有各种原因使水轮机处于大波动水力过渡过程。虽然过渡过程历时短暂，但在过程中所发生的一系列复杂现象，却对水轮机、水电站乃至动力系统运行的安全可靠性和运行质量，有着极为重要的影响。

随着水轮发电机组尺寸和单机容量越来越大，其结构也更加复杂，对机组安全稳定运行的要求也越来越高。一般认为活动导叶的出流与转轮入流的相互干涉引起的脱流、转轮流出的旋回水流与尾水管的相互干涉引起的压力脉动以及尾水管空化涡带等是影响机组运行稳定性的主要因素。机组振动、摆度、水压力脉动是衡量机组运行稳定性的重要指标之一。振动是机组不稳定性的基本表现形式。水力发电机组的稳定性是其工作性能中的重要指标。克服机组运行中的不稳定成为机组设计、制造、安装、运行和检修中要解决的突出问题，大小机组都不例外。对于水轮发电机组的稳定运行问题，其影响因素是多方面的，而且各方面相互影响，相互制约。同时，机组在运行过程中，仍有各种新的问题出现，影响机组运行稳定性的因素还需要进行进一步深入分析研究。文献[58]结合国内外水力发电机组运行中发生过的一些不稳定现象及其处理方法，从电气、机械和水力三个方面分析了影响水力发电机组安全稳定运行的因素及提高稳定性的措施，并对现行水轮机振动的相关评价标准进行了评述。

第2章　混流式水轮机全流道定常及非定常湍流模拟

本章以某水电站原型混流式水轮机 HL100-WJ-75 为计算对象，对四种不同导叶开度的工况进行计算机辅助建模和 CFD 分析，将几何模型与 CFD 结合起来，数值模拟四种不同工况的水力模型，首先进行从蜗壳进口到尾水管出口的全流道多部件、动静耦合的三维定常湍流计算，得到水轮机各过流部件内流场的流动状态，预估水轮机的能量、空化等外特性，然后进行全流道动静干扰的非定常湍流数值模拟，并获得一些重要的流动参数随时间的变化情况，计算结果接近实际流场，可作为水轮机水力设计和改型优化重要的参考依据。

2.1　定常及非定常流动微分控制方程的有限体积法离散

求解定常流动微分控制方程时，必须对每个控制体的微分控制方程积分，再将控制方程在各个面上进行离散处理，把控制方程写为代数方程的形式才能进行数值计算。以标量 ϕ 的守恒输运方程为例，应用有限体积法对控制体进行积分。

令标量 ϕ 的守恒输运方程为 $\dfrac{\partial \rho u_i \phi}{\partial x_i} = \dfrac{\partial}{\partial x_i}\left(\Gamma_\phi \dfrac{\partial \phi}{\partial x_i}\right) + S_\phi$　（2.1）

在有限体积法中，如果控制体有 N_{faces} 个面，并令 $\dot{m}_f$ 为流过各个交界面的质量流量，ϕ_f 为各个交界面的 ϕ 值，则 ϕ 的守恒输运方程的空间离散为

$$\sum_f^{N_{\text{faces}}} \dot{m}_f \phi_f A_f = \sum_f^{N_{\text{faces}}} \Gamma_{\phi f}(\nabla \phi)_f A_f + \bar{S}_\phi V_P \tag{2.2}$$

控制体交界面上的法向梯度值为 $(\nabla \phi)_n$。源项的定义为

$$\bar{S}_\phi V_P = \int_b^t \int_s^n \int_w^e S_\phi \mathrm{d}x \mathrm{d}y \mathrm{d}z$$

通常对源项进行如下特殊处理：

$$\bar{S}_\phi = S_{\phi C} + S_{\phi P}\phi \tag{2.3}$$

其中，$S_{\phi C}$ 为 $\bar{S}_\phi$ 中的常数；$S_{\phi P}$ 为 ϕ 的系数。

通常在物理空间离散时，网格单元的控制节点将置于单元中心。因此，相邻

单元表面上的数值需要通过插值求得

$$\phi_f = \phi + \nabla\phi \cdot \Delta\overline{S}$$

其中，ϕ 为单元中心点的物理量；$\Delta\overline{S}$ 为上一单元中心点距交界面形心的位移；$\nabla\phi$ 为单元中心点的一阶迎风梯度。

非定常流动的连续性方程和 N-S 方程的雷诺平均形式为

$$\frac{\partial\overline{u}_i}{\partial x_i} = 0 \tag{2.4}$$

$$\frac{\partial\overline{u}_i}{\partial t} + \overline{u}_j\frac{\partial\overline{u}_i}{\partial x_j} = -\frac{1}{\rho}\frac{\partial\overline{p}}{\partial x_i} + \nu\frac{\partial^2\overline{u}_i}{\partial x_j\partial x_j} - \frac{\partial\overline{u'_i u'_j}}{\partial x_j} + \overline{f_i} \tag{2.5}$$

式（2.5）的积分形式（为了简洁去掉了平均符号）：

$$\frac{\partial}{\partial t}\iiint_{\Delta V}\rho u_i \mathrm{d}V + \oiint_A \rho u_j u_i n \mathrm{d}A = \iiint_{\Delta A}\left(\frac{\partial\sigma_{ji}}{\partial x_j} + \rho g_i - \rho\frac{\partial\overline{u'_i u'_i}}{\partial x_j}\right)\mathrm{d}V \tag{2.6}$$

其中，ΔV 为积分域；A 为 ΔV 的表面积。令 $Q = \rho u_i$，FLUX 表示通量项，那么控制体所有控制面的通量和为

$$\sum\mathrm{FLUX} = -\oiint_A \rho u_j u_i n \cdot \mathrm{d}A$$

用 SOURCE 表示源项，其表达式为

$$\mathrm{SOURCE} = \iiint_{\Delta V}\left(\frac{\partial\sigma_{ji}}{\partial x_j} + \rho g_i - \rho\frac{\partial\overline{u'_j u'_i}}{\partial x_j}\right)\mathrm{d}V$$

引入时间步 $\mathrm{d}t$，式（2.6）为

$$\frac{\partial}{\partial t}\iiint_{\Delta V}Q\mathrm{d}V = \sum\mathrm{FLUX} + \mathrm{SOURCE} \tag{2.7}$$

写成离散形式

$$\frac{\Delta V}{\Delta t}\Delta(Q_p) = \sum\mathrm{FLUX} + \mathrm{SOURCE} \tag{2.8}$$

其中，下标 p 为物理时间步。

对于非定常流动计算，微分控制方程必须在空间和时间离散。非定常流动的随时间变化的方程的空间离散同定常流动方程的离散一样。时间离散包括了微分控制方程中每一项在时间步长 Δt 上的积分。式（2.8）可以改写成变量 ϕ 随时间推进的一般表达式

$$\frac{\partial\phi}{\partial t} = F(\phi) \tag{2.9}$$

其中，函数 $F(\phi)$ 由空间离散项组成。如果采用向后差分，则一阶精度的时间差分为

$$\frac{\phi^{n+1} - \phi^n}{\Delta t} = F(\phi) \tag{2.10}$$

二阶精度的时间差分为

$$\frac{3\phi^{n+1} - 4\phi^n + \phi^{n-1}}{2\Delta t} = F(\phi) \tag{2.11}$$

其中，ϕ 为求解变量；ϕ^{n+1} 为下一时间步 $t + \Delta t$ 的变量值；n 为当前时间步 t 的变量值；ϕ^{n-1} 为上一时间步 $t - \Delta t$ 的变量值。一旦时间导数已数值离散，还需要选择 $F(\phi)$ 的数值，即什么时间步的变量 ϕ 应代入表达式 $F(\phi)$ 中。这就形成了显式时间积分和隐式时间积分。由于本章计算采用了隐式时间积分格式，故下面只介绍隐式时间积分格式。

在下一时间步 $t + \Delta t$ 计算表达式 $F(\phi)$ 的数值

$$\frac{\phi^{n+1} - \phi^n}{\Delta t} = F(\phi^{n+1}) \tag{2.12}$$

式（2.12）称为隐式时间积分格式，是由于在给定的单元中的 ϕ^{n+1} 通过 $F(\phi^{n+1})$ 与相邻单元的 ϕ^n 相关，即

$$\phi^{n+1} = \phi^n + \Delta t F(\phi^{n+1}) \tag{2.13}$$

式（2.13）隐式方程是通过把 ϕ 的初始值 ϕ^i 代入 $F(\phi^{n+1})$ 中后，进行迭代求解，其一阶精度的时间差分迭代方程为

$$\phi^i = \phi^n + \Delta t F(\phi^i) \tag{2.14}$$

二阶精度的时间差分迭代方程为

$$\phi^i = \frac{4}{3}\phi^n - \frac{1}{3}\phi^{n-1} + \frac{2}{3}\Delta t F(\phi^i) \tag{2.15}$$

在迭代中 ϕ^i 就成为 ϕ^{n+1} 的中间数值，上述方程迭代到 ϕ^i 不变，即收敛为止。此时，ϕ^i 就是 ϕ^{n+1} 的数值。上述全隐式格式的优点是对时间步长无条件地稳定。

2.2　水轮机物理模型的建立及网格划分

以某水电站原型混流式水轮机 HL100-WJ-75 为物理模型，建立从蜗壳进口到尾水管出口的整个全流道三维计算模型。基本参数：设计水头为 170m，转轮直径为 750mm，叶片数 17 个，蜗壳进口直径 650mm，固定导叶数为 8 个，活动导叶数为 12 个，尾水管为弯锥型。额定转速为 1000r/min，额定流量 1.8m³/s。真实机组如图 2.1 所示。水轮机三维计算模型如图 2.2 所示。

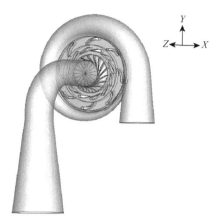

图 2.1　某水电站水轮发电机组　　　　图 2.2　水轮机三维计算模型

应用前处理软件 GAMBIT 对原型混流式水轮机各过流部件进行分块建模及网格划分。蜗壳和导水机构的模型及网格划分如图 2.3、图 2.4 所示。采用对复杂区域适应性强的四面体网格划分，并对导水机构区域进行了网格加密处理。蜗壳和导水机构区域共划分单元数 596 833 个，节点数 123 163 个。

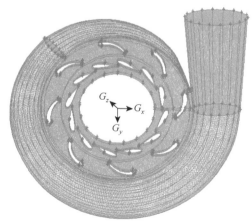

图 2.3　蜗壳和导水机构模型　　　　图 2.4　蜗壳和导水机构网格

转轮模型及网格划分如图 2.5、图 2.6 所示。由于转轮区域为强扭曲的复杂三维叶道组成，采用以非结构四面体为主的混合网格划分。共划分单元数 1 183 079 个，节点数 236 457 个。

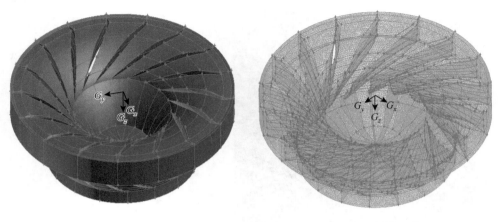

图 2.5　转轮模型　　　　　　　　　　　图 2.6　转轮网格

单个叶片和尾水管的模型如图 2.7、图 2.8 所示。尾水管区域共划分单元数 305 450 个，节点数 58 781 个。

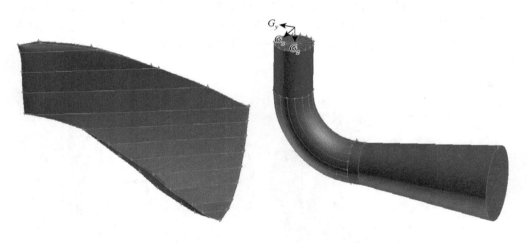

图 2.7　叶片模型　　　　　　　　　　　图 2.8　尾水管模型

最后通过 TGRID 软件将水轮机各过流部件连接成一个整体得到水轮机全流道计算模型，如图 2.9 所示。水轮机全流道网格如图 2.10 所示。整个全流道最终共划分单元数 2 085 362 个，节点数 418 408 个。在计算前应用多面体网格技术使四面体网格自动聚合，自动将四面体网格转换为多面体网格，该技术可降低网格总数及网格扭曲率，从而降低计算量，提高计算精度，改善求解过程的收敛性和稳定性。

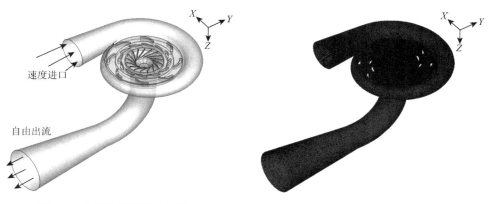

图 2.9　水轮机全流道计算模型　　　　图 2.10　水轮机全流道网格

2.3　计算边界条件

计算对象为原型混流式水轮机的整个全流道。流道进口边界为水轮机蜗壳的进口断面，水从该断面流进；流道出口边界为水轮机尾水管的出口断面，水从该断面流出。可以认为：这两个断面的方向与流动方向垂直，即断面的外法线方向与流动方向平行。计算域的其他外边界为蜗壳、导水机构、转轮和尾水管的固体壁面。在三维定常和非定常的湍流计算中采用了如下的流动边界条件：

（1）速度进口条件，即在进水管进口处根据引用流量给定速度值。

（2）出口采用自由出流边界条件，该条件用于模拟在求解前流速和压力未知的出口边界。在该边界上，无须定义任何内容，适用于出口处的流动是充分发展的湍流情况，即在尾水管出口面处流场除了压强以外的各物理量沿流动方向的梯度为零。由于全部流场只有一个出口，其出流权重设为 1。

（3）在邻近固壁的区域采用标准壁面函数，固壁面采用无滑移边界条件，即在壁面处的流体速度 V 等于壁面速度 u_{wall}，当固体壁面静止时，$u = u_{wall} = 0$。如果边界转动，边界上的速度为给定的周向速度。

（4）对于其他参数，在计算中除进口处给定第一类边界条件外，其他边界采用第二类边界条件。例如，湍动能和湍动能耗散率的边界条件与速度相似，在进口给定第一类边界条件，在出口给定第二类边界条件，在邻近固壁的计算点可用壁面律给定。

（5）在迭代计算中，对进出口流量进行修正，满足流量相等的连续条件；即在每次迭代计算时，积分计算域出口的流量，并逐次修改出口附近的流速值，使进出口流量满足连续条件。

在全流道三维非定常湍流计算中，仍然采用上述的流动边界条件，但是几何边界要不断地变动，即每过一个时间步长，转轮转动一个角度，形成流动随时间变化的计算结果。定常及非定常湍流计算过程中的边界条件具体按照如下方法给定：以蜗壳入口为进口面，给定此处的速度值、湍动能 k 和湍动能耗散率 ε 作为边界条件；以尾水管末端面为出口面，采用自由出流作为出口条件。其他条件包括：在壁面处采用无滑移边界条件，近壁区应用标准壁面函数；转轮的转动分别与上游导叶和下游尾水管形成了 2 级动静干扰，定常计算采用多参考系 MRF 模型，非定常湍流计算采用滑移网格模型，计算中转轮部件的网格相对于导叶和尾水管部件的网格转动，不要求交界面两侧的网格节点相互重合。各部件的计算同时进行，并且在交界面处，保证插值后速度分量和湍流量一致，同时保证积分后压强和流动通量一致。在整个非定常湍流计算过程中，首先将转轮固定在某一个位置，按照初始条件进行三维定常湍流计算，然后根据得到的定常流场结果，给定时间计算步长，进行非定常湍流计算，定常湍流计算结果作为其初始条件。非定常湍流计算中时间步长为 0.001s，当计算收敛后，时间步向前推进，同时转轮网格相应转动到新的位置，开始进行新时间步上的计算。

2.4　湍流计算模型

2.4.1　标准 k-ε 模型

本章三维定常湍流计算选用标准 k-ε 模型，当流体为不可压缩且不考虑源项，湍动能 k 和湍动能耗散率 ε 是两个基本的未知量，标准 k-ε 模型为

$$\frac{\partial(\rho k)}{\partial t}+\frac{\partial(\rho k u_i)}{\partial x_i}=\frac{\partial}{\partial x_j}\left[\left(\mu+\frac{\mu_t}{\sigma_k}\right)\frac{\partial k}{\partial x_j}\right]+G_k-\rho\varepsilon \tag{2.16}$$

$$\frac{\partial(\rho\varepsilon)}{\partial t}+\frac{\partial(\rho\varepsilon u_i)}{\partial x_i}=\frac{\partial}{\partial x_j}\left[\left(\mu+\frac{\mu_t}{\sigma_\varepsilon}\right)\frac{\partial\varepsilon}{\partial x_j}\right]+C_{1\varepsilon}\frac{\varepsilon}{k}G_k-C_{2\varepsilon}\rho\frac{\varepsilon^2}{k} \tag{2.17}$$

式中，G_k 是由于平均速度梯度引起的湍动能 k 的产生项；$C_{1\varepsilon}$、$C_{2\varepsilon}$ 为经验常数；σ_k 和 σ_ε 分别是与湍动能 k 和湍动能耗散率 ε 对应的普朗特数。

标准 k-ε 模型是个半经验公式，主要是基于湍动能和湍动能耗散率。k 方程是个精确方程，ε 方程是个由经验公式导出的方程，k-ε 模型假定流场是完全湍流，分子之间的黏性可以忽略，标准 k-ε 模型因而只对完全是湍流的流场有效。也就是说，它是一种针对高雷诺数的湍流计算模型，对低雷诺数的流动计算及近壁区内的流动计算有两种解决方法，一种是采用壁面函数法，另一种是采用低雷

诺数的 k-ε 模型。该模型利用 Boussinesq 假设封闭雷诺应力时,认为湍动黏度 u_t 是各向同性的标量。这与实际流动情况是有偏差的,尤其是近壁湍流,雷诺应力具有明显的各向异性。为了克服标准 k-ε 模型的缺点,发展了非线性 k-ε 模型,有两种应用比较广泛的改进方案:RNG k-ε 模型和可实现 k-ε 模型。下面介绍本章非定常湍流计算中选用的 RNG k-ε 模型。

2.4.2　RNG k-ε 模型

在 RNG k-ε 模型中,通过在大尺度运动和修正后的黏度项体现小尺度的影响,从而使这些小尺度运动系统地从控制方程中去除。所得到的 k 方程和 ε 方程,与标准 k-ε 模型非常相似:

$$\frac{\partial(\rho k)}{\partial t} + \frac{\partial(\rho k u_i)}{\partial x_i} = \frac{\partial}{\partial x_j}\left[\alpha_k \mu_{eff} \frac{\partial k}{\partial x_j}\right] + G_k - \rho\varepsilon \tag{2.18}$$

$$\frac{\partial(\rho\varepsilon)}{\partial t} + \frac{\partial(\rho\varepsilon u_i)}{\partial x_i} = \frac{\partial}{\partial x_j}\left[\alpha_\varepsilon \mu_{eff} \frac{\partial\varepsilon}{\partial x_j}\right] + \frac{C_{1\varepsilon}^*\varepsilon}{k}G_k - C_{2\varepsilon}\rho\frac{\varepsilon^2}{k} \tag{2.19}$$

式中,

$$\left.\begin{aligned}
&\mu_{eff} = \mu + \mu_t, \mu_t = \rho C_\mu \frac{k^2}{\varepsilon} \\
&C_\mu = 0.0845, \alpha_k = \alpha_\varepsilon = 1.39 \\
&C_{1\varepsilon}^* = C_{1\varepsilon} - \frac{\eta(1 - \eta/\eta_0)}{1 + \beta\eta^3}, C_{1\varepsilon} = 1.42, C_{2\varepsilon} = 1.68 \\
&\eta = (2E_{ij} \cdot E_{ij})^{1/2}\frac{k}{\varepsilon}, E_{ij} = \frac{1}{2}\left(\frac{\partial u_i}{\partial x_j} + \frac{\partial u_j}{\partial x_i}\right) \\
&\eta_0 = 4.377, \beta = 0.012
\end{aligned}\right\} \tag{2.20}$$

与标准 k-ε 模型比较,RNG k-ε 模型的主要变化是:

①通过修正湍动黏度,考虑了平均流动中的旋转及旋流流动情况;

②在 ε 方程中增加了一项,从而反映了主流的时均应变率 E_{ij},这样 RNG k-ε 模型中产生项不仅与流动情况有关,而且在同一问题中也还是空间坐标的函数。从而,RNG k-ε 模型可以更好地处理高应变率及流线弯曲程度较大的流动。

需要注意的是,RNG k-ε 模型仍是针对充分发展的湍流,即对高雷诺数的湍流计算模型,而对近壁区内的流动及雷诺数较低的流动,必须使用壁面函数法或低雷诺数的 k-ε 模型来模拟。

RNG k-ε 模型对旋转产生的动静干扰效应的考虑:旋转对湍流结构的影响是

因为旋转可以改变湍流产生和耗散率，从而改变湍流的黏性。为此，RNG k-ε 模型专门提供了一套适用于考虑旋转效应影响的求解湍动黏度的方法。

$$\mu_t = \mu_{t0} f\left(\alpha_s, \Omega, \frac{k}{\varepsilon}\right) \qquad (2.21)$$

其中，μ_{t0} 为不考虑旋转时计算出的湍动黏度；Ω 为旋转数；α_s 为旋转常数（旋转对流动的影响因子），由流动中旋转效应对流场作用和影响的大小决定。式（2.21）通过考虑旋转数、旋转常数来调整湍动黏度，因此，RNG k-ε 模型可有效地考虑旋转产生的动静干扰效应的影响。

RNG k-ε 模型大量应用于许多复杂流场的计算。这种模型主要的优点包括：①方程中的常数并非用经验方法确定，而是利用 RNG 理论推导出的精确值。②ε 方程中有一附加项，代表着时均应变率对 ε 的影响，可以通过调整湍动黏度来考虑旋转效应的影响。③采用 RNG k-ε 模型可以考虑壁面上大尺度分离的影响，能有效地模拟有强曲率影响的湍流分离流动和涡旋流动。所以该模型在预测流体机械三维非定常流动中，能得出很好的结果。

由于 RNG k-ε 模型可以考虑分离流动和涡旋流动的效应，同时可较准确地预测近壁区的流动，所以在预测水轮机三维非定常流动中，尤其在尾水管中的非定常涡带，即自激效应引起的非定常流动，能得出更好的计算结果。

2.5　水轮机性能预估

在完成水轮机数值计算之后，通过数据后处理，可以进行水轮机一些主要性能的预估。

2.5.1　能量性能预估模型

数值模拟出混流式水轮机的流场后，计算水轮机的有效水头和工作水头，可以求出水力效率。

水轮机的有效水头可以用转轮进出口面的环量计算得到

$$H_e = \left\{\sum_{i=1}^{n}\left(\frac{V_u U}{g}\right)_i \middle/ N\right\}_{\text{inlet}} - \left\{\sum_{i=1}^{n}\left(\frac{V_u U}{g}\right)_i \middle/ N\right\}_{\text{outlet}} \qquad (2.22)$$

其中，V_u 为转轮进出口面绝对速度的周向分量；U 为转轮进出口面的圆周速度；n 为转轮进出口面上的网格点数；g 为重力加速度。

工作水头可以通过计算蜗壳进口面和尾水管出口面的能量差得到

$$H_r = \left\{ \sum_{i=1}^{n}\left(Z + \frac{p}{\rho g} \right)_i \Big/ N + \sum_{i=1}^{n}\left(\frac{V^2}{2g} \right)_i \Big/ N \right\}_{\text{inlet}}$$
$$- \left\{ \sum_{i=1}^{n}\left(Z + \frac{p}{\rho g} \right)_i \Big/ N + \sum_{i=1}^{n}\left(\frac{V^2}{2g} \right)_i \Big/ N \right\}_{\text{outlet}} \tag{2.23}$$

其中，p 为水轮机进出口面的静压值；ρ 为流体密度；Z 为网格点的高程；V 为此面上的绝对速度值；n 为此面上的网格点数。

水轮机水力效率计算公式为

$$\eta_{th} = H_e / H_r \tag{2.24}$$

考虑容积损失和机械损失，水轮机的效率为

$$\eta = \eta_{th} \times 99.5\% \tag{2.25}$$

2.5.2　空化性能预估模型

水流通过转轮时，转轮叶栅的翼型剖面上压强是在变化的，在速度最高处，其压强最低。水轮机叶片压强最低处一般在叶片吸力面出口边往里一点 K 处，若 K 点压强等于或小于空化压强时，则在叶片表面产生空化。

叶轮上压强最低处 K 点的真空度为

$$\frac{p_{VA}}{\rho g} = \frac{p_a}{\rho g} - \frac{p_k}{\rho g} = h_{SK} - h_{VA} \tag{2.26}$$

其中，h_{SK} 为静态真空值；h_{VA} 为动力真空值。

水轮机空化性能通常用空化系数 σ 的大小来评价。σ 是水轮机的一个动态参数，是一个无因次量，在物理意义上它表示水轮机工作轮中的相对动力真空值。

$$\sigma = \frac{h_{VA}}{H_r} \tag{2.27}$$

其中，h_{VA} 为水轮机叶片上压强最低处的动力真空值；H_r 为工作水头。

根据能量方程可以得出

$$h_{VA} = \frac{p_s - p_K}{\rho g} + \frac{V_s^2}{2g} + H_s - H_K \tag{2.28}$$

可以推导出

$$\sigma = \frac{h_{VA}}{H_r} = \left(\frac{p_s - p_K}{\rho g} + \frac{V_s^2}{2g} + H_s - H_K \right) \Big/ H_r \tag{2.29}$$

其中，p_s 为尾水管出口处压强；V_s 为尾水管出口处的速度；H_s 为尾水管高程；p_K 为 K 点的压强；H_K 为 K 点的高程；H_r 为工作水头。

2.5.3　原型混流式水轮机性能预估结果

考虑计算机资源和工作量，主要选取了以下四种有代表性的工况：保持额定转速不变的条件下，导叶开度从小到大依次递增的顺序来作为计算工况。表 2.1 是各工况下计算的进口参数设置。

表 2.1　计算工况及进口参数设置一览表

工况	导叶开度 a_0 /mm	进口速度/ (m/s)	湍流强度 I/ %	湍动能 k/ (m^2/s^2)	湍动能耗散率 ε/ (m^2/s^3)
1	23	1.90	0.06	0.0195	0.0098
2	43	3.59	0.06	0.0696	0.0663
3	65	5.43	0.06	0.1592	0.2294
4	91	7.60	0.06	0.3119	0.6291

对原型混流式水轮机的 CFD 分析结果进行性能预估。表 2.2 是该水轮机在不同工况下能量性能数值模拟的计算结果。可以看出，在工况 3（设计工况）水轮机最高效率为 94.46%，达到了水轮机转轮设计的效率要求，在工况 1（小开度工况）和工况 4（大开度工况）水轮机效率稍差。特别是在工况 4（大开度工况）水力损失较大，水轮机应尽量避免在此工况下运行。在设计工况点，水轮机出力为 2835kW，能满足发电机组的要求。

表 2.2　能量性能计算结果一览表

工况	导叶开度 a_0 /mm	有效水头 H_e /m	工作水头 H_r /m	水轮机效率 η /%
1	23	169.73	190.38	88.71
2	43	173.88	184.99	93.52
3	65	160.12	168.67	94.46
4	91	139.20	158.16	87.57

水轮机空化系数是表征水轮机转轮空化性能的重要参数，它与转轮翼型和水轮机的工况有关，还与尾水管的性能有关。设计和选用水轮机时，在保证良好的能量特性情况下应使水轮机的空化系数值尽可能小。

根据转轮流场计算结果，在叶片上压力最低处取一条流线，可计算出水轮机空化系数。表 2.3 分别列出了各工况下根据空化性能预估模型计算的空化系数。

空化系数的计算值随着导叶开度的增加（负荷增大）而增加。这是因为随着负荷的增加，叶片正背面压力差增加，使叶片背面的压力降低。因此用稳定流场的数值计算结果只能得到空化系数随工况变化的大体趋势，若要更准确地预测转轮的空化特性，将有待于应用三维空化湍流场的数值模拟来解决。

表 2.3　空化系数计算结果一览表

工况	导叶开度 a_0/mm	动力真空 h_{VA}/m	工作水头 H_r/m	空化系数 σ
1	23	1.70	190.38	0.009
2	43	4.43	184.99	0.024
3	65	11.11	168.67	0.066
4	91	18.67	158.16	0.118

2.6　原型混流式水轮机三维定常湍流计算结果及分析

为了便于分析说明和比较，特选取靠近零冲角线的设计工况、小开度工况和大开度工况作为 3 个典型的工况进行分析。工况 3 为设计工况，工况 1 为小开度工况，工况 4 为大开度工况。

2.6.1　蜗壳流场计算结果及分析

原型混流式水轮机的蜗壳，座环与蜗壳的连接采用圆弧导流环。原型混流式水轮机在上述 3 个计算工况的蜗壳流场计算结果，分别如图 2.11～图 2.22 所示（各速度分布图中标尺单位为 m/s，各压强分布图中标尺单位为 Pa，各湍动黏度分布图中标尺单位为 kg/(m·s)，各湍动能分布图中标尺单位为 m²/s²）。从计算结果可以看出，蜗壳内压强分布从蜗壳进口到蜗壳出口沿径向均匀降低，速度矢量随之均匀增大，过渡平稳，基本没有较明显的突变，而且压强与速度分布在圆周方向具有较好的对称性，仅在与固定导叶入口相邻的蜗壳出口处，存在较小的撞击脱流。另外从 3 个工况流场的比较来看，蜗壳内的流速场和压力场的分布规律随着工况的改变也无明显的变化，只是数值随着流量的改变发生变化。从湍动黏度和湍动能分布图来看，3 个工况下水流在进入固定导叶前湍动黏度和湍动能较大，说明已处于复杂的湍流状态。总体来看，蜗壳内部流动的压力分布和速度分布比较均匀，流动状况比较理想，并经过进出口总压差值计算，其水力损失的最大值为总水头的 0.5%左右，整个蜗壳的水力损失也很小，说明此蜗壳水力性能优良。

1. 设计工况（$n = 1000$ r/min，$a_0 = 65$ mm）

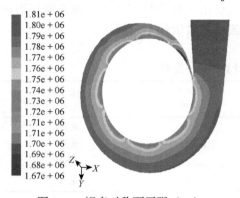

图 2.11　蜗壳对称面压强（Pa）
图中重复的数值表示压强变化幅度很小

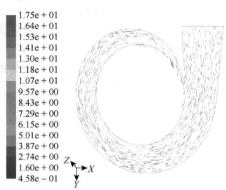

图 2.12　蜗壳对称面速度矢量（m/s）

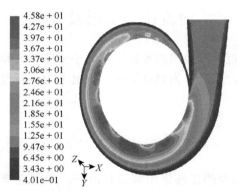

图 2.13　蜗壳对称面湍动黏度[kg/(m·s)]

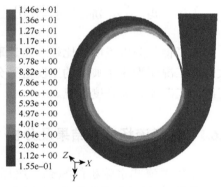

图 2.14　蜗壳对称面湍动能（m²/s²）

2. 小开度工况（$n = 1000$ r/min，$a_0 = 23$ mm）

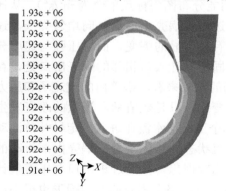

图 2.15　蜗壳对称面压强（Pa）
图中重复的数值表示压强变化幅度很小

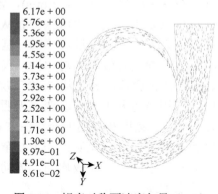

图 2.16　蜗壳对称面速度矢量（m/s）

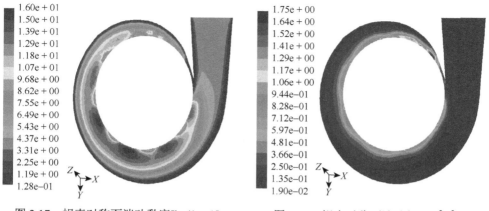

图 2.17　蜗壳对称面湍动黏度[kg/(m·s)]　　图 2.18　蜗壳对称面湍动能（m²/s²）

3. 大开度工况（$n = 1000\text{r/min}$，$a_0 = 91\text{mm}$）

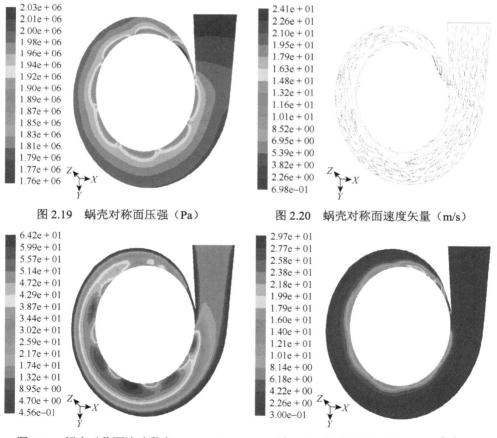

图 2.19　蜗壳对称面压强（Pa）　　图 2.20　蜗壳对称面速度矢量（m/s）

图 2.21　蜗壳对称面湍动黏度[kg/(m·s)]　　图 2.22　蜗壳对称面湍动能（m²/s²）

2.6.2　导水机构流场计算结果及分析

　　原型混流式水轮机导水机构采用 8 个固定导叶和 12 个正曲率活动导叶。导水机构的主要作用是为转轮提供一个来流均匀的环量分布。水轮机在 3 个计算工况的导水机构流场计算结果如图 2.23～图 2.34 所示（各速度分布图中标尺单位为 m/s，各压强分布图中标尺单位为 Pa，各湍动黏度分布图中标尺单位为 kg/(m·s)，各湍动能分布图中标尺单位为 m²/s²）。可以看出，在小开度工况下，各导叶区间内压力分布从固定导叶进口到活动导叶出口基本均匀降低，速度矢量也均匀增大，仅在固定导叶和活动导叶头部有较小的正撞击，但没有在负压面引起脱流，而且速度和压力分布在圆周方向的对称性也比较好，在部分活动导叶背面靠近前端，湍流运动十分剧烈，湍动黏度和湍动能都达到了最大值。在设计工况下，各导叶区间内压力分布从固定导叶进口到活动导叶出口均匀降低，速度矢量随之均匀增大，流线顺畅，导叶进出口基本没有明显脱流、旋涡发生，进口冲角接近零，为无撞击进口。此外，速度和压力分布在圆周方向具有良好的对称性，说明导叶进口水流角与导叶安放角一致，湍动黏度分布基本均匀，过度平缓，只是在大部分固定导叶和活动导叶前端湍动能急剧变大。在大开度工况下，水流流量较大，活动导叶的头部产生了高压区，部分活动导叶的工作面出现了脱流，产生了低压区。随着导叶开度的增大，活动导叶的水流驻点慢慢偏移至导叶背面，同时在活动导叶正面出现了脱流，并在正面产生低压区。这时活动导叶出口周向速度呈较大增加趋势，将会引起较大的水力损失。此工况下的湍动黏度分布基本均匀，少数固定导叶和活动导叶前端湍动能较大。

　　1. 设计工况（ $n = 1000\text{r/min}$，　$a_0 = 65\text{mm}$ ）

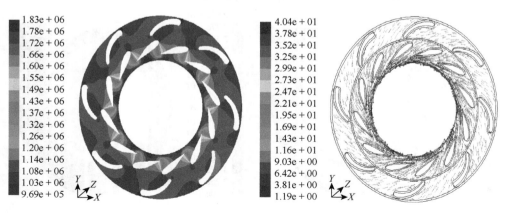

图 2.23　固定与活动导叶对称面压强（Pa）　　　　图 2.24　导叶对称面速度矢量（m/s）

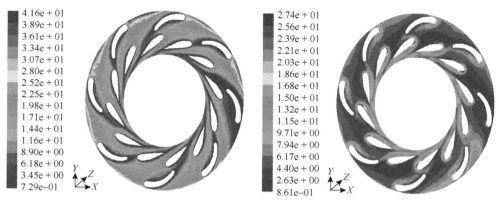

图 2.25　导叶对称面湍动黏度[kg/(m·s)]　　　图 2.26　导叶对称面湍动能（m²/s²）

2. 小开度工况（$n = 1000$r/min，$a_0 = 23$mm）

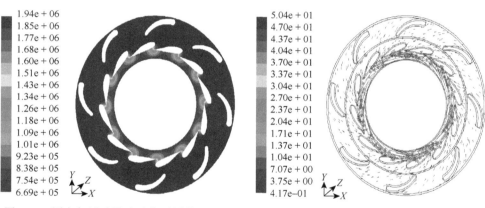

图 2.27　固定与活动导叶对称面压强（Pa）　　　图 2.28　导叶对称面速度矢量（m/s）

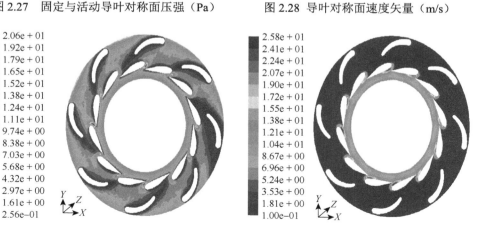

图 2.29　导叶对称面湍动黏度[kg/(m·s)]　　　图 2.30　导叶对称面湍动能（m²/s²）

3. 大开度工况（$n = 1000$r/min，$a_0 = 91$mm）

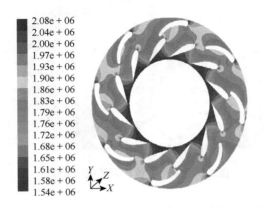

图 2.31　固定与活动导叶对称面压强（Pa）

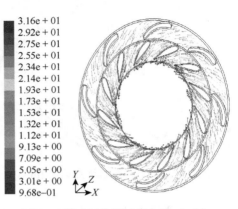

图 2.32　导叶对称面速度矢量（m/s）

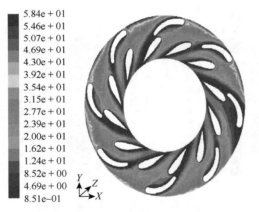

图 2.33　导叶对称面湍动黏度[kg/(m·s)]

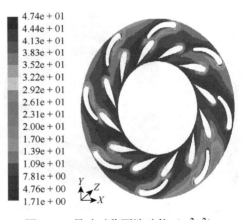

图 2.34　导叶对称面湍动能（m^2/s^2）

　　总体来看，固定导叶大小、形状、安放角及其与活动导叶的搭配，基本适应了蜗壳出口水流角在圆周方向的分布规律，但在偏离设计工况时流动状况欠佳。因此，导水机构应尽量在设计工况附近运行，避免在偏离工况运行，这样可减少固定导叶头部的撞击损失和水流绕流后产生的旋涡，不仅有助于水轮机效率的提高，而且有助于改善由于不平衡引发的机组振动。

2.6.3　转轮流场计算结果及分析

　　原型混流式水轮机转轮直径为 750mm，叶片数为 17 个。由于水轮机转轮结构复杂，水流通过转轮通道时既要沿着扭曲的转轮通道做相对运动，又要与转轮一起做牵连运动。因此转轮内部流动十分复杂。水轮机在 3 个计算工况的转轮流场计算结果如图 2.35~图 2.70 所示（各速度分布图中标尺单位为 m/s，各压强分布图中标尺单位为 Pa，各湍动黏度分布图中标尺单位为 kg/(m·s)，各湍动能分布图中标尺单位为 m^2/s^2）。

水轮机在设计工况时（图 2.35~图 2.46），工作面、背面压强分布从叶片进水边到出口边均匀降低，整个叶片面上对应各点的工作面压强均高于背面压强，形成了较好的正背面压差分布，压强分布情况良好。工作面和背面之间存在着压差，两者的压差所形成的作用力方向也与转轮旋转方向一致。工作面、背面速度分布均匀，叶片背面速度大于工作面上的速度，从叶片进口边均匀流至出口边没有脱流、回流、横向流动等二次流动现象，整体流线顺畅，速度分布情况良好。同时，叶片上冠面和下环面的压强和速度分布情况也良好，叶片头部入流接近零冲角，在叶片进口处均没有脱流。总体看来，转轮区域流动情况良好，压强和速度分布均匀，流动顺畅。

水轮机在小开度工况时（图 2.47~图 2.58），在靠近上冠处，叶片头部入流为较大的正冲角，叶片背面进口有明显的脱流；而在靠近下环处，叶片工作面距进口 1/3 左右有明显的低速区产生；同时，叶片工作面在靠近上冠处有横向流动和回流。在叶片背面，靠近下环处，叶片进口有明显的撞击产生的高压区；靠近上冠处也有明显的回流、横向流动。上冠面与下环面的压强分布情况均较好，速度分布也较均匀，没有脱流、回流、横向流动等二次流动现象。工作面、背面压强从叶片进水边到出水边降低得较均匀，且流线不太流畅，总体流动情况比设计工况差。

水轮机在大开度工况时（图 2.59~图 2.70），在靠近上冠处，叶片头部入流为较小的负冲角，叶片工作面进口处有明显的脱流；而在靠近下环处，叶片工作面距进口 1/4 左右有明显的低速区产生；同时，叶片工作面在靠近上冠处有横向流动。而在背面，在靠近下环处，距进口 1/5 左右有较小的低速区产生；几乎整个叶片进口都有较小的撞击产生的高压区；但整个背面没有明显的回流、横向流动，流动情况较好。上冠面与下环面的压强分布情况均较好，速度分布也较均匀，没有脱流、回流、横向流动等二次流动现象。工作面、背面压强从叶片进水边到出水边降低得较均匀，且流线较流畅，总体流动情况比设计工况差，但比小流量工况好。

从三个工况下转轮流道内的湍动黏度和湍动能的分布来看，整个流道内都处于复杂的湍流运动状态，在叶片进口边附近湍动能较大，说明该处湍流运动剧烈。特别是在大开度工况下，湍动黏度和湍动能都明显增加，湍流运动程度强于其他两种工况。

总体来看，转轮能够满足能量转换的要求，设计工况下流动情况较好，偏离工况下流动状况不够理想，存在较明显的脱流、回流、横向流动等二次流动现象，尤其是小开度工况，流动情况较差。

1. 设计工况（$n = 1000\text{r/min}$，$a_0 = 65\text{mm}$）

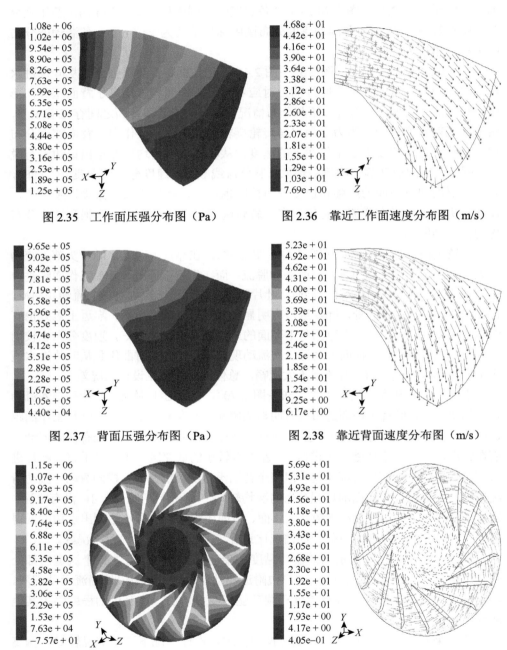

图 2.35　工作面压强分布图（Pa）　　　图 2.36　靠近工作面速度分布图（m/s）

图 2.37　背面压强分布图（Pa）　　　图 2.38　靠近背面速度分布图（m/s）

图 2.39　上冠面压强分布图（Pa）　　　图 2.40　靠近上冠面速度分布图（m/s）

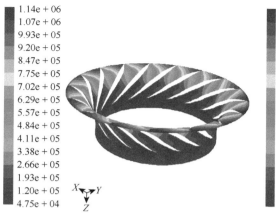

图 2.41　下环面压强分布图（Pa）

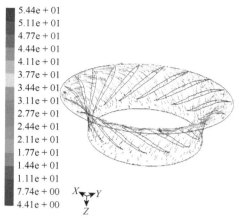

图 2.42　靠近下环面速度分布图（m/s）

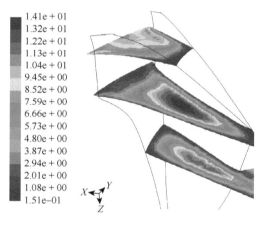

图 2.43　转轮流道横截面湍动黏度[kg/(m·s)]

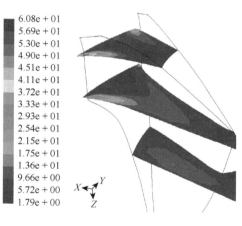

图 2.44　转轮流道横截面湍动能（m^2/s^2）

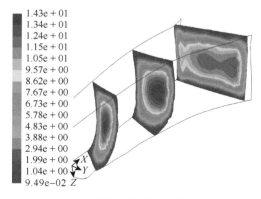

图 2.45　转轮流道纵截面湍动黏度[kg/(m·s)]

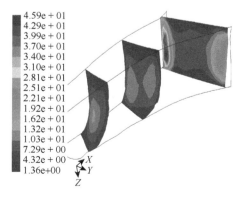

图 2.46　转轮流道纵截面湍动能（m^2/s^2）

2. 小开度工况（$n = 1000$r/min，$a_0 = 23$mm）

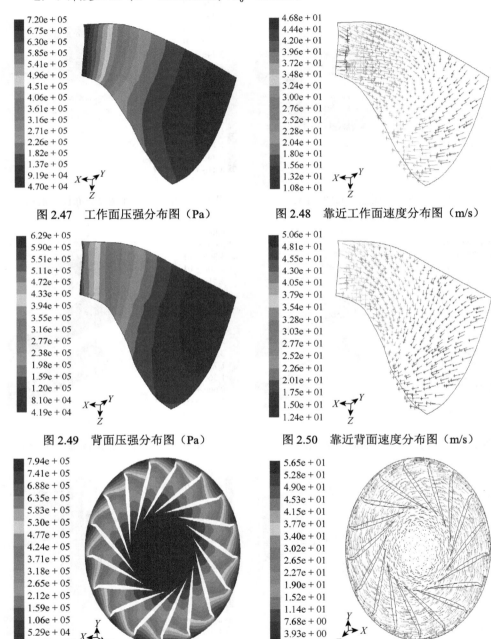

图 2.47　工作面压强分布图（Pa）　　　　图 2.48　靠近工作面速度分布图（m/s）

图 2.49　背面压强分布图（Pa）　　　　图 2.50　靠近背面速度分布图（m/s）

图 2.51　上冠面压强分布图（Pa）　　　　图 2.52　靠近上冠面速度分布图（m/s）

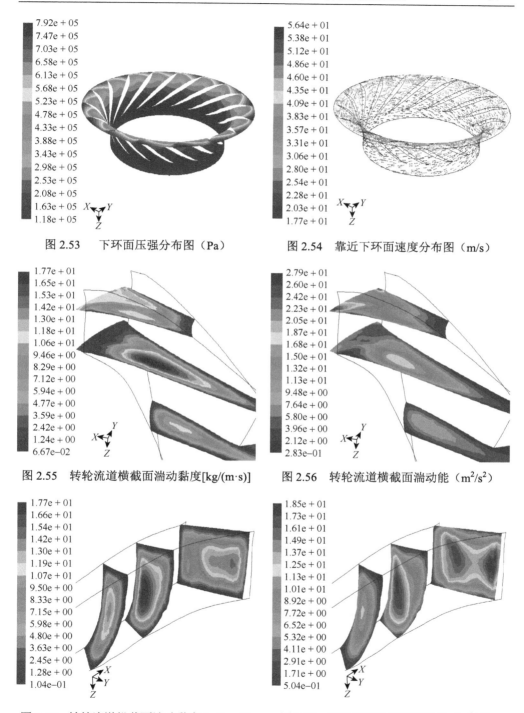

图 2.53　下环面压强分布图（Pa）　　　　图 2.54　靠近下环面速度分布图（m/s）

图 2.55　转轮流道横截面湍动黏度[kg/(m·s)]　　图 2.56　转轮流道横截面湍动能（m²/s²）

图 2.57　转轮流道纵截面湍动黏度[kg/(m·s)]　　图 2.58　转轮流道纵截面湍动能（m²/s²）

3. 大开度工况（$n = 1000$r/min，$a_0 = 91$mm）

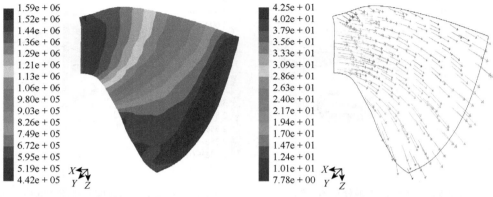

图 2.59　工作面压强分布图（Pa）　　　图 2.60　靠近工作面速度分布图（m/s）

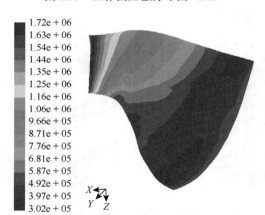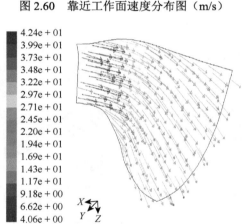

图 2.61　背面压强分布图（Pa）　　　图 2.62　靠近背面速度分布图（m/s）

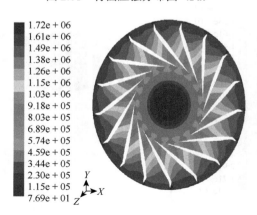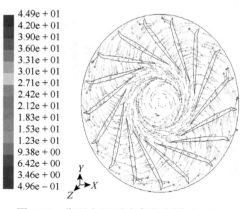

图 2.63　上冠面压强分布图（Pa）　　　图 2.64　靠近上冠面速度分布图（m/s）

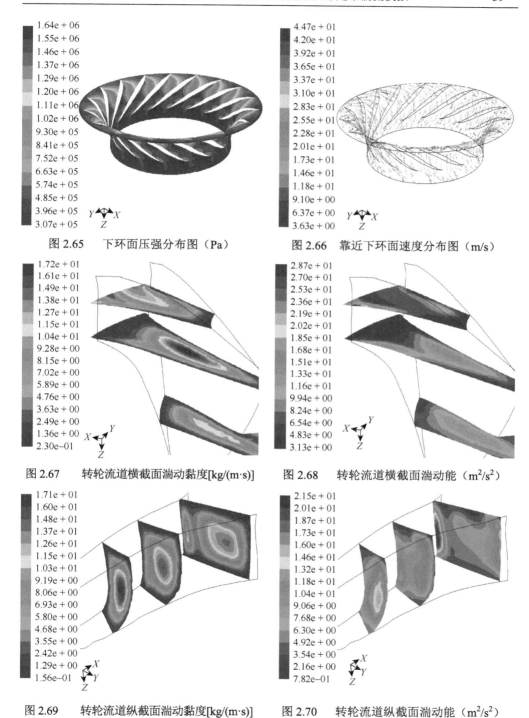

图 2.65　　下环面压强分布图（Pa）　　　　图 2.66　　靠近下环面速度分布图（m/s）

图 2.67　转轮流道横截面湍动黏度[kg/(m·s)]　　图 2.68　　转轮流道横截面湍动能（m²/s²）

图 2.69　转轮流道纵截面湍动黏度[kg/(m·s)]　　图 2.70　　转轮流道纵截面湍动能（m²/s²）

2.6.4　尾水管流场计算结果及分析

尾水管在水轮机四大过流部件中的作用也十分重要,不仅担负将转轮出口水流引向下游的任务,还要回收一部分转轮的出口动能。但由于尾水管的几何形状比较复杂,其水流特性随水轮机工况的不同变化也很大,如在直锥段和弯锥段的涡流等。原型混流式水轮机在 3 个计算工况的尾水管流场计算结果如图 2.71~图 2.94 所示(各速度分布图中标尺单位为 m/s,各压强分布图中标尺单位为 Pa,各湍动黏度分布图中标尺单位为 kg/(m·s),各湍动能分布图中标尺单位为 m²/s²)。

设计工况下(图 2.71~图 2.78),尾水管进口速度、压强分布基本对称,压强沿径向分布比较均匀,速度基本垂直下泻;尾水管直锥段内有与转轮旋转方向相同的涡带,但没有明显的偏心,整个涡带在尾水管中发展至尾端后逐渐减弱消失了。在尾水管出口处湍动黏度较大,而在尾水管进口处湍动能较大,说明尾水管进口和出口湍流运动较为剧烈。

小开度工况下(图 2.79~图 2.86),尾水管进口速度、压强分布基本对称,压强沿径向分布比较均匀,速度大部分垂直下泻;尾水管直锥段内有与转轮旋转方向相同的涡带,在弯管内没有明显的偏心,涡带在直锥段内偏心较明显。小开度工况下涡带的存在可能会引起尾水管内不稳定的压力脉动和水力损失,造成水轮机运行过程中发生机组振动和效率低下的问题。在弯管内湍动黏度和湍动能都较大,说明在该区段内湍流运动剧烈。

3. 大开度工况($n = 1000\text{r/min}$,$a_0 = 91\text{mm}$)

大开度工况下(图 2.87~图 2.94),尾水管进口速度、压强分布基本对称,但压强沿径向分布不对称,向一侧倾斜,速度大部分垂直下泻;尾水管直锥段内有与转轮旋转方向相反的涡带,在弯管内没有明显的偏心,涡带在直锥段内有偏心,流线基本顺畅。涡带强度小于小开度工况下涡带强度,当然也会造成水轮机运行过程中发生机组振动和效率低下的问题。整个尾水管内的湍动黏度都较大,说明整个尾水管内都处于复杂的湍流运动状态,在进口处湍动能较大,该处湍流运动剧烈。

1. 设计工况（$n = 1000 \text{r/min}$，$a_0 = 65 \text{mm}$）

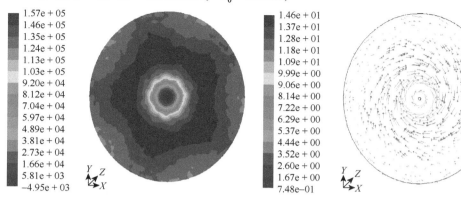

图 2.71　尾水管进口压强分布图（Pa）　　　图 2.72　尾水管进口速度分布图（m/s）

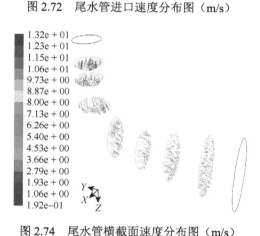

图 2.73　尾水管横截面压强分布图（Pa）　　　图 2.74　尾水管横截面速度分布图（m/s）

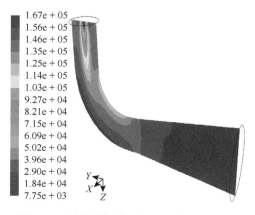

图 2.75　尾水管纵截面压强分布图（Pa）

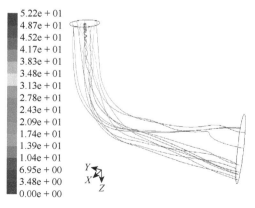

图 2.76　尾水管内粒子运动轨迹（m/s）

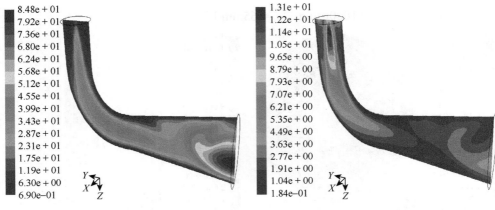

图 2.77　尾水管纵截面湍动黏度[kg/(m·s)]　　　图 2.78　尾水管纵截面湍动能（m²/s²）

2. 小开度工况（$n = 1000$r/min，$a_0 = 23$mm）

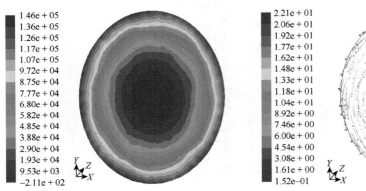

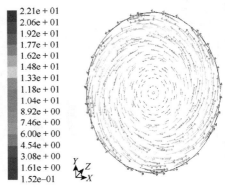

图 2.79　尾水管进口压强分布图（Pa）　　　图 2.80　尾水管进口速度分布图（m/s）

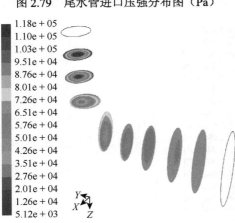

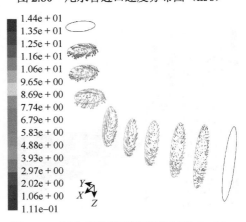

图 2.81　尾水管横截面压强分布图（Pa）　　　图 2.82　尾水管横截面速度分布图（m/s）

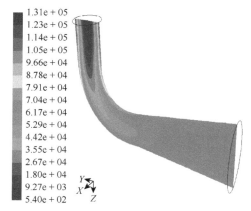

图 2.83　尾水管纵截面压强分布图（Pa）

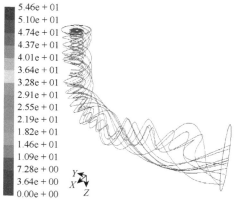

图 2.84　尾水管内粒子运动轨迹（m/s）

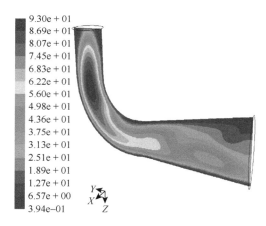

图 2.85　尾水管纵截面湍动黏度[kg/(m·s)]

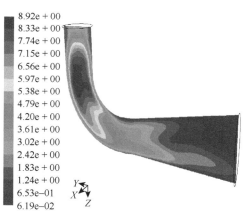

图 2.86　尾水管纵截面湍动能（m²/s²）

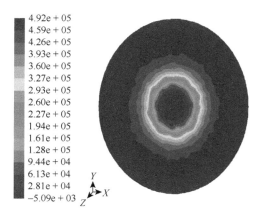

图 2.87　尾水管进口压强分布图（Pa）

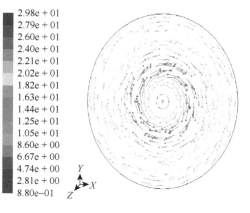

图 2.88　尾水管进口速度分布图（m/s）

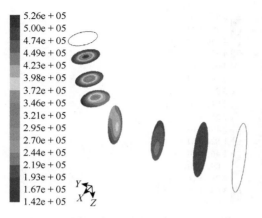

图 2.89　尾水管横截面压强分布图（Pa）

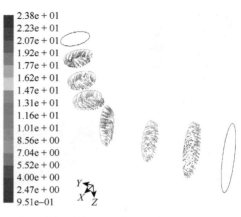

图 2.90　尾水管横截面速度分布图（m/s）

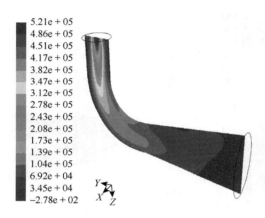

图 2.91　尾水管纵截面压强分布图（Pa）

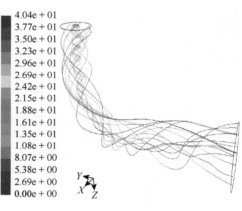

图 2.92　尾水管内粒子运动轨迹（m/s）

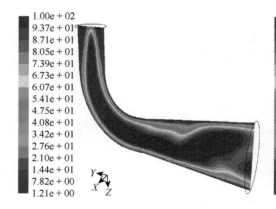

图 2.93　尾水管纵截面湍动黏度[kg/(m·s)]

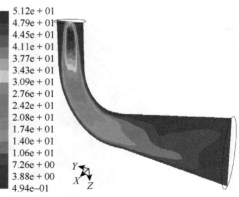

图 2.94　尾水管纵截面湍动能（m²/s²）

2.7　原型混流式水轮机三维非定常湍流计算结果及分析

原型混流式水轮机流场非定常 CFD 分析主要对偏工况下的小开度工况进行湍流计算。

2.7.1　引水部件流场随时间的变化

在小开度工况下，对原型混流式水轮机内的非定常流场进行了模拟，记录下水平截面上流场随时间的变化。图 2.95 为小开度工况不同时刻水轮机水平截面的

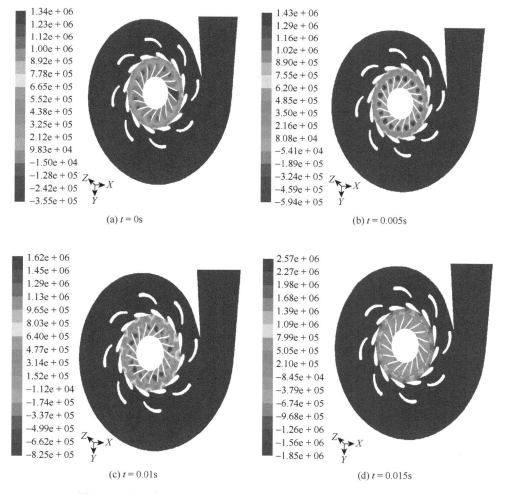

图 2.95　小开度工况不同时刻水轮机水平截面的压强分布图（Pa）

压强分布图。可以看出，随着转轮的转动，引水部件中压强随时间变化而周期性地变化。图 2.96 为小开度工况不同时刻水轮机水平截面的湍动黏度分布图。可以看出随着时间的推移，蜗壳和转轮内的水流处于较为复杂的湍流状态，湍动黏度变化较大。图 2.97 为小开度工况不同时刻水轮机水平截面的湍动能分布图，可以看出从水流进入活动导叶再到转轮内，湍动能梯度变化急剧，特别是转轮叶片进口附近和转轮流道内湍动能较大，说明转轮内湍流运动剧烈。

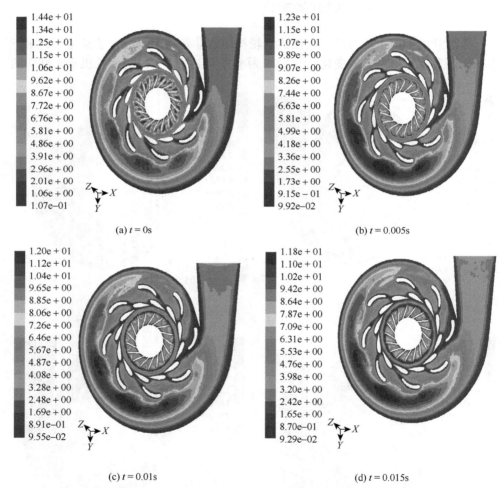

图 2.96　小开度工况不同时刻水轮机水平截面的湍动黏度分布图[kg/(m·s)]

2.7.2　转轮流道内流场随时间的变化

图 2.98、图 2.99 分别为小开度工况转轮流道内不同时刻不同位置的横截面和

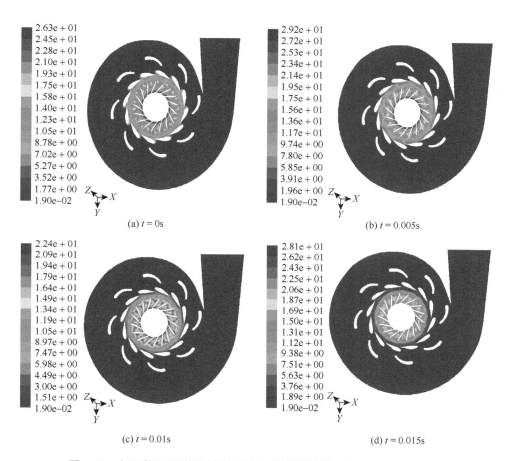

(a) $t = 0$s　　　　　　　　　　　　　　(b) $t = 0.005$s

(c) $t = 0.01$s　　　　　　　　　　　　　(d) $t = 0.015$s

图 2.97　小开度工况不同时刻水轮机水平截面的湍动能分布图（m^2/s^2）

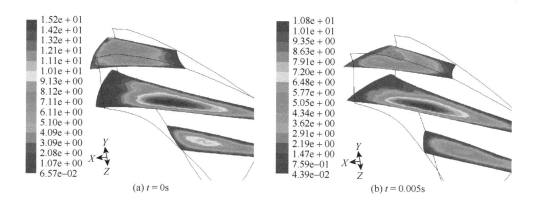

(a) $t = 0$s　　　　　　　　　　　　　　(b) $t = 0.005$s

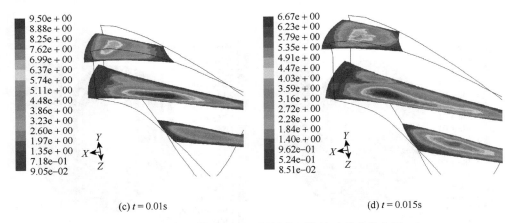

(c) $t = 0.01$s　　　　　　　　　(d) $t = 0.015$s

图 2.98　小开度工况不同时刻转轮流道横截面的湍动黏度分布图[kg/(m·s)]

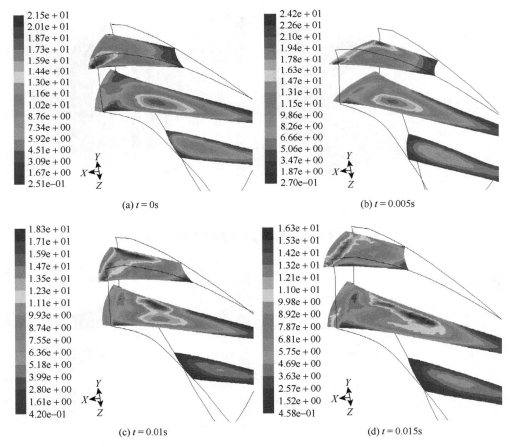

(a) $t = 0$s　　　　　　　　　(b) $t = 0.005$s

(c) $t = 0.01$s　　　　　　　　　(d) $t = 0.015$s

图 2.99　小开度工况不同时刻转轮流道横截面的湍动能分布图（m²/s²）

纵截面湍动黏度和湍动能分布图。可以看出转轮的转动和导叶的动静干涉作用对水轮机转轮流道内水流的复杂湍流运动状态的影响。靠近转轮叶片进水边上部湍动能较大，且随时间的变化较为明显，说明转轮内局部湍流运动剧烈。

2.7.3　尾水管内非定常涡带形态

图 2.100 为小开度工况某时刻尾水管截面压强及速度分布图，可以看出，尾水管涡带是从直锥段入口直至弯管段的偏心涡带，并绕尾水管轴心旋转，涡带中心处的压强明显低于外面。小开度工况下，涡带的转动方向与转轮的转动方向相同；大开度工况下，与转轮转动的方向相反。尾水管涡带的偏心与进动造成了尾水管内的压强变化，其向上游的传递又造成水轮机内其他部件的压力脉动。

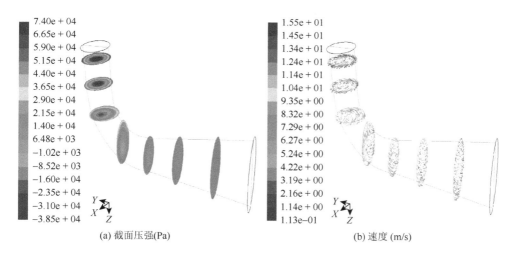

(a) 截面压强(Pa)　　　　　　　　　　　　(b) 速度 (m/s)

图 2.100　小开度工况某时刻尾水管截面压强及速度分布图

2.8　本　章　小　结

（1）通过对原型混流式水轮机进行从蜗壳进口至尾水管出口全流道的三维定常湍流 CFD 计算，得到了各过流部件内部流场的流动细节，并对水轮机的能量性能和空化性能进行了预测。能量性能和空化性能预测结果表明，在主要运行工况水轮机效率较高，空化性能也较好，能满足机组发电要求。全流道三维定常湍流的计算结果表明在主要运行工况下，原型混流式水轮机的速度和压强等分布较合理，流动较理想。但偏离工况时流动状况较差，如大开度工况下，部分活动导叶的工作面出现了脱流，产生了低压区；转轮内流动状况也不理想，存在较明显的脱流、回流、横向流动等二次流动现象，尤其是小开度工况，流动情况较差。从湍动黏度、湍动能等湍流特性分布图中可以看出，各工况下整个流道内都处于复杂的湍流运动状态，在固定导叶和活动导叶前端及叶片进口边，湍动黏度和湍动能较大，说明该处湍流运动剧烈。

（2）在非定常的湍流数值模拟过程中，以从蜗壳进口到尾水管出口全流道内的流动作为数值模拟对象，采用适应性强的非结构化混合网格划分结构复杂的整个水轮机流道。使用 RNG k-ε 模型和滑移网格技术可以模拟水轮机中动静干扰的三维非定常流场，计算结果接近实际流场分布。同时捕捉到水轮机内复杂湍流运动随时间的变化情况。结果表明随着时间的推移，湍流运动变化剧烈。

第3章 基于大涡和分离涡模拟的水轮机瞬态湍流模拟

水力机械内部的三维流动具有固有的非定常特性。与定常流动相比，非定常流动问题要复杂得多。随着计算机运算能力和 CFD 方法的发展，为了更精确地预测水力机械的水动力性能，非定常流动的数值模拟越来越被重视。水力机械非定常湍流数值模拟一直是国内外该学科领域研究和关注的一个热点课题。本章主要介绍现代高级湍流模型，以及模拟动静干扰效果较好的滑移网格技术，并将其应用于某型号原型混流式水轮机的瞬态湍流精细模拟。

3.1 高级湍流模拟技术概述

3.1.1 湍流理论发展概况

在湍流理论发展中，1877 年 Boussinesq 首先提出涡团黏度概念。1893 年 Reynolds 提出了两种流态——层流和湍流，并提出层流到湍流的转捩条件，即雷诺数。1895 年 Peyndds 提出了描述湍流的方法，建立了流体时均运动的动量方程——雷诺方程，也称雷诺平均 N-S 方程，简写为 RANS。1921 年 Taylor 提出了相关函数，把速度关联看成描述湍流最主要的统计特征量。1924 年 Keller 和 Friedmann 提出了湍流中任何阶的相关函数的偏微分方程组，该方程组为无穷方程组，同雷诺方程一样，方程总数小于未知数的数目，导致方程组不封闭。为了解决湍流方程组的封闭问题，湍流理论研究从以下两个方面进行。

第一方面主要集中于湍流大尺度分量的描述。大尺度分量与流动的边界条件和外力性质有关，如湍流中动量和热量的交换，对于工程问题很重要。学术界在这方面对于管道流、渠道流、自由湍流和边界层做了很多试验，在试验基础上产生了湍流的半经验理论，主要包括 20 世纪 20~30 年代产生的 Prandtl 的混合长度理论、Taylor 的涡量传输理论和 Von Kármán 的相似性理论。这些半经验理论基于湍流微团运动和分子运动的类比。

在湍流半经验理论基础上，20 世纪 60 年代以后湍流模型理论被提出，主要有代数零方程模型，包括 1968 年 CS（Cebeci 和 Smith）等模型；1968 年 PS（Patankar 和 Spalding）和 MH（Mellor 和 Herring）等模型；涡黏模型（EVM），如一方程和两方程（k-ε）模型；代数应力模型（ASM）；雷诺应力模型（RSM），在雷诺应力模型方面我国周培源教授做出了重大贡献。构建工程湍流模型总需引入封闭假设和待定常数，促使人们考虑直接从 N-S 方程出发模拟湍流，这就是湍流的直接数值模拟（DNS）和大涡模拟（LES），不过这些方法仍然受到计算机硬件条件的限制。

第二方面集中于湍流小尺度分量的描述。这方面研究基于以下原因：初始条件的微小扰动，经过一段时间的发展可以完全改变湍流运动的细节；但是高雷诺数下完全发展湍流的统计平均行为是稳定的。完全发展湍流的这一特征决定了统计理论在湍流研究中的地位。在湍流的统计理论中，1922 年 Richardson 提出了能量级联过程，1935 年 Taylor 引入了均匀和各向同性湍流的概念。1941 年 Kouvozopola 和 Osykaol 提出了小尺度分量的新的相似性假设和局部各向同性湍流的理论。根据这些假设推出的一些定律，直至 20 世纪 60 年代才得到实验的验证。1976 年我国周培源教授研究了网后均匀各向同性湍流的衰减规律。同时在统计理论方面对湍流的封闭性做了很多工作，主要包括准正则近似理论、Kraichnan 的直接相互近似，以及应用非平衡统计力学方法解决湍流方程组的封闭问题。

20 世纪 60 年代以来，湍流结构研究中出现了一个新的热点——湍流的拟序结构。它的发现对以前流行的湍流观念产生了很大的影响。湍流的特征是间歇有序性，即拟序结构的触发是随机的，但一经触发，它以近乎确定的规律发展。这方面的研究包括发现和证实湍流拟序结构，如边界层中的猝发现象、混合层中的大涡结构；利用现代信息处理技术（条件采样、模式识别）检测和分析湍流拟序结构；定量描述和了解湍流拟序结构的生成和发展，应用它控制湍流，以及建构工程湍流模型。70 年代以来湍流研究发展的另一个重要方面是现代混沌理论，Lorenz 从 1963 年开始，将 N-S 方程简化成由三个一阶常微分方程组成的非线性动力系统。随着参数的变化，它会经历稳定解、周期解、具有间歇性的解和紊乱无章的混沌解，这正是湍流发展过程和完全发展了的湍流所具有的特征[59]。

3.1.2　湍流的数值模拟

自然界和工程中的大多数流动都是湍流，层流是非常少的。湍流的基本特征是具有随机性质的涡旋结构以及这些涡旋在流体内部的不规则随机运动引起流体速度、压力、温度等各种流动物理量的脉动。湍流中包含着各种不同尺度的涡旋运动，组成连续的涡旋谱。所有的涡旋都经历着发展和衰减过程，直到完全消失。湍流中所有的流动量仍然遵守连续介质的一般运动规律，其瞬态量仍满足黏性流动的 N-S 方程组。湍流具有不规则随机脉动特性，因此湍流问题十分复杂。

　　水轮机中的流动一般具有较高的雷诺数，处于复杂湍流运动状态，通过计算流体动力学数值模拟出流场分布情况，并以此为基础预测水轮机的性能，提供设计的依据，从而提高水轮机的性能[59]。

　　目前，湍流的数值模拟方法可分为直接数值模拟（DNS）、雷诺平均（RANS）、大涡模拟（LES）和分离涡模拟（DES）。

1. 直接数值模拟（DNS）

　　直接数值模拟无须引入任何湍流模型，在湍流尺度内，直接求解瞬态的三维 N-S 方程，可给出湍流的生成和耗散等信息，对湍流本质有较为精确的描述。方程本身是精确的，仅有的误差是存在于数值计算中的计算误差，而这一误差可以认为被控制在所允许的误差范围内。DNS 是采用非常紧密的空间网格和非常小的时间步长，在不加任何假设和简化条件下直接对瞬态的 N-S 方程组进行求解的方法。DNS 一般采用谱方法或伪谱法。DNS 可用来研究湍流的物理机制，提供详细的数据库，从而有助于构造和评价湍流模型，以及在某些特殊场合预测具有工程意义的流场。DNS 最大优点是没有对湍流做任何简化和近似，在大量的空间点上，在相当短的时间内，可以提供所有三个速度分量和压力的瞬时值及其变化结果，这是目前试验测量无法实现的。理论上说，可以得到相对准确的计算结果。但是，测试结果表明，在一个不太大的流动区域内高雷诺数湍流中的涡旋尺度可以小到微米量级。如果要描述出湍流中所有的涡旋，则计算网格数要高达 $10^9 \sim 10^{12}$ 个，时间步长必须取为 $10 \sim 100\,\mu m$ 以下。对于这样的计算要求，目前计算机的能力不能完全实现。由于湍流 DNS 算法对计算机计算速度和内存要求很高，因此，目前还无法做到真正意义上的工程计算，只能对非常简单的湍流进行直接数值模拟，但有关 DNS 大量的探索性研究工作目前仍在不断开展之中。Clark 等[60]利用 DNS 的模拟结果来评价大涡模拟中亚格子（SGS）应力模型的准确性；Ray 等利用 DNS 研究槽道湍流[61, 62]；Verzicco 等[63]利用 DNS 研究低雷诺数下的时间发展的圆湍射流；Åsén 等[64]利用 DNS 研究管道中有局部扰动的泊肃叶流。

2. 雷诺平均（RANS）

　　雷诺平均主要是以 $k\text{-}\varepsilon$ 家族湍流模型为代表的一系列湍流模式。RANS 方法是把湍流的 N-S 方程组对时间进行平均，得到雷诺平均（RANS）方程组，平均化的湍流 RANS 方程组中会出现许多与密度脉动有关的二阶和三阶的相关项，这些附加项的出现使 RANS 方程组不再是封闭的方程组。为了使 RANS 方程组封闭，必须对 RANS 方程组中这些未知的附加项进行近似处理，即建立近似计算湍流脉动量的湍流模型。湍流模型就是要建立这些脉动附加项与平均项之间的关系，或者说是建立低阶脉动项和高阶脉动项之间的关系,使湍流 RANS 方程组能够封闭。湍流模型理论是在实验基础上形成的湍流半经验理论, 由于解决工程技术问题的迫切需要, 进行了大量的实验研究确定湍流的特征参数。RANS 主要涉及湍流的大尺度运动, 虽然不能明显地增进对湍流本质的认识, 但对解决实际工程问题却有非常重要的意义。

雷诺平均方法是目前对湍流进行数值模拟的主要方法,而且在工程中应用最为广泛。最简单的模型是代数湍流模型,其优点是计算量少;但缺点是代数表达式中的雷诺应力只和当地当时的平均变形率有关, 而完全忽略湍流统计量之间的历史效应, 所以它没有普适性。k-ε 模型因包含部分历史效应而成为目前工程湍流的主要封闭模型。k-ε 家族双方程模型是应用非常广泛的湍流模型, 能成功地预测许多剪切层型水流和回流。常用的 k-ε 模型有标准 k-ε 模型、重正化群 k-ε 模型（RNG k-ε 模型）和可实现 k-ε 模型（realizable k-ε 模型）, 后两者也属于非线性 k-ε 双方程。其中应用最为广泛的是标准 k-ε 模型[65]。标准 k-ε 模型是由简单湍流流动得到的, 并认为湍流黏性是各向同性的, 所以适用于射流、管流、弱旋流等较简单的湍流流动, 而不太适合强旋流、回流及曲壁边界层等一些复杂湍流流动, 许多计算结果与试验数据吻合证明了这一点。鉴于标准 k-ε 模型中 ε 方程不够精确, 尤其对时均应变率较大的流动, 如回流、旋流及分离流等难以准确预测, 1986 年, Yakhot 和 Orzag[66]应用重正化群（renormalization group, RNG）理论, 建立了一类新的湍流模型——RNG k-ε 模型, 其方程中的系数都是理论推导出来的。RNG k-ε 模型与标准 k-ε 模型形式比较相似, 不同之处主要是在 ε 方程中增加了一项, 它包括了涡黏性系数的各向同性、历史效应以及平均涡量的影响。RNG k-ε 模型的模式常数是由重正化群理论算出的, 是一种理性的模式理论, 原则上不需要经验常数。Speziale 和 Yakhot 等的应用表明它比传统的湍流模型有若干优越性和发展潜力。由于 RNG k-ε 模型可以考虑分离流动和涡旋流动的效应, 同时可较准确地预测近壁区的流动, 所以在许多研究中采用它来预测流体机械中的三维非定常流动。

需要明确的是, 当前还没有一种通用的湍流模型能模拟各种湍流流动, 通常是某个湍流模型更适合模拟某种湍流现象, 具体选择哪种湍流模型需要根据所研究的问题背景以及所拥有的计算资源、所掌握的理论知识和对湍流模型的理解来综合考虑。总之, 湍流模型的选择取决于流动包含的物理问题、精确性的要求、计算资源的限制、模拟求解时间的限制。

目前常用的湍流模型有: 混合长度模型; Spalart-Allmaras 一方程模型; 标准 k-ε 模型和各种改进的 k-ε 模型, 如 k-ε/k-ω 混合模型、RNG k-ε 模型、可实现 k-ε 模型、Chien k-ε 模型、SMC（second-moment closure）模型、SST k-ε 模型和雷诺应力模型（RSM）等。令人遗憾的是, 至今为止没有一个湍流模型能够很好地

解决所有的流动问题。所以，湍流模型的选择往往成为数值计算是否成功的关键。根据研究对象流场的一些具体特征参数和研究主要目的，参照湍流模型的具体特点和一些应用经验，选用具体的湍流模型进行不可压缩流体三维定常和非定常湍流的数值模拟。

3. 大涡模拟（LES）

不管用哪种具体的雷诺平均方法，平均的结果都将脉动运动时空变化的细节一概抹平，丧失了包含在脉动运动内的全部信息，这是雷诺平均方法的主要缺陷。拟序结构的发现改变了人们对湍流的传统认识，在湍流运动中除了存在许多随机性很强的小尺度涡运动以外，还存在可辨认的有序大尺度运动，它们有比较规则的涡旋运动图形，它们的形态和尺度对于同一类的湍流流动具有普遍性。在湍流中大尺度涡旋运动与流动边界条件密切相关，决定着湍流的主要力学特征。大小涡之间除了尺度上的显然差别以外还有很大的区别。大涡与平均运动之间有强烈的相互作用，它直接由平均运动或湍流发生装置提供能量，对流动的初始条件和边界条件有强烈的依赖性，其形态与强度因流动状态的不同而不同，因而是高度各向异性的。大涡对平均运动有强烈的影响，大部分质量、动量和能量的输运是由大涡引起的。小涡主要是通过大涡之间的非线性相互作用间接产生的，它与平均运动或流场边界形状几乎没有关系，因而近似是各向同性的，它对平均运动也只有轻微的影响，主要起黏性耗散作用。

针对目前的计算机能力和某些情况下对湍流流动精细模拟的需要，形成了仅次于 DNS 又能用于工程的模拟方法：大涡模拟（LES），即放弃对全尺度范围上涡的运动模拟，而只将比网格尺度大的涡运动通过直接求解瞬态控制方程计算出来，而小尺度的涡运动对大尺度运动的影响则通过建立近似的模型来模拟。总体而言，LES 方法对计算机内存以及 CPU 速度要求比较高，但大大低于 DNS 方法，而且可以模拟湍流发展过程中的一些细节。LES 是介于 DNS 和湍流模式（RANS）之间的一种数值模拟方法，其理论框架是利用滤波函数对 N-S 方程进行滤波，将流场中的各速度分量表示为大尺度运动和小尺度运动之和，放弃对全部尺度范围涡运动的模拟。大涡模拟由于忽略了小涡所描述的流场细节，数值计算过程只模拟大涡的运动，使得对计算时间和计算空间的要求大大降低。所以大涡模拟方法是基于当前计算机硬件发展水平的一种很有发展前途的数值计算方法，已经成为湍流数值计算的主流算法。当然，采用不同的滤波函数所忽略掉的小涡尺度是不同的。要得到足够多的流场细节，就必须保留足够小尺度的旋涡。因此大涡模拟仍需要相当大的计算机容量和足够快的计算速度[67]。

湍流的主要特征就是由各种空间和时间尺度的涡构成的。最大尺度涡和典型的主流特征尺度相当。最小尺度涡表示了湍动能的耗散过程。

下面详细介绍大涡模拟的控制方程——亚格子应力模型。

1）过滤后的 N-S 方程

大涡模拟的控制方程可以通过在傅里叶（波数）空间或形状（物理）空间里过滤后的独立于时间的 N-S 方程得到。尺度比过滤宽度或计算网格尺度小的涡将被有效地过滤掉。方程的结果将由大涡的强度来控制。

过滤变量定义为

$$\overline{\phi}(x) = \int_D \phi(x')G(x,x')\mathrm{d}x' \tag{3.1}$$

式中，D 表示流体区域；G 为由求解的涡的尺度决定的过滤函数。

有限体积法的显式离散给出了过滤算子为

$$\overline{\phi}(x) = \frac{1}{V}\int_v \phi(x')\mathrm{d}x', x' \in v \tag{3.2}$$

式中，V 为计算单元的体积。过滤函数 $G(x,x')$ 则为

$$G(x,x') = \begin{cases} 1/V, & x' \in v \\ 0, & x\text{为其他} \end{cases} \tag{3.3}$$

过滤后的 N-S 方程为

$$\frac{\partial \rho}{\partial t} + \frac{\partial}{\partial x_i}(\rho \overline{u}_i) = 0 \tag{3.4}$$

$$\frac{\partial}{\partial t}(\rho \overline{u}_i) + \frac{\partial}{\partial x_j}(\rho \overline{u}_i \overline{u}_j) = \frac{\partial}{\partial x_j}(\sigma_{ij}) - \frac{\partial \overline{p}}{\partial x_i} - \frac{\partial \tau_{ij}}{\partial x_j} \tag{3.5}$$

式中，σ_{ij} 为分子黏性应力张量，定义为

$$\sigma_{ij} \equiv \left[\mu \left(\frac{\partial \overline{u}_i}{\partial x_j} + \frac{\partial \overline{u}_j}{\partial x_i} \right) \right] - \frac{2}{3}\mu \frac{\partial \overline{u}_l}{\partial x_l}\delta_{ij} \tag{3.6}$$

式中，τ_{ij} 为亚格子应力，定义为

$$\tau_{ij} \equiv \rho \overline{u_i u_j} - \overline{u}_i \overline{u}_j \tag{3.7}$$

2）亚格子应力模型

从过滤运算中得到的亚格子应力是未知的想要的模型。亚格子应力模型采用和 RANS 模型中一样的 Boussinesq 假设[68]，通过下式来计算亚格子应力

$$\tau_{ij} - \frac{1}{3}\tau_{kk}\delta_{ij} = -2\mu_t \overline{S}_{ij} \tag{3.8}$$

式中，μ_t 为亚格子尺度湍动黏度系数。亚格子应力 τ_{ij} 的各向同性并没有被模拟，但是加到了过滤的静压力项里。$\overline{S}_{ij}$ 为求解尺度下的应变率张量，定义为

$$\overline{S}_{ij} \equiv \frac{1}{2}\left(\frac{\partial \overline{u}_i}{\partial x_j} + \frac{\partial \overline{u}_j}{\partial x_i}\right) \tag{3.9}$$

对于不可压缩流，包括 τ_{kk} 的项将被加到过滤的压力中或被简单地忽略掉。

对于不同的 μ_t，有以下四种模型。

（1）Smagorinsky-Lilly 模型。这种简单的模型首先被 Smagorinsky[69]提出。在 Smagorinsky-Lilly 模型中，湍动黏度系数由下式给出

$$\mu_t = \rho L_s^2 \left|\overline{S}\right| \tag{3.10}$$

式中，L_s 为亚格子尺度混合长度，$\left|\overline{S}\right| \equiv \sqrt{2\overline{S}_{ij}\overline{S}_{ij}}$。$L_s$ 按下式计算

$$L_s = \min(\kappa d, C_s \Delta) \tag{3.11}$$

式中，κ 为 Von Kármán 常数；d 为距离壁面最近的距离；C_s 为 Smagorinsky 常数；Δ 为局部网格尺度。Δ 由计算单元的体积算出

$$\Delta = V^{1/3} \tag{3.12}$$

Lilly 推导出了在惯性区域范围内对于均质各向同性湍流 C_s 的取值为 0.17。但是在平均剪切流和过渡流的固体边界附近这个值会导致大尺度波动的衰减，在这些区域只能减小这个值。总之 C_s 并不是个一般的常数，这是这个模型最严重的缺点。尽管如此，C_s 在 0.1 周围取值对大多数流动来说可以得到较好的结果。

（2）动态的 Smagorinsky-Lilly 模型。Germano 等[70]和 Lilly[71]在 Smagorinsky-Lilly 模型构思了这样一个过程，在通过解一些动作尺度所提供的信息基础上动态地计算 C_s 值。这种动态过程可以消除先前使用者对于特殊模型常数 C_s 的需要。这种动态过程的概念被应用到运动方程的第二种过滤器上。这种新的过滤的宽度 $\hat{\Delta}$ 是过滤宽度 Δ 的两倍。二者过滤产生重新解的流场。这两种流场的差别在于网格过滤和试验过滤之间小尺度的贡献。和这些尺度相关的信息被用来计算模型常数。

在试验的过滤器流场里，SGS 应力张量可以表示为

$$T_{ij} = \langle \overline{\rho u_i u_j}\rangle - ((\langle \overline{\rho u_i}\rangle \langle \overline{\rho u_j}\rangle / \langle \overline{\rho}\rangle)) \tag{3.13}$$

T_{ij} 和 τ_{ij} 都可以用和 Smagorinsky-Lilly 模型一样的方式模拟，假设尺度相似：

$$\tau_{ij} = -2C\overline{\rho}\Delta^2 \left|\tilde{S}\right|\left(\tilde{S}_{ij} - \frac{1}{3}\tilde{S}_{kk}\delta_{ij}\right) \tag{3.14}$$

$$T_{ij} = -2C\langle\overline{\rho}\rangle\langle\Delta\rangle^2 \left|\langle\tilde{S}\rangle\right|\left(\langle\tilde{S}_{ij}\rangle - \frac{1}{3}\langle\tilde{S}_{kk}\rangle\delta_{ij}\right) \tag{3.15}$$

在方程（3.14）和方程（3.15）中，系数 C 假设是相同的且独立于过滤过程。网格过滤的 SGS 和试验过滤的 SGS 通过 Germano[70]联系，比如：

$$L_{ij} = T_{ij} - \langle \tau_{ij} \rangle = \overline{\rho} \langle \tilde{u}_i \tilde{u}_j \rangle - \frac{1}{\langle \overline{\rho} \rangle}(\langle \overline{\rho} \tilde{u}_i \rangle \langle \overline{\rho} \tilde{u}_j \rangle) \tag{3.16}$$

式中，L_{ij} 可以通过求解大涡流场得到。

$$C = \frac{(L_{ij} - L_{kk}\delta_{ij}/3)}{M_{ij}M_{ij}} \tag{3.17}$$

$$M_{ij} = -2(\langle \Delta \rangle^2 \langle \overline{\rho} \rangle |\langle \tilde{S} \rangle| \langle \tilde{S}_{ij} \rangle - \Delta^2 \overline{\rho} \langle |\tilde{S}| \tilde{S}_{ij} \rangle) \tag{3.18}$$

更多的细节和推导过程可以参考文献[72]。$C_s = \sqrt{C}$，可以在变化的时间和宽广的空间范围内用动态的 Smagorinsky-Lilly 模型。

（3）Wall-Adapting Local Eddy-Viscosity（WALE）模型。在 WALE 模型里，湍动黏度系数表示为

$$\mu_t = \rho L_s^2 \frac{(S_{ij}^d S_{ij}^d)^{3/2}}{(\overline{S}_{ij}\overline{S}_{ij})^{5/2} + (S_{ij}^d S_{ij}^d)^{5/4}} \tag{3.19}$$

式中，L_s 和 S_{ij}^d 被各自定义为

$$L_s = \min(\kappa d, C_w V^{1/3}) \tag{3.20}$$

$$S_{ij}^d = \frac{1}{2}(\overline{g}_{ij}^2 + \overline{g}_{ji}^2) - \frac{1}{3}\delta_{ij}\overline{g}_{kk}^2, \quad \overline{g}_{ij} = \frac{\partial \overline{u}_i}{\partial x_j} \tag{3.21}$$

WALE 模型常数 C_w 取值 0.325，可以满足很宽范围内流动的结果。剩余的参数和 Smagorinsky-Lilly 模型相同。

WALE 模型的一个优点是对于层流它可以回到零湍流黏性。这允许对域中的层流区域进行正确的处理。相反地，Smagorinsky-Lilly 模型就会产生非零湍流黏性。相对来说 WALE 模型是比 Smagorinsky-Lilly 模型更好的选择。

（4）动态的湍动能亚格子应力模型。先前所讨论的原始的和动态的 Smagorinsky-Lilly 模型本质上是代数模型，亚格子应力用求解的速度尺度参数化。根本的假设是在通过网格过滤尺度传递能量和在小的亚格子尺度耗散湍动能之间是局部平衡的。亚格子湍流由于亚格子湍动能的传递可以更好地被模拟。这种动态的湍动能亚格子应力模型被 Kim 等[73]提出。

亚格子湍动能被定义为

$$k_{\text{sgs}} = \frac{1}{2}(\overline{u_k^2} - \overline{u}_k^2) \tag{3.22}$$

亚格子黏性系数 μ_t 由 k_{sgs} 计算得到

$$\mu_t = C_k k_{\text{sgs}}^{1/2} \Delta_f \tag{3.23}$$

式中，Δ_f 为过滤尺度，由 $\Delta_f \equiv V^{1/3}$ 计算得到。

亚格子应力被写为

$$\tau_{ij} - \frac{2}{3}k_{sgs}\delta_{ij} = -2C_k k_{sgs}^{1/2}\Delta_f \bar{S}_{ij} \tag{3.24}$$

k_{sgs} 通过求解以下输运方程得到

$$\frac{\partial \overline{k}_{sgs}}{\partial t} + \frac{\partial \overline{u}_j \overline{k}_{sgs}}{\partial x_j} = -\tau_{ij}\frac{\partial \overline{u}_i}{\partial x_j} - C_\varepsilon \frac{k_{sgs}^{3/2}}{\Delta_f} + \frac{\partial}{\partial x_j}\left(\frac{\mu_t}{\sigma_k}\frac{\partial k_{sgs}}{\partial x_j}\right) \tag{3.25}$$

以上方程中的模型常数 C_k 和 C_ε 可由文献[73]得到。σ_k 取固定值 1.0。详细细节可参考文献[72]。

4. 分离涡模拟（DES）

分离涡模拟（DES）是近年来出现的一种结合雷诺平均方法和大涡模拟两者优点的湍流模拟方法，基于 Spalart-Allmaras 一方程模型，数值求解 N-S 方程，模拟绕流发生分离后的旋涡运动[74]。和 LES 一样，DES 是目前计算流体动力学方法研究和应用中比较热门的一个方向。其基本思想是在远离壁面的区域用大涡模拟的方法，在靠近壁面的区域使用 RANS 的方法。这样避免了在壁面附近布置大量网格的要求，兼顾了 LES 和 RANS 两者的长处。分离涡模拟改善了大涡模拟的近壁处理，比大涡模拟更加实用，可以模拟大雷诺数的空气动力学流动。一般来说，DES 和 LES 是最精细的湍流模型，精度高，但是需要的网格数量大，要求的计算量、内存都非常大，计算时间长，目前用于实际工程比较少。湍流 RANS 模式仍然是计算工程问题常选用的方法[75]。

在 DES 方法中，边界层近壁区域用非定常的 RANS 方法处理，分离区域用 LES 方法处理。LES 区域是由大尺度非定常湍流控制的核心湍流区域。在这些区域，分离涡模拟恢复为大涡模拟中的亚格子应力模型。在近壁面区域，恢复为各种非定常的 RANS 模型。

DES 模型已经用在一些高雷诺数的壁面流动中，这些区域不允许用大涡模拟求解。和 LES 模型不同的是 DES 模型只依赖于必须求解的边界层区域。当然，利用 DES 模型仍然需要可观的 CPU 资源，一般地，实际工程计算时采用的湍流模型还是推荐 RANS 方法。

DES 模型常常参考比如已应用于空气动力学高雷诺数的外流场模拟中耦合了 LES 和 RANS 方法的 LES/RANS 混合模型。目前 DES 模型在非定常 RANS 区域内，可以采用 Spalart-Allmaras 一方程模型、可实现 k-ε 模型和 SST k-ε 模型。计算资源的耗费上，DES 模型比 LES 模型要少，但比 RANS 模型要多。

1）基于 Spalart-Allmaras 一方程模型的 DES 模型

标准 Spalart-Allmaras 模型用距离壁面最近的距离来定义长度尺度 d，在决定产生或消灭湍流黏性时 d 非常重要。这种 DES 模型由 Shur 等[76]提出的在每一处用新的长度尺度 $\tilde{d}$ 来代替 d，并定义为

$$\tilde{d} = \min(d, C_{\mathrm{DES}}\varDelta) \tag{3.26}$$

式中，$\varDelta$ 为网格间距，是建立在组成的计算单元的 x, y, z 方向上最大的网格间距。实验常数 C_{DES} 取值为 0.65。

2）基于可实现 $k\text{-}\varepsilon$ 模型的 DES 模型

这种 DES 模型和可实现 $k\text{-}\varepsilon$ 模型非常类似，区别只是 k 方程中的耗散项。在这种 DES 模型中，可实现 $k\text{-}\varepsilon$ 模型 RANS 耗散项修正如下：

$$Y_k = \frac{\rho k^{\frac{3}{2}}}{l_{\mathrm{DES}}} \tag{3.27}$$

这里，

$$l_{\mathrm{DES}} = \min(l_{rke}, l_{les}) \tag{3.28}$$

$$l_{rke} = \frac{k^{\frac{3}{2}}}{\varepsilon} \tag{3.29}$$

$$l_{les} = C_{\mathrm{DES}}\varDelta \tag{3.30}$$

式中，C_{DES} 为用在 DES 模型中的校准常数，取值 0.61；$\varDelta$ 为最大局部网格距离 $(\Delta x, \Delta y, \Delta z)$。

3）基于 SST $k\text{-}\varepsilon$ 模型的 DES 模型

对于这种 DES 湍流模型，在文献[77]中湍动能方程的耗散项被修正为

$$Y_k = \rho\beta^* k\omega F_{\mathrm{DES}} \tag{3.31}$$

这里 F_{DES} 表示为

$$F_{\mathrm{DES}} = \max\left(\frac{L_t}{C_{\mathrm{DES}}\varDelta}, 1\right) \tag{3.32}$$

式中，C_{DES} 为用在 DES 模型中的校准常数，取值 0.61；$\varDelta$ 为最大局部网格距离 $(\Delta x, \Delta y, \Delta z)$。

湍流长度尺度为被定义在 RANS 模型中的参数：

$$L_t = \frac{\sqrt{k}}{\beta^*\omega} \tag{3.33}$$

3.3　水力机械非定常流动模拟方法

三维湍流计算在水力机械学科的应用和发展越来越广泛。水力机械中的流动

具有固有的非定常性，通常可以分为两类：第一类为稳态运行条件下的非定常流，例如转动部件和静止部件间流动的相互干涉；第二类为非稳态运行条件下的非定常流，例如水力机械的快速启动过程和过渡过程。两类流动中都包括边界条件改变和自激作用与空化引起的非定常流动。所有非定常流都伴随着复杂的旋涡运动和相互作用。这些复杂的非定常周期和过渡过程中的旋转湍流对机械的外特性有重要的甚至关键的影响。然而，现今的旋转流体机械设计都是针对稳定运行的工况进行的，对上述复杂流动的有效控制目前仍是国际难题[78]。

本章主要研究在水轮机稳定运行状态下，即上述第一类非定常流动中由于转轮转动产生动静干扰引起的非定常流动，分别采用大涡模拟和分离涡模拟两种高级湍流模拟技术来研究水轮机的瞬态湍流场。采用大涡模拟理论进行水轮机的流动计算始于美国学者 Song[79]，他采用 Smargorinsky 的涡黏性公式模化亚格子雷诺应力，首次对水轮机主要的过流部件进行了计算。Chen 等利用弱可压缩流体方程和有限体积法对包括蜗壳、转轮和尾水管在内的混流式水轮机进行了大涡模拟[80]。杨建明等[81]基于大涡模拟思想建立了方程上类似于时均 $k\text{-}\varepsilon$ 模型的大涡模拟——双方程模型，对水轮机中的尾水管进行了计算，得到了与试验结果接近的计算结果。Wang 等[82]基于一方程混合动态亚格子应力模型对混流式水轮机的一个叶道进行了大涡模拟，获得了叶道内湍流流动的统计特性、动态特性和瞬时涡量结构。由于水轮机几何流道结构复杂，使用大涡模拟进行水轮机过流部件计算的还不多见。DES 方法结合了 RANS 和 LES 的优点，其主要思想是在物面附近求解雷诺平均的 N-S 方程、在其他区域采用 Smagorinsky 大涡模拟方法，用于计算大分离流动，克服了高雷诺数下 LES 和 DNS 对网格要求太高的缺点[83]。DES 模型适合于模拟任何雷诺数下的分离流动，而其计算量可以被接受[84]。目前将 DES 应用于水轮机非定常流模拟的研究还较少。张宇宁等[85]采用 DES 模型对三峡水电站模型水轮机尾水管进行了压力脉动计算并与实验结果比较误差很小，表明数值模拟结果是可靠的。彭玉成等[86]借助分离涡模拟方法对三峡左岸电厂 6F 机组小开度工况进行动态的数值解析，计算结果表明该方法预测这种小开度下发生的振动现象是可行的。该方法自 1997 年问世以来，逐渐在航空、风工程、水下潜艇等领域得到了应用，与实验结果对比表明，它是一种较好的可应用于工业实际模拟的高级湍流模拟技术[87-94]。

3.3.1 水力机械叶轮中流体运动方程

对于水力机械叶轮中的流动，可以选择与叶轮一起以定角速度 ω 转动的旋转坐标系，考察流体的相对运动速度 W [78]。

$$W = V - \omega \times R \tag{3.34}$$

式中，V 为绝对速度；$\omega \times R$ 为牵连速度。

如果采用旋转圆柱旋转 (r,θ,z) 坐标系，且 z 轴与旋转轴重合，那么就会得到在忽略质量力条件下，在旋转坐标系中的连续性方程和动量方程：

$$\frac{\partial \rho}{\partial t} + \nabla \cdot (\rho W) = 0 \qquad (3.35)$$

$$\frac{\partial \rho}{\partial t} + \frac{\partial(r\rho W_r)}{r\partial r} + \frac{\partial(\rho W_\theta)}{r\partial \theta} + \frac{\partial(\rho W_z)}{\partial z} = 0 \qquad (3.36)$$

$$\frac{DW}{Dt} + 2\omega \times W - r\omega^2 e_r = -\frac{\nabla p}{\rho} + f \qquad (3.37)$$

其中，导数均为在相对（旋转）坐标系中的导数，f 为单位质量流体表面黏性力。

3.3.2　动静干扰的滑移网格技术

在水轮机中，转轮由于转动，分别与上游导叶和下游尾水管形成两级动静干扰[78]。本节应用全三维非定常湍流的真实瞬变流模型（也称动静干涉的真实时间法）计算水力机械转轮和导叶及尾水管间的动静干涉流动。即计算出每一给定时间步的瞬时流场，转轮和导叶及尾水管间各瞬时交界面的数据在每一时间步都在改变，据此可以精细模拟出整个混流式水轮机全流道三维湍流的瞬变流计算结果。该方法所需的计算内存很大，但由于水力机械中流动的强三维性，只有进行水力机械全流道三维湍流的瞬变流计算，才能得到正确的预测结果。

非定常流计算中采用滑移网格模型，在水轮机转轮进口前和转轮出口后分别形成网格滑移的交界面，模拟动静干扰的流场。计算中转轮部件的网格相对于导叶和尾水管部件的网格转动，不要求交界面两侧的网格节点相互重合。这样各部件的流动计算可以同时进行，并且在交界面处要保证插值后速度分量和湍流量一致，同时保证积分后压力和流动通量一致，从而完成动静部件流动相互干扰的非定常流动的计算。

在使用滑移网格过程中，动静部分之间的相对运动会引发非定常交互作用。这些交互作用通常分为以下三种[74]：①潜在作用，由于上游和下游压力波的传播导致的流动不稳定；②尾迹作用，由于上游叶片组的尾迹流传递至下游引起的流动不稳定；③冲击作用，在跨音速或超音速流动中，由于激波冲击下游叶片组导致的流动不稳定。

应用滑移网格技术处理动静区域问题已有很多成功的例子。该技术用到两个或更多的存在相对运动的模型区域，如果在每个区域单独划分网格，则必须在开始计算前连接网格，每个模型区域至少有一个边界的交界面，该交界面区域和另一模型区域相邻，相邻的模型区域的交界面互相连接形成网格交界面。网格交界面应该定位在转轮和导叶及尾水管之间的流体区域，而不宜在转轮或导叶边缘的任何部分。在计算过程中，模型区域在离散步骤中沿着网格交界面滑动（旋转或平移），而两个区域的网格不会发生变化。滑移网格技术中设定的交界面在计算过程中一部分与相邻子域相连，而其余区域不与相邻子域相连。与相邻子域相连的区域被称为内部区域，与相邻子域不相连的区域在平动问题中被称为壁面区域，而在周期性流动问题中则被称为周期性区域。当每次迭代结束后，求解器会重新计算内部区域的范围，将交界面的其余部分划定为壁面区域或周期性区域，并在壁面区域或周期性区域上设定相应的边界条件。在新的迭代步上，只计算内部区域上的通量。虽然滑移网格技术可以真实地模拟转轮和导叶及尾水管之间的动静干扰作用，但计算上的要求比其他模型（如 MRF、MP）较为苛刻得多。

3.4 不可压缩非定常流动控制方程的分离求解

在对 N-S 方程的求解过程中，获得动量方程的离散形式后，如果采用速度压力同时求解的方法，则需将连续性方程和动量方程一起在主控制体上离散，然后用直接法计算在给定的一组系数下各节点的速度、压力值。根据计算所得新值，改进代数方程的系数，再用直接法解出与之相应的速度、压力值。如此反复，直到收敛。这种同时求解法因耗费大量的内存和机时而很少采用，目前应用最为广泛的是分离式求解法[78]。在分离式求解法中，速度压力修正（SIMPLE）算法是比较成熟可靠的一种方法，是求解压力耦合方程的半隐方法。所谓半隐指的是略去了压力修正对邻点速度修正值的影响，使我们能够把压力修正方程写成通用微分方程的形式，可以利用逐次求解的过程，一次求解一个变量，实现了变量之间的解耦，可以进行逐点计算，而不必将网格各点同时计算出来。

3.4.1 非定常流动的 SIMPLEC 算法

非定常压力-速度耦合问题的计算过程与定常情况类似，只是多了一层时间迭代。而时间的推进格式通常可采用全隐格式。中间压力修正过程和速度修正过程则可以采用 SIMPLE、SIMPLER 或 SIMPLEC 等算法中的任意一种。当每一时间层的计算结果迭代收敛之后，即可进入下一时间层的迭代计算[67]。

SIMPLEC 算法在求解非定常流动问题时，为了在每一时间步使速度场满足连续性方程，通常重复其计算过程。如在第一校正步后，由 u、v、w 重新计算方程系数 A_p，则有

$$A_P^u u_p' = \sum_i A_i^u u_i' - p_x' \qquad (3.38a)$$

$$A_P^v v_p' = \sum_i A_i^v v_i' - p_y' \qquad (3.38b)$$

$$A_P^w w_p' = \sum_i A_i^w w_i' - p_z' \qquad (3.38c)$$

式（3.38）要利用前一步得到的 u、v、w 重新计算方程的离散系数 A，即每一时间步内动量方程的离散系数随计算结果的不同而改变，这样方程的稳定性较差，易使计算结果发散，而且还要不断求解代数方程组。而 PISO 算法是隐式算法，各时间步内动量方程的离散系数保持不变，可见在解非定常问题时 SIMPLE 算法比 PISO 算法的工作量大，计算时间长。另外，SIMPLE 算法在应用于非定常流动问题时，由式（3.38）得到的速度与前一步得到的速度之间，不能建立确定的关系式，所以不能反映 u、p 等相对于 u_{n+1}、p_{n+1} 的时间精度，而且 u、p 等的时间精度并不能通过反复地解方程得到提高。这样在求解中，由于采用多次解动量方程和压力修正方程的方法，会使其计算时间大大增加。从算法上来看，因为 PISO 算法的前两步即 SIMPLE 算法，所以当要求两种算法的收敛指标一致时，两者的计算结果也必然是一致的。但由于 PISO 算法在每一时间步比 SIMPLE 算法进行了更进一步的校正，在非定常流动问题的求解中，则显示出其优越性。

3.4.2　PISO 算法

半隐式的 SIMPLE 算法，作为以压力为基本求解变量的数值计算方法，在定常不可压缩流动和传热的数值计算中得到了广泛的应用，并可根据算法的特点直接应用于非定常流动的求解中。与 SIMPLE 算法不同，同样是以压力为基本求解变量的流动 PISO 算法，则是一种时间分裂算法。PISO 是 Pressure-Implicit with Splitting of Operators 的缩写，即分裂算子的压力隐式算法。PISO 算法由 Issa 在 1986 年针对非定常可压缩流体流动提出，是一种无迭代计算的压力速度分离算法。

PISO 算法也是一种属于 SIMPLE 一族的算法。SIMPLE 算法中，通过压力校正方程而求解得到的新的速度及其通量不一定满足动量方程，故必须通过迭代计算直到满足动量方程为止。而 PISO 算法与 SIMPLE 算法的区别为：SIMPLE 算法在每一次迭代中，是两步算法，一步是预测，一步是校正；PISO 算法增加了一步校正，即邻区校正（neighbor correction 或 momentum correction）和扭曲校正（skewness correction），从而使压力和速度更好地满足动量方程和连续性方程，加快了收敛速度。

前人已就两者在定常流动中的应用进行了一些比较。近年来，已经有学者采用 PISO 算法求解非定常流动。根据 Issa 的证明，PISO 算法计算得到的速度 u 和压力 p 对时间 t 的精度可根据每一时刻采用的校正步数来决定。即对每一时间步使用的是 PISO 算法。与 SIMPLE 算法相比，PISO 算法可以提高收敛速度。即对每一时间步采用的校正步数越多，计算得到速度 u 和压力 p 对时间的精度越高。因此，随着非定常流动研究的深入，PISO 算法将逐渐在非定常流动问题的求解中发挥更大的作用。

PISO 算法的基本公式推导如下。

将雷诺平均 N-S 方程写成通用输运方程的离散格式：

$$A_P^u u_{i,P}^n = H(u_{i,P}^n) + B_P^o u_{i,P}^o + S_{u1} + D_P(p_{N+}^n - p_{N-}^n) \tag{3.39}$$

式中，A_P^u 为节点 P 处的离散系数；$H(u_{i,P}^n) = \sum A_m^u u_{i,m}$，$m$ 为对差分格式涉及的相邻单元求和；n 为新值；o 为旧值，$p_{N+}^n - p_{N-}^n$ 表示压力梯度；D_P 为几何形状系数；S_{u1} 为源项。

因此表面速度 u_j^n 可用节点速度和邻近节点压力来表示，通过对单元表面动量方程取平均可以得到：

$$\overline{A}_P^u u_j^n = \overline{H}(u_{i,m}^n) + \overline{B}_P^o u_{i,p}^o + \overline{S}_{u1} + \overline{D}_P(p_{N+}^n - p_{N-}^n) \tag{3.40}$$

其中，上划线表示对节点动量系数取平均，式（3.40）代入式（3.39）得到压力方程：

$$A_P^u p_P^n = \sum_m A_m^u p_m^n + S_{u1} \tag{3.41}$$

其中，源项 S_{u1} 是节点速度 u_i^n、u_i^o 和其他变量的函数，这样便得到了计算压力的方程组。

在计算过程中，PISO 算法首先取定初值，然后逐步增加时间步长进行计算，具体的计算步骤如下。

（1）预测步：使用剖开算子形式求解如下的方程，得到节点速度场 $u_i^{(1)}$：

$$A_P^u u_{i,P}^{(1)} = H(u_{i,m}^{(1)}) + B_P^o u_P^o + S_{u1} + D_P(p_{N+}^{(0)} - p_{N-}^{(0)}) \tag{3.42}$$

其中，$p^{(0)}$ 为初始压力场。通过迭代方法得到方程的解后，用 $u_i^{(1)}$ 和 $p^{(0)}$ 分别代替 u_i^n 和 p^n，使用式（3.40）计算临时表面速度 $u_j^{(1)}$。

（2）第一校正步：此时的动量方程可以写成：

$$A_P^u u_{i,P}^{(2)} = H(u_{i,m}^{(1)}) + B_P^o u_{i,P}^o + S_{u1} + D_P(p_{N+}^{(1)} - p_{N-}^{(1)}) \tag{3.43}$$

表面动量方程式（3.42）中同样用 $u_j^{(2)}$ 和 $p^{(1)}$ 分别代替 u_i^n 和 p^n，对应的压力方程近似为

$$A_P^u p_P^{(1)} = \sum_m A_m^u p_m^{(1)} + S_{u1} \tag{3.44}$$

式中，S_{u1} 是已知节点速度 $u_j^{(1)}$ 和 u_j^o 的函数，因此，可以求得 $p^{(1)}$，然后根据式（3.43）

得到 $u_i^{(2)}$ 和 $u_j^{(2)}$，此时所得到的解是式（3.39）和式（3.40）的一个近似解。

（3）其他校正步：其他的校正步按第一校正步的方式重复，这样通用方程形式可表示为

$$A_P^u u_{i,P}^{(q+1)} = H(u_{i,m}^{(q)}) + B_P^\circ u_{i,P}^\circ + S_{u1} + D_P(p_{N+}^{(q)} - p_{N-}^{(q)}) \qquad (3.45)$$

$$A_P^u p_P^{(q)} = \sum_m A_m^u p_m^{(q)} + S_{u1} \qquad (3.46)$$

其中，$q = 1, 2, 3, \cdots$；系数 A_P^u 为常量。

非定常压力-速度耦合问题的 PISO 算法只是在定常问题 PISO 算法迭代循环的基础上再加一层时间推进循环。对于非定常流，每次计算完成后把上一时刻的结果作为下一时刻的初值重复计算。

由于 PISO 算法求解压力修正方程和动量方程的最终结果精度较高，迭代次数可以减少。因此，尽管 PISO 算法要求解两次压力修正方程，但一般情况下比 SIMPLE 算法及其改进算法节省计算时间[67]。通常，PISO 算法的精度取决于时间步长，在预测修正过程中，压力修正与动量方程计算所达到的精度分别是 $3(\Delta t^3)$ 和 $4(\Delta t^4)$ 的量级。可以看出，使用越小的时间步长，可取得越高的计算精度。当步长比较小时，不进行迭代也可保证计算有足够的精度。

3.5　基于大涡模拟的水轮机内瞬态湍流场特性分析

3.5.1　计算模型及数值实现

计算区域为第 2 章中的原型混流式水轮机 HL100-WJ-75，包括蜗壳、固定导叶、活动导叶、转轮和尾水管中全部流道，网格划分情况见 2.2 节。计算程序由商业 CFD 软件 ANSYS FLUENT 完成。采用有限体积法和非交错网格对瞬态控制方程进行离散，源项和扩散项采用二阶中心格式，对流项采用二阶迎风格式。在时间离散上，采用二阶全隐式格式。压力和速度的耦合求解采用适合非定常计算的 PISO 算法。应用大涡模拟中的 Smargorinsky-Lilly 亚格子应力模型和滑移网格技术进行了水轮机全流道动静干扰的三维瞬态湍流大涡数值模拟。

与单部件的流动模拟相比，全流道所有部件整体模拟耦合计算的边界条件更容易给定，在动静部件间不会产生不准确的边界条件，计算时只需指定进口和出口的边界条件即可，计算结果与实际情况更接近。根据水轮机的运行工况，给定蜗壳速度进口和尾水管自由出流边界条件，在壁面处采用无滑移边界条件，近壁区采用标准壁面函数。

初始条件通过标准 k-ε 模型和多参考系 MRF 模型进行稳态计算获得。大涡模拟计算中时间步长为 0.0001s，共计算了 0.003s。

考虑当偏离设计工况运行时，由空间非均匀性和动静部件相对运动所导致的非定常流对机组的稳定性影响很大，主要对小开度（导叶开度为 25%，进口雷诺数为 1 229 090）和大开度（导叶开度为 100%，进口雷诺数为 4 916 359）两种工况进行了瞬态湍流场的大涡模拟研究。表 3.1 给出了计算工况和进口参数设置情况。

表 3.1　计算工况及进口参数设置

工况	导叶开度 a_0 /mm	进口速度/ （m/s）	湍流强度 I/ %	湍动能 k/ （m²/s²）	湍动能耗散率 ε/ （m²/s³）
小开度	23	1.90	0.06	0.0195	0.0098
大开度	91	7.60	0.06	0.3119	0.6291

3.5.2　计算结果及分析

1. 导水机构不同瞬时涡量场

图 3.1 为不同瞬时大开度工况水轮机导水机构流向涡量分布图。图 3.2 为不同瞬时小开度工况水轮机导叶流道流向涡量分布图。可以看出，水流在固定导叶和活动导叶的前端撞击后都出现了流向涡对，受活动导叶曲率的影响在活动导叶后的流向涡结构随时间和空间位置变化最为明显，流向涡在经过相互追随、吸引、合并、破碎和脱落等过程充分发展之后对下游的旋转转轮产生强动静干扰，产生的涡带进一步扩张到转轮中会诱发水轮机的水力振动。这种复杂的非稳态特性对理解水轮机导水机构内实际流动及导叶起闭过程有很大的启示。

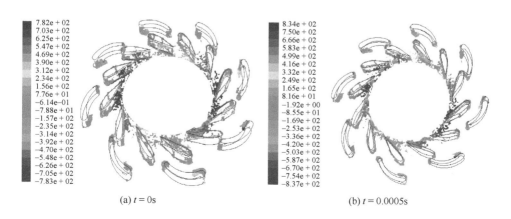

(a) $t = 0$s
(b) $t = 0.0005$s

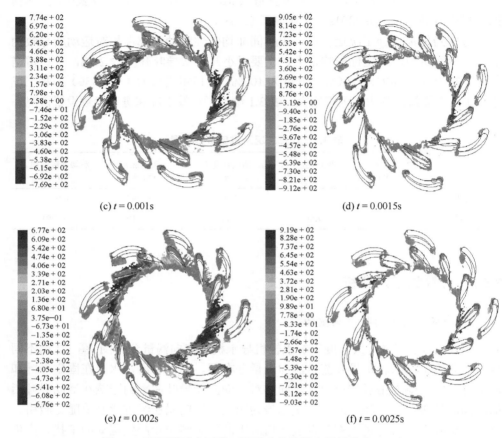

(c) $t = 0.001s$　　　　　　　　　　　　　　(d) $t = 0.0015s$

(e) $t = 0.002s$　　　　　　　　　　　　　　(f) $t = 0.0025s$

图 3.1　不同瞬时大开度工况导水机构流向涡量分布（1/s）

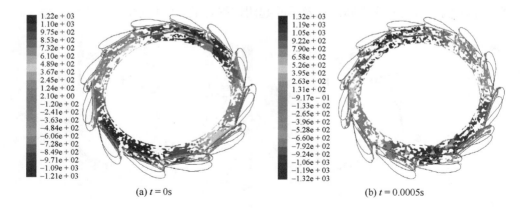

(a) $t = 0s$　　　　　　　　　　　　　　(b) $t = 0.0005s$

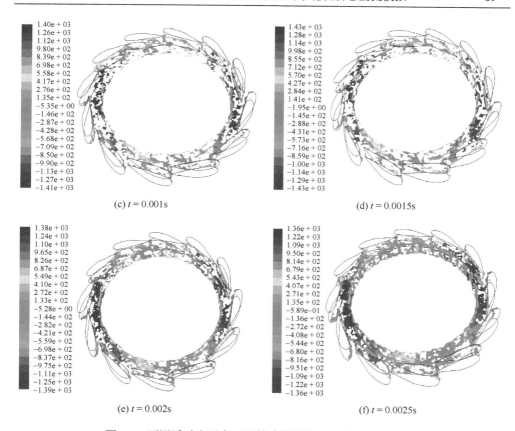

(c) $t = 0.001$s

(d) $t = 0.0015$s

(e) $t = 0.002$s

(f) $t = 0.0025$s

图 3.2　不同瞬时小开度工况导叶流道流向涡量分布（1/s）

2. 转轮流道内不同瞬时涡量场

　　水流通过水轮机转轮时，一方面沿着弯曲的转轮叶片做相对运动，另一方面又随转轮旋转，同时转轮流道内伴随着复杂的涡旋运动。图 3.3 为不同瞬时大开度工况转轮流道内流向涡量分布图，图 3.4 为不同瞬时大开度工况转轮流道内展向涡量分布图，图 3.5 为不同瞬时小开度工况转轮流道内展向涡量分布图。大开度工况下水流进入转轮后已经形成涡列结构，此后，随着流动的发展，流场结构变得复杂，不断出现涡的生成、增长、卷起、合并、破碎等过程，大、小尺度涡结构不断进行能量交换，表现出强烈的非线性，如图 3.3、图 3.4 所示。此外，在本节的模拟结果中还发现，在大涡的尾迹区存在小尺度的涡，这些小涡在大涡的发展过程中始终随大涡运动而不被大涡吞没，同时其自身也经历复杂的演变，能量耗散进一步加大。计算结果还表明，转轮中的涡经历了生成、增长、合并等过程而形成较大尺度的涡后，这些大尺度的涡会在发展过程中自行破碎为小涡，形成大涡到小涡的级联过程。从图 3.5 看出，在小开度工况下展向涡发生了扭曲、倾斜变形，形成了影响水轮机稳定性的叶道涡。正是由于展向涡在展向相位的不均匀，出现周期性变形，导致流动在展向出现剪切，这进一步说明了三维复杂的涡结构。整个转轮流道内水流的发展主要受大涡的演化所控制。

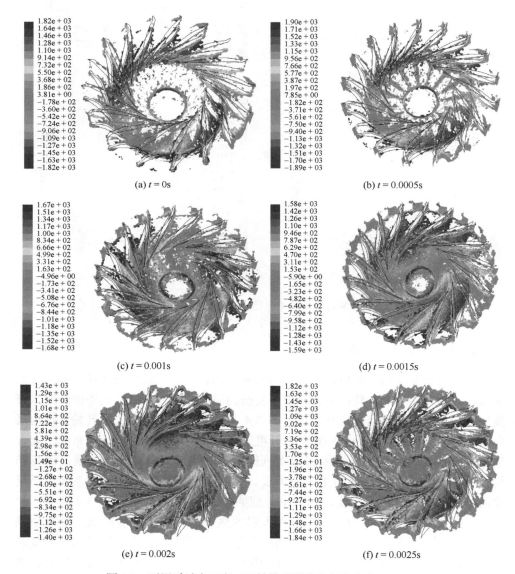

图 3.3　不同瞬时大开度工况转轮流道流向涡量分布（1/s）

图 3.4　不同瞬时大开度工况转轮流道展向涡量分布（1/s）

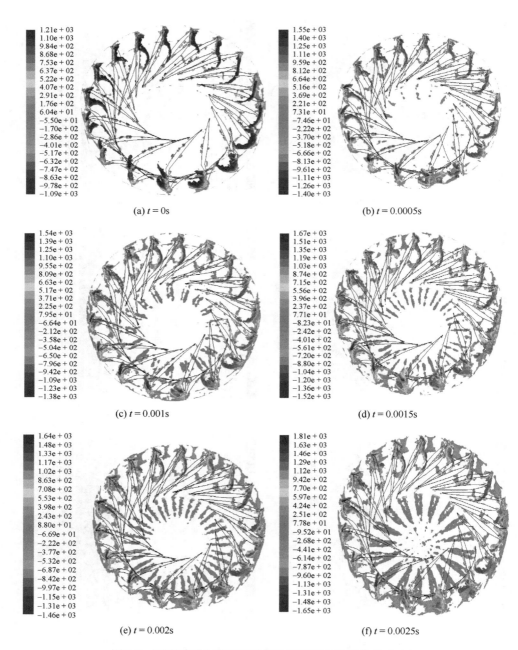

(a) $t=0$s

(b) $t=0.0005$s

(c) $t=0.001$s

(d) $t=0.0015$s

(e) $t=0.002$s

(f) $t=0.0025$s

图 3.5　不同瞬时小开度工况转轮流道展向涡量分布（1/s）

3.6　基于分离涡模拟的水轮机内非定常流精细模拟

3.6.1　计算模型及数值实现

本节进行非定常流精细模拟的区域为第 2 章中原型混流式水轮机 HL100-WJ-75 的蜗壳进口到尾水管出口的整个流道,计算网格划分情况见 2.2 节。流动控制方程为基于雷诺平均的三维瞬态 N-S 方程,定常计算采用标准 k-ε 模型,非定常计算采用 DES 模型。DES 由 Spalart 等于 1997 年首次提出。其核心思想为在流动平缓区域采用 RANS 求解,在具有大尺度回流、分离等涡脱落区域采用 LES 求解。在每个计算单元体中,首先使用 RANS 求解湍流大尺度流动,当 RANS 计算得到的湍流尺度大于当地网格尺度,进一步转换为 LES 的亚格子应力模型求解。

在 DES 求解中,RANS 湍流应力的封闭采用 Spalart-Allmaras 一方程模型,空间参数离散采用二阶迎风格式。LES 求解采用 Smagorinsky-Lilly 亚格子应力模型,空间参数离散采用具有二阶精度的中心差分格式。当把上述的 DES 方法用到非结构混合网格中时,由于在物面附近采用有较大伸缩比的附面层网格,因而与该网格单元的最大长度比到物面的距离要小得多,这时 Spalart-Allmaras 一方程模型起作用。当离物面距离一定,且到物面的距离大于网格单元的最大长度时,Smagorinsky-Lilly 亚格子应力模型起作用。采用有限体积法和非交错网格对瞬态控制方程进行离散,时间项采用二阶全隐式格式,源项和扩散项采用二阶中心格式,对流项采用二阶迎风格式。压力和速度的耦合求解采用非定常的 SIMPLEC 算法。整个计算过程由商业 CFD 软件 ANSYS FLUENT 完成。

根据水轮机的运行工况,给定蜗壳速度进口和尾水管自由出流边界条件,在壁面处采用无滑移边界条件,近壁区采用标准壁面函数。计算工况和进口参数设置情况见表 3.1。

采用标准 k-ε 模型的定常计算结果作为非定常计算的初始流场。分离涡模拟计算中时间步长为 0.0001s,当计算收敛后,时间步向前推进,同时转轮网格相应转动到新的位置,开始进行新时间步上的计算,共计算了 0.009s。

3.6.2　计算结果及分析

1. 水轮机导水机构瞬时涡量场分布

图 3.6 为不同瞬时小开度工况下水轮机导水机构流向涡量分布图。可以看出,由于活动导叶出口处的水流流动不均匀,水流绕流叶片产生水流分离,水

流在活动导叶出口处形成旋涡，最后流进转轮室，受活动导叶曲率和开度的影响在导叶后的流向涡量分布随时间和空间位置变化较为明显，存在有序的涡结构，卡门涡街在导叶尾缘处形成后，向下游迁移会经历一个发展壮大、失稳破碎的演化过程，流动从有序走向无序，最后一同混入叶后复杂的尾迹流动。流向涡对在不同瞬时经过相互碰撞、破碎、合并和脱落等过程充分发展之后对

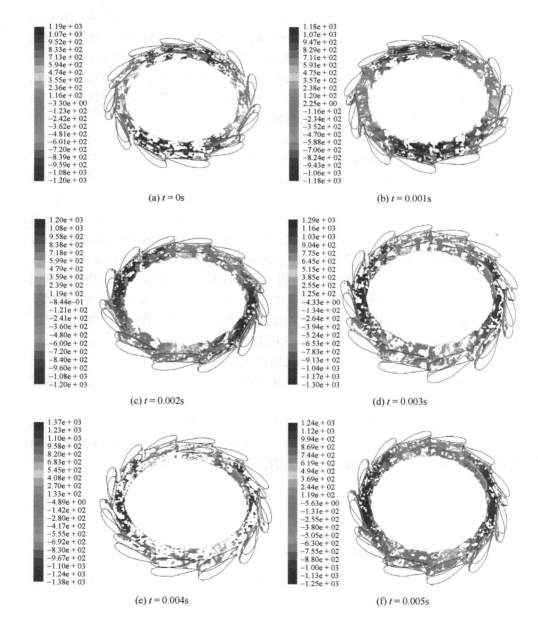

(a) $t = 0$s　　　　　　　　　　(b) $t = 0.001$s

(c) $t = 0.002$s　　　　　　　　(d) $t = 0.003$s

(e) $t = 0.004$s　　　　　　　　(f) $t = 0.005$s

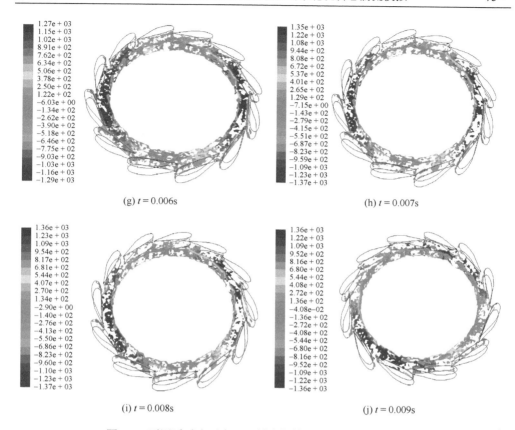

(g) $t = 0.006$s　　　　　　　　　　(h) $t = 0.007$s

(i) $t = 0.008$s　　　　　　　　　　(j) $t = 0.009$s

图 3.6　不同瞬时小开度工况导水机构流向涡量分布（1/s）

旋转的转轮产生强动静干扰，产生的涡带进一步延伸到转轮叶道中可能会诱发叶片的共振，也可激发周围局部水体的共振，造成破坏影响机组稳定运行。这种复杂的非定常特性对理解机组运行过程中水轮机导水机构内的实际流动状态有很重要的意义。

2. 水轮机转轮叶道内瞬时流场动态分布特征

水流通过三维扭曲的转轮叶道时伴随着复杂的涡旋运动。图 3.7 为不同瞬时小开度工况转轮叶道内展向涡量分布图，图 3.8 为不同瞬时大开度工况转轮叶道内展向涡量分布图，图 3.9 为小开度工况某瞬时转轮断面速度分布图。小开度工况下由于水流以较大攻角绕流转轮叶片时产生流动分离，可以明显地看到流场中出现自发地卷起形成的大尺度的三维轴状叶道涡，不同瞬时卷起的涡量大小不同，叶道涡是涡量的聚集地，涡内湍动强度和时均流速梯度均很大，随着不同尺度的大涡和小涡之间能量交换，大量的湍动能在此处耗散。为了看清可能发生的流动分离，图 3.9 给出了靠近转轮顶壳、中截面和轮体截面上的速度分布。可以看出，中截面上有流动分离，可见转轮内部发生了复杂的分离涡流动，充分表明了 DES 方法可以准确捕捉流动的非定常旋涡分离流动，尤其是更精细的分离流动结构。大开度工况下水流进入转轮后已经形成螺旋形的涡运动，随着不同瞬时流动的发展流场涡结构变得复杂，不断出现旋涡的生成、增长、扭曲、卷起、合并、破碎、缠绕等过程，表现出强烈的非定常、非线性的三维复杂涡结构。此外，在大涡的尾迹区存在小尺度的涡，这些小涡在大涡的发展过程中始终伴随大涡运动而不被大涡吞没，同时其自身也经历复杂的演变，能量耗散进一步加大。随着叶道涡的增强叶道内水流流态将进一步恶化，同时不稳定的叶道涡传播到下游尾水管时会导致水流引起较大的低频压力脉动，严重时将引起水轮发电机组出力的波动和各部件的机械振动，对机组构件造成破坏，影响机组的安全稳定运行。整个转轮流道内复杂高旋水流的发展主要受大涡的演化所控制。

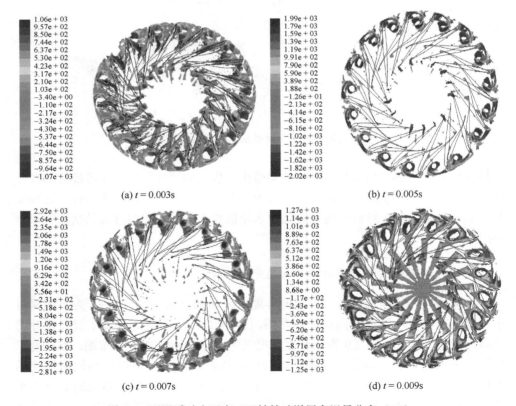

(a) $t = 0.003s$

(b) $t = 0.005s$

(c) $t = 0.007s$

(d) $t = 0.009s$

图 3.7　不同瞬时小开度工况转轮叶道展向涡量分布（1/s）

图 3.8　不同瞬时大开度工况转轮叶道展向涡量分布（1/s）

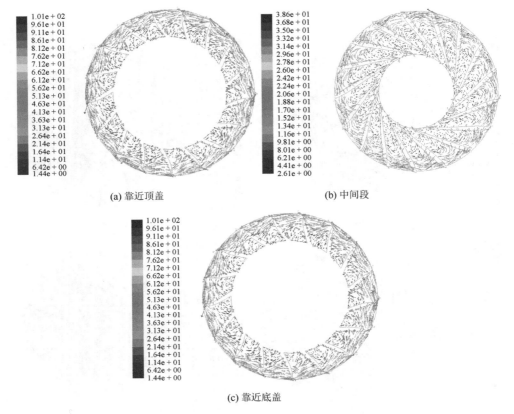

(a) 靠近顶盖　　　　　　　　　　　　　　(b) 中间段

(c) 靠近底盖

图 3.9　小开度工况某瞬时转轮断面速度分布图（m/s）

3.7　本章小结

（1）使用大涡模拟中经典的 Smargorinsky-Lilly 亚格子应力模型和先进的滑移网格技术对混流式水轮机中动静干扰的三维瞬态湍流场进行了数值模拟研究，结果表明大涡模拟方法可获得水轮机内水流的瞬态流动特性，对水轮机内部复杂流道的湍流场具有较强的模拟能力。应用 LES 方法可以获得较 RANS 的 $k\text{-}\varepsilon$ 家族模型更为精细的数值模拟成果，因为时均方法只能获得时均流场，不能揭示流场中复杂的涡旋结构。该研究对进一步揭示水轮机内部的流动机理具有重要意义，为进一步发展大涡模拟在其他复杂流动中的应用提供了基础。同时大涡模拟也是连接雷诺平均湍流模型与直接数值模拟的桥梁，该方法必将在水力机械湍流数值模拟方面发挥越来越重要的作用，为探索研究复杂流道湍流运动状态下涡旋的形成机理提供更有效的研究手段。

（2）采用分离涡模拟（DES）和滑移网格技术对某水电站原型混流式水轮机

进行三维非定常湍流精细模拟，计算域为水轮机全流道，一次完成水轮机转轮和导叶以及转轮和尾水管的动静干扰计算，获得了偏工况下水轮机导水机构的流向涡量分布、转轮叶道内展向涡量分布等瞬态流动特征，与水轮机偏工况下流动定性分析结果较为吻合，结果表明分离涡模拟方法可以更加全面真实地模拟水轮机内部的流动情况。涡结构在水轮机的流致振动中起着决定性作用，利用分离涡模拟可以准确复现三维动态涡结构，为研究水轮机的涡激振动及其对机组出力摆动的影响提供了理论依据，对水电站的水机电耦合研究有重要意义。数值模拟结果表明 DES 结合了 RANS 方法及 LES 方法，能高效和较准确地模拟高旋运动的复杂涡旋流场，表现出 LES 方法准确模拟大尺度旋涡分离的特点，显示出了优越性，具有广阔的应用前景。由于 DES 方法结合了 RANS 与 LES 各自方法的优点，而且利用它们的长处有效地弥补了自身的不足，在当前有限的计算条件下，无疑成为了可以准确且高效地模拟复杂流道三维非定常湍流流动的一种切实可行的方法。

第4章 基于混合模型的水轮机空化和泥沙磨损湍流场数值模拟

空化、泥沙磨损现象是水力机械设计和运行中必须重视的问题。由于空化和泥沙磨损所造成的严重危害已引起工程界的普遍关注。水力发电中，空蚀和含沙水流对水轮机的工作性能及寿命有着非常重要的影响。实践证明空化和泥沙磨损是造成水轮机工作异常的主要原因。本章将以某水电站原型混流式水轮机为计算对象，首先应用基于欧拉-欧拉方法中均匀多相流假设的混合两相流体无滑移模型，加入考虑气穴影响的 Schnerr-Sauer 空化模型，进行全流道三维定常空化湍流数值模拟；然后应用欧拉-欧拉方法中的代数滑移混合模型，对该水轮机全流道进行三维定常泥沙磨损两相湍流数值模拟。

4.1 水力机械中的多相湍流问题

多相流（multiphase flow）是在流体系统中存在着多相或多组分（液体-气体-固体、液体-固体颗粒、气体-固体颗粒）间的动态相互作用的流动。多相流可以分为气液流动、气固流动、液液流动、液固流动及三相流动。目前在多相流中应用的理论模型主要有单流体模型、双流体模型、分散颗粒群轨迹模型等[95]。文献[96]介绍了多相流研究方法有单颗粒动力学模型（SPD 模型）、小滑移模型（SS 模型）、无滑移模型（NS 模型）、颗粒轨道模型（PT 模型）和多流体模型（MF 模型）。许多水力机械都工作在多相流的环境中。作为水力机械性能研究的基础内容，流经水力机械过流部件的两相湍流研究不仅是对水力机械流动理论的发展，也是现代水力机械设计的重要方法，即结合水力机械设计的正问题和反问题来设计水力机械，根据水力机械内部两相湍流流动规律来优化水力机械设计[96]。

空化与泥沙磨损一直是很复杂的问题，过大的含沙量一直困扰着我国许多电站或泵站，在冲蚀与空化以及腐蚀的多因素耦合作用下，水轮机和水泵的叶轮等过流部件极易发生快速严重磨损。为了减少此类损坏，许多大型水电站在汛期只能停机放水，因此，造成巨大的经济损失和水力资源的浪费。同时高含沙量的内河和近海水质也是影响我国船舰推进器效率和寿命的主要原因之一。另外，大量的排灌站水泵存在季节性汽蚀或设计中的汽蚀问题，以及船舶推进泵在浅水工况下快速启动的瞬态汽蚀问题，由于空化与泥沙磨损耦合作用导致叶片破坏、机组振动等严重问题，对水轮机、水泵水轮机以及水泵叶轮的危害极大。据统计，我国已建的水电站中有 40%的水轮机存在严重的磨蚀，危及机组的安全运行，被迫频繁大修，不仅降低了机组的效率，而且造成了巨大的经济损失和水力资源的浪费。当然，这也是一个世界范围内的问题。坐落于喜马拉雅山脉与阿尔卑斯山脉中的水电站，多是利用融化的雪水进行发电。雪水中含有颗粒，虽然它们的浓度不是很大，但是通常在运行一百多个小时后，由于空化的发生以及由此而引起的空化与泥沙磨损耦合作用，会造成水力机械的腐蚀。

水力机械中的空化流动、多相流和泥沙磨损是一项涉及流体科学、水力设计学、材料科学、制造技术、摩擦学等学科方向的复杂课题。目前国内外已进行了较多的水轮机空化、汽蚀，以及泥沙磨损的研究。流经水力机械过流部件的流态是典型的固-液-汽多相湍流，开展水力机械过流部件中的固-液-汽多相湍流的研究不仅是对水力机械流动理论的发展，也是对现代水力机械设计方法的发展。因此，揭示水力机械在含泥沙水质条件下发生冲蚀、汽蚀、腐蚀损坏的单一因素以及耦合作用失效机理，探究综合提高叶轮抗磨损失效破坏的有效措施，对有效提高水力机械的寿命、效率和可靠性，研制开发高性能的抗汽蚀、冲蚀及腐蚀的新型叶轮，具有重要的理论研究价值和工程实用价值。

4.1.1　水力机械中的空化流动及空蚀

空化是一种包含相变、非定常、湍流等的复杂流动现象，它普遍存在于水力机械中，空化发展到一定阶段会伴随着空泡群的溃灭和脱落，引发诸如材料侵蚀、结构破坏、设备运行特性改变、空蚀破坏、振动和噪声等问题。但由于过去水力机械尚处于低速阶段，即使有空化破坏也并不显得十分严重，因而对空化问题的重视和研究也就不够[97]。近年来，水轮机不断地向大容量、高水头、高转速方面发展，这不可避免地引起了空化现象的发生，由于空化而造成的叶片裂纹、效率下降、设备破坏、噪声和机组振动等情况逐渐加剧，并影响整个系统运行的稳定性[98]，因而水轮机的空化问题现已成为国内外学术界和工程界关注和研究的重大课题之一。

水力机械中的空化现象是一种与液体压强有关的动态过程。它的出现和发展，都与液体流速和压强分布有着密切关系。其发展过程可以用初生、发展、溃灭等几个阶段来描述。在水轮机运行过程中，最常见的就是空化现象，空化是复杂的水汽两相流问题。在实际中，由于产生的低压区域不同，产生空化的形式也不同，包括气泡空化、片状空化、云状空化、涡管空化及涡层空化等。首先，由于空化的产生和发展，使流动系统的特性发生了变化。同时，在空化的产生和压缩、膨胀过程中，将产生高频噪声和压强脉动。此外，空化最显著的破坏作用是空泡溃灭时产生的压力冲击对固体边壁的剥蚀破坏，即空蚀。无法控制的空化会产生严重的甚至灾难性的后果，遭受剥蚀破坏的表面，轻者使表面变得粗糙不平，重者可能使材料被掏空而穿孔[99]。所以，所有与流体动力学有关的设备中，总是不希望产生空化，至少是控制空化强度、延长机组的使用寿命。但由于空化、空蚀问题本身的复杂性，与之相关的理论及研究成果还不太令人满意。工程中主要采用实验的方法，如常近时[100]对工质为浑水时水泵与水轮机的空化与空蚀进行了实验研究，崔宝玲等[101]对具有前置诱导轮的高速离心泵进行了汽蚀特性实验研究，苏永生等[102]进行了离心泵空化实验研究，张博等[103]用实验方法研究了绕水翼的空化流动现象。随着近年来计算技术的飞速发展，应用计算流体动力学（CFD）的数值模拟方法可以得到除实验方法外的一些具有工程指导意义的结果[104-107]。近年来，学者们对于空化的机理进行了大量的研究。Yoshirera 等[108]和 Shen 等[109]都指出空穴内部的流动速度远远小于主流区域内的流动速度，且空穴内部及其与主流区的交界面上压强基本等于当时温度下的空化压强。这些空化机理方面的研究进展，为空化流的数值模拟提供了依据。但目前国内外水力机械空化数值模拟领域的相关研究成果较少，少数学者对空化性能的研究基于单相流模型，如文献[110]，近年来一些学者应用完整空化模型对水力机械进行了三维空化湍流计算[111-116]，还有部分学者应用基于液气相的界面跟踪法对离心泵进行了空化数值预测[117, 118]。水力机械内部空化研究比较困难，所得结果与实际需要之间的差距也较大，造成这个现象的原因，在于空化现象本身的复杂性以及测量的困难。

　　在不可压缩流体动力学中，把液体看成连续的均质液体。当液体高速运动时，低压区内的压强有可能低于当时液温下的饱和蒸气压。于是，在该处的液体开始急剧蒸发，并形成气泡。气泡中并不是空的，而是充满了蒸气，同时，由于液体中原来就溶解有空气，因此，气泡中除了蒸气以外还包含有从液体中析出的空气。因为实际液体通常是不能承受张力的，所以气泡的形成就使液体发生断裂，从而破坏了液体的连续性。气泡伴随液体一起流动，形成了两相流，气泡动力学所要研究的就是这种两相流动。如果液体的压强在随后的运动中升高，则所形成的气泡就将溃灭。气泡溃灭时所产生的压力可达几百甚至几千大气压，频率很高的气泡溃灭不仅会使气泡附近的材料受到破坏，而且还伴随着特有的噪声。我们把从气泡形成到溃灭，从而使材料破坏的整个过程称为空化现象。显然，在空化过程中，气泡完成了膨胀和溃灭两个相变[119]。空化包括了气泡的积聚、流动、分裂到溃灭的整个过程。空化过程可以发生在液体内部，也可以发生在固体边界上。空化现象最早是在 1893 年英国海军舰艇上观察到的。空蚀（过去称作"气蚀"）是指由于空泡的溃灭，引起过流表面的材料损坏。在空泡溃灭过程中伴随着机械、电化、热力、化学等过程的作用。空蚀是空化的直接后果，空蚀只发生在固体边界上。流动液体中的空化现象是水轮机发生空蚀的内在原因，也就是说，空化是起因，空蚀是后果，有空化未必有材料的空蚀，但是不存在无空化的空蚀。在空化比较轻微的工况下，水轮机不产生空蚀。当空化、空蚀发展到破坏正常水流流动的程度时，能量损失会急剧增加，效率和出力大幅度下降。水轮机在空化、空蚀状态下运行，特别是混流式水轮机，其过流部件易发生低频率大振幅的压力脉动，可能导致整个机组和水电站厂房产生危险的振动及噪声。空化、空蚀问题已成为水力机械发展的一个障碍。近代水轮机的发展趋势是不断提高比转速以减小尺寸和降低制造成本，同时提高单机容量，这些趋势都将加剧水轮机的空化、空蚀。

为了研究方便，Knapp 等根据空化的发生条件及主要物理特性将其分为四种类型，即游移空化、固定空化、旋涡空化和振荡空化[120]。就空化形态来说，游移空化、固定空化和旋涡空化在水力机械中都可能存在。但是，由于水力机械是由很多形状不同的部件组成的，而且水力机械的运行工况又是经常变化的，因此，各部件之间，以及不同的工况之间，空化的形式可能是不同的。一般来说，当导流面的来流方向发生偏离时，流线和转轮叶片不相适应时，就可能出现游移空化和固定空化。在转轮的出口边以及固定部件和转动部件之间的间隙处，由于存在压强的急剧变化，经常会出现旋涡空化。水力机械的流动情况是复杂多变的，因此，很难指出会出现哪一种空化。就一般来说，如果导流面的来流方向突然发生变化，就会出现固定空化。如果来流方向是逐渐变化的并且冲角比较小，则可能出现游移空化。在固定空化出现的同时，在固定空泡的表面也伴随有游移空泡的产生[96]。在水力机械中，通常按照空化对机械的破坏部位和影响来进行分类，主要分为翼型空化、间隙空化和空腔空化三类。

4.1.2　水力机械中泥沙磨损的固液两相湍流

在自然界中，水流经常夹带着悬浮的泥沙、固体颗粒及其他杂质，这成为自然界水流运动最为普遍的现象，所以含固体颗粒的水流运动受到越来越多的关注[96]。水流中多含有泥沙等杂质，当泥沙随水流流经水力机械过流部件时，会对其表面反复冲击和切削，使材料因疲劳和机械破坏而损坏，这个过程称为泥沙磨损。根据过流部件的磨损情况，泥沙磨损可分为两种类型。一类是普遍的均匀磨损，使得表面磨薄、磨光或表面变粗糙及带有轻微波纹、条纹。另一类是局部的不均匀磨损，造成表面严重破坏，产生沟槽、大片鱼鳞坑或深坑等。目前，在工程应用中的水力机械，绝大多数运行在两相湍流中，所以，流经水力机械过流部件的流态是典型的固液两相湍流，由此引起固体颗粒对水力机械过流部件的磨损，严重时可造成水力机械的性能下降、稳定性降低、机组的空蚀、振动、使用寿命缩短等一系列问题，危害水力机械的安全运行，还会造成能源损耗和巨大的经济损失。

我国是多泥沙河流的国家，河水中的含沙量特别大，水轮机的泥沙磨损问题比较普遍。在含沙水流的运行条件下，水轮机的过流部件会受到或多或少的破坏，即泥沙在通过过流部件时，在其表面形成浅槽或深裂缝，严重时甚至将叶片打断[95]。泥沙对水轮机过流部件的磨损均可产生不同程度的破坏，破坏非常严重的水轮机甚至无法修复。水轮机过流部件表面被泥沙磨损后，促进了水流的局部扰动和空化发展，可能使机组运行振动加剧。由于导水机构磨损后，漏水量增大，常常无法正常停机。漏水严重时还增加调相时功率损失和转轮室排水困难。混流式水轮机下迷宫环和转轮叶片端部及转轮室护面磨损严重时，漏水量增大，未经充分消能的水流可能冲刷尾水管护面和机组基础混凝土，影响机组安全。泥沙磨损的破坏强度与含沙水流的特性、水轮机过流部件的材料特性、水轮机工作条件和运行工况等有关，具有很高运动速度的水流夹沙，撞击固体壁面，有时一次撞击产生的应力可能超过材料的屈服极限而使材料发生塑性变形。即使产生较小的冲击应力，由于作用频繁，也会使材料疲劳破坏。有时泥沙磨损和空蚀同时发生，导致一种更为复杂的联合破坏过程。鉴于泥沙磨损对水轮机的重大危害，泥沙磨损问题已成为当前和今后水电开发中亟待解决的问题，同时也引起国内外工程界和学术界的高度重视，这就使得水力机械固液两相流的研究获得了动力。尽管流道表面磨损是固体颗粒与材料表面直接机械碰撞或划削作用的结果，但是从流体及其中颗粒运动即固液两相流的角度来研究泥沙磨损问题却更富于积极意义，是彻底解决泥沙磨损问题的根本途径之一[95]。近年来随着计算机技术的高速发展，具有适应面广、工作量少、分析精度高、速度快等特点的计算流体动力学方法，已经是现代水力机械学科最主要的研究手段。吴玉林等[121]利用离散相的代数追随湍流模型 k-ε-A_p 和 SIMPLEC 算法计算了水轮机转轮内部的三维固液两相湍流。李琪飞等[122]运用 k-ε-A_p 两相湍流模型对混流式水轮机的蜗壳在含沙水两相流介质时进行了全三维 CFD 数值模拟，预测了蜗壳内的泥沙磨损状况，与实际电站的资料基本吻合。张海库等[123]用 FLUENT 6.3 对含沙河流中混流式水轮机全流道进行了三维性能预测，并分析了水轮机过流部件内部流场的两相流流动机理。钱忠东等[124]采用欧拉-拉格朗日多相流模型，对双吸式离心泵内的水流和泥沙颗粒运动进行了模拟，并采用离散相冲击磨损模型对叶轮的磨损进行了分析。

根据形成机制，泥沙磨损可以分为绕流磨损和脱流磨损[125]。所谓绕流磨损是指在比较平顺的绕流过程中，细沙对过流表面冲刷、磨削和撞击所造成的磨损，其特点是整个表面磨损比较均匀。脱流磨损是由非流线型脱流引起的。当过流表面出现过大的凹凸不平（如鼓包、砂眼等），叶片翼型误差较大或者偏离设计工况过大时，均会出现脱流磨损。实践表明，对于水轮机的各个过流部件，如果产生空蚀，使部件表面变得十分粗糙，则当水中的泥沙流过这些部位时，由于表面粗糙会更容易引起磨损，在磨损与空蚀联合作用下，其材料损耗重量约为单纯清水空蚀的 6～10 倍。脱流磨损对过流部件具有严重的威胁，而且对于多泥沙水质的水电站，由于与空蚀同时存在，其破坏情况远比清水空蚀经历的时间长，因此更具有广泛的代表性。

4.2　常用的多相流计算模型概述

多相流的流场需用两组或两组以上流体力学和热力学参量（如速度、压强、温度、质量和组分浓度等）来描述。解决多相流问题的第一步，就是挑选出最符合所要解决的实际流动情况的多相流模型，确定相与相之间（包括气泡、液滴和粒子）耦合的程度，针对不同程度的耦合情况选择恰当的模型。

4.2.1　多相流模拟方法

计算流体动力学的发展为深入了解多相流提供了基础。目前求解多相流问题一般有两种数值计算方法，即欧拉-欧拉方法（对连续相流体在欧拉框架下求解 N-S 方程，对粒子相也在欧拉框架下求解颗粒相守恒方程，以空间点为对象）和欧拉-拉格朗日方法（对连续相流体在欧拉框架下求解 N-S 方程，对粒子相在拉格朗日框架下求解颗粒轨道方程，以单个粒子为对象）。这两种方法分别对应求解多相流问题的双/多流体模型和颗粒轨道模型[75]。本章只介绍欧拉-欧拉方法的多相流模型。

在欧拉-欧拉方法中，不同的相被处理成互相贯穿的连续介质。由于一种相所占的体积无法再被其他相占有，故引入相体积率（phasic volume fraction）或称相对体积分数的概念。体积分数是时间和空间的连续函数，各相的体积分数之和等于 1。从各相的守恒方程可以推导出一组方程，这些方程对于所有的相都具有类似的形式。从实验得到的数据可以建立一些特定的关系，从而能使上述方程封闭，另外，对于稠密颗粒流（granular flows），则可以通过应用颗粒动力学的理论（一种类似于分子运动论的理论）使方程封闭。这里，需要指出的是，对于多相流的封闭问题，目前还在继续研究当中，FLUENT 提供的一些封闭模型只是早期的一些研究成果，对于这些模型还有待理论研究和实验研究的进一步检验，用户也可以 FLUENT 为平台，利用 UDF 功能研究和开发新的多相流封闭模型。

在 FLUENT 中，共有三种欧拉-欧拉方法的多相流模型，分别是 VOF 模型、混合模型以及欧拉模型。

4.2.2　VOF 模型

VOF 模型是一种在固定的欧拉网格下的表面跟踪方法，通过求解单独的动量方程和处理穿过区域的每一流体的体积分数来模拟两种或三种不能混合的流体。当需要得到一种或多种互不相融流体间的交界面时，可以采用这种模型。在 VOF 模型中，不同的流体组分共用一套动量方程，计算时在全流场的每个计算单元内，都记录下各相组分所占有的体积率或体积分数。VOF 模型的典型应用包括分层流、自由面流动、灌注、晃动、液体中大气泡的流动、水坝决堤时的水流、对喷射衰竭（jet breakup）（表面张力）的预测，以及求得任意液-气分界面的稳态或瞬时分界面。

4.2.3　混合模型

混合模型是一种简化的多相流模型，可用于模拟两相或多相具有不同速度的流动（流体或颗粒）。其基本假设是在短距离空间尺度上的局部平衡，相间是强耦合。混合模型也用于模拟有强相间耦合的各向同性多相流和没有离散相相对速度的均匀多相流。

混合模型可以模拟多个相（流体相或者粒子相），该模型求解混合相的连续性、动量和能量方程，各相的体积分数方程，相间滑移速度（相对速度）由代数表达式表示。典型的应用包括颗粒沉降（sedimentation）、旋风分离器（cyclone separators）、低载荷颗粒负载流动（particle-laden flow with low loading），以及气相容积率很低的泡状流。

混合模型和 VOF 模型的相同之处在于它们都是一种"单流体"模型，即只求解一套动量、能量方程。混合模型与 VOF 模型的不同之处在于两个方面：一是混合模型允许相间有穿插，即在同一个控制体内各相对体积分数可以是 0～1 之间的任意数，总和为 1；二是混合模型允许相间有速度滑移。

4.2.4　欧拉模型

欧拉模型是 FLUENT 中最复杂的多相流模型。它建立了一套包含有 n 个动量方程和连续性方程来求解每一相。压力项和各界面交换系数是耦合在一起的[126]。可以模拟多相流动及相间的相互作用。相可以是气体、液体、固体的任意组合。每一相都采用欧拉模型处理。采用欧拉模型时，第二相的数量仅因为内存要求和收敛行为而受到限制，只要有足够的内存，任意多个第二相都可以模拟。然而，对于复杂的多相流流动，解会受到收敛性的限制。欧拉多相流没有液-液、液-固的差别，其颗粒流是一种简单的流动，定义时至少涉及有一相被指定为颗粒相，可以根据颗粒动力学理论计算颗粒的压力和黏性。欧拉模型的典型应用包括气泡柱、上浮、颗粒悬浮以及流化床。

FLUENT 中的多相流模型中各相共享单一的压力场，对每一相都求解动量和连续性方程。颗粒相才可以根据颗粒动力学理论计算颗粒拟温度、粒子相剪切和体积黏性、摩擦黏性。相间的曳力系数可以通过用户自定义函数设定，同时也自带了一些适合于不同类型多相流系统的相间关系。所有的 k-ε 模型都是有效的，可以用于所有各相或者混合物。

4.3　基于混合均匀多相流模型的水轮机空化湍流场数值模拟

4.3.1　数值模拟方法

1. 考虑空化的气液两相流动控制方程

选用基于欧拉-欧拉方法的混合流体无滑移模型，通过水和水蒸气两相流的连续性方程、动量方程和第二相体积分数方程求解流场中的绝对压力、平均速度及蒸汽质量分数。

在空泡相与液体相不存在滑移的流动中，由瑞利-普勒赛特（Rayleigh-Plesset）方程得到的空泡动力特性[127]。两相流的混合模型的连续性方程如下。

液体相：

$$\frac{\partial}{\partial t}[(1+\alpha)\rho_l] + \nabla \cdot [(1+\alpha)\rho_l V] = -R \tag{4.1}$$

空泡相：

$$\frac{\partial}{\partial t}(\alpha \rho_v) + \nabla \cdot (\alpha \rho_v V) = R \tag{4.2}$$

混合流体相：

$$\frac{\partial}{\partial t}(\rho) + \nabla \cdot (\rho V) = 0 \tag{4.3}$$

其中，α 是空泡相的体积分数；ρ_l 为液体相密度；ρ_v 为空泡相密度；ρ 为混合流体的密度 $\rho = \alpha \rho_v + (1-\alpha)\rho_l$；$V$ 为速度矢量；R 是净相变率。

在空化流模拟时，采用 Schnerr-Sauer 空化模型。不同于完整空化模型，Schnerr 等[128]推导出了精确的从液体到空泡的净相变率方程如下：

$$R = \frac{\rho_v \rho_l}{\rho} \alpha(1-\alpha) \frac{3}{R_B} \sqrt{\frac{2(P_v - P)}{3\rho_l}} \tag{4.4}$$

$$R_B = \left(\frac{3\alpha}{4n\pi(1-\alpha)}\right)^{\frac{1}{3}} \tag{4.5}$$

其中，R_B 为空泡半径；P_v 为空化压强；P 为局部远场压强；n 为空泡数密度。

在应用该空化模型时，基本相为液态水，第二相为水蒸气，假定各相间绝热无滑移条件，基本相与第二相发生质量传递。给定水在常温下（300K）的空化压强 P_v 为 3540Pa，空泡数密度为 10^{13}。其他一些常数：水的密度 $\rho_l = 1000\text{kg/m}^3$，水蒸气密度 $\rho_v = 0.02558\text{kg/m}^3$。

动量方程为

$$\frac{\partial(\rho V)}{\partial t} + \nabla \cdot (\rho VV) = -\nabla p + \frac{1}{3}\nabla[(\mu + \mu_t)\nabla \cdot V] + \nabla \cdot [(\mu + \mu_t)\nabla V] + \rho g \tag{4.6}$$

式中，p 为压强；μ 为混合流体的动力黏性系数；μ_t 为混合流体的湍动黏度系数；g 为重力加速度。

2. 计算模型及数值实现

计算对象为 2.2 节中的原型混流式水轮机 HL100-WJ-75 从蜗壳进口到尾水管出口的整个全流道，计算网格划分情况见 2.2 节。计算程序由商业 CFD 软件 ANSYS FLUENT 完成。采用标准 k-ε 模型，转轮区域在多参考坐标系下完成定常空化湍流场的计算。对混流式水轮机而言，流道内的空化主要是发生在叶片处的翼型空化与尾水管中的空腔空化，而在水轮机的空化流动计算中考虑这些部件，主要是因为在蜗壳进口处边界条件易于给定，另外全流道计算考虑了空泡组分之外其他变量分布在上游与下游之间的相互影响，因而计算的结果也更符合实际情况。单流道和独立过流部件的计算边界条件不易准确给出，计算结果还会丢失动静部件之间的耦合干涉信息，全流道和所有过流部件的耦合计算可以弥补上述缺陷，获得水轮机各过流部件的流动特性，准确预测水轮机的性能，所以采用包含所有流道在内的整体一次完成模拟计算。采用有限体积法和非交错网格对控制方程进行空间离散，源项和扩散项采用二阶中心格式，对流项采用二阶迎风格式。在时间离散上，采用二阶全隐式格式。动量方程中速度分量和压力的耦合问题应用 SIMPLEC 算法解决。

采用速度进口和压力出口边界条件，在流道固体壁面处采用无滑移边界条件，近壁区采用标准壁面函数。进口和出口处空泡相的体积分数都为 0。首先以相同条件下无空化的单相流动计算结果作为空化流动数值模拟的初值。

考虑在非设计工况运行时发生空化的可能性较大，主要对小开度（导叶开度为 25%，空化系数为 0.009）和大开度（导叶开度为 100%，空化系数为 0.118）两种工况进行了三维定常空化湍流数值模拟研究。

4.3.2　计算结果及分析

1. 水轮机内空化流动分析

水轮机水平截面空泡体积分数分布如图 4.1 所示。从图中可以看出，在小开度和大开度工况下，蜗壳与导水机构内空泡的体积分数为 0，说明该区域内不存在空化现象，流动基本上不受转轮与尾水管中空化流动的影响，与不考虑空化时单相流动计算结果相同。而在小开度工况下，转轮进口处有小范围的空化发生，空泡体积分数较大，转轮空腔内靠近叶片工作面处空化区域较大，空泡体积分数最大为 63.7%。大开度工况下空泡体积分数为 0，表明转轮空腔内无空化发生。

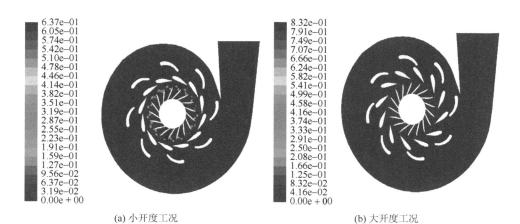

(a) 小开度工况　　　　　　　　　　　　　　(b) 大开度工况

图 4.1　水轮机水平截面的空泡体积分数分布（%）

2. 转轮区域空化流动分析

上冠面空泡体积分数分布如图 4.2 所示，转轮整体空泡体积分数分布如图 4.3 所示，下环面空泡体积分数分布如图 4.4 所示。可以看出，小开度工况下空泡体积分数最大为 65.4%，大开度工况下空泡体积分数达到 79.2%，说明转轮区域在大开度工况下发生空化的程度比小开度工况下的强，但大开度工况下的空化区域较为集中，泄水锥处空化区域较大，叶片出水边靠近下环的位置有一小块空化区域；而小开度工况下空化区域较为分散，转轮进口处和叶片出水边靠近上冠下表面和下环内侧面空化区域较大，泄水锥处有一小块空化区域。

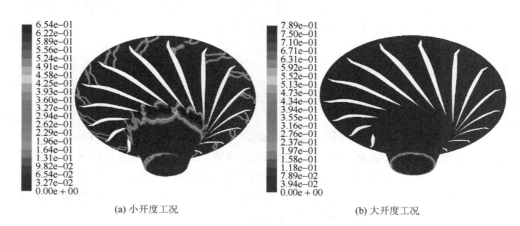

(a) 小开度工况   (b) 大开度工况

图 4.2　上冠面空泡体积分数分布（%）

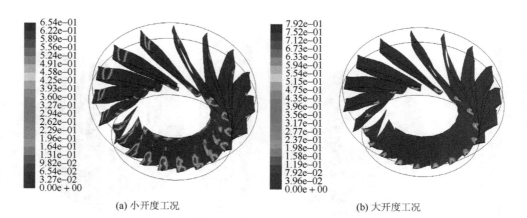

(a) 小开度工况   (b) 大开度工况

图 4.3　转轮整体空泡体积分数分布（%）

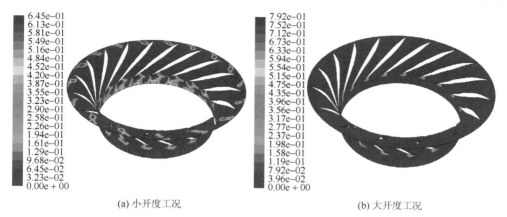

(a) 小开度工况　　　　　　　　　　　　　　　(b) 大开度工况

图 4.4　下环面空泡体积分数分布（%）

　　水轮机叶片三维空间扭曲度较大，是空化潜在危险最大的部件之一。由于水轮机转轮是旋转的部件，转轮区域中水流为空间流动，因此转轮上发生的流体动力空化，远比一般的静止绕流物体上的空化要复杂得多。叶片工作面空泡体积分数分布如图 4.5 所示，叶片背面空泡体积分数分布如图 4.6 所示。可以看出，小开度工况下叶片工作面和背面都有空化发生，叶片工作面空泡体积分数最大为64.6%，叶片背面空泡体积分数最大为 62.8%，说明叶片工作面空化程度比背面严重，最严重处位于叶片工作面前缘靠近转轮进口 1/4 位置处有一宽度较大的条形空化区域，该处空泡溃灭时产生的空蚀可能会使叶片产生断裂破坏，叶片出水边靠近上冠处有一小块空化区域，叶片背面空化区域主要位于叶片出水边靠近下环位置处，在叶片出水边周围有少量空泡呈星点状分布，这就是发生在叶片工作面及背面上的翼型空化；大开度工况下叶片工作面空泡体积分数非常低最大为15.8%，空泡区主要在叶片出水边后缘处一非常小的区域内，叶片背面空化主要发

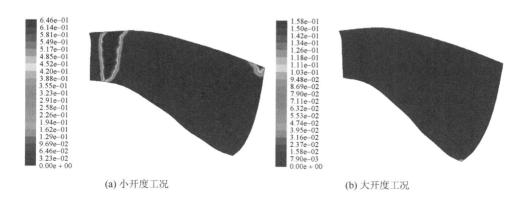

(a) 小开度工况　　　　　　　　　　　　　　　(b) 大开度工况

图 4.5　叶片工作面空泡体积分数分布（%）

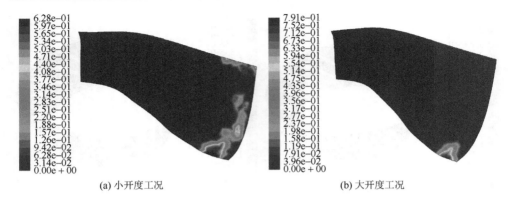

(a) 小开度工况　　　　　　　　　　　　(b) 大开度工况

图 4.6　叶片背面空泡体积分数分布（%）

生在靠近下环位置处的一小块三角形区域，位置与小开度工况下差不多，但空泡体积分数达到 79.1%，说明空化已较为剧烈，对机组效率已有较大影响，这也是空蚀较为严重的部位。

3. 尾水管内空化流动分析

尾水管表面空泡体积分数分布如图 4.7 所示，尾水管展向截面空泡体积分数分布如图 4.8 所示。从图中可以看出，小开度工况下空泡体积分数最大为 65.6%，分布较为集中；大开度工况下最大空泡体积分数达到 83.2%，分布面积比小开度的大，说明尾水管内在大开度工况下发生空化的程度比小开度工况下的强，小开度工况下在弯管内侧转弯处靠近壁面有一面积较大的椭圆形空化区域，另外在锥管处也有一小块空化区域；而大开度工况下空泡相所占的体积最大的区域在转轮出口进入锥管的中心位置处，呈条带状延伸至下游，另外在弯头转弯处靠近壁面处

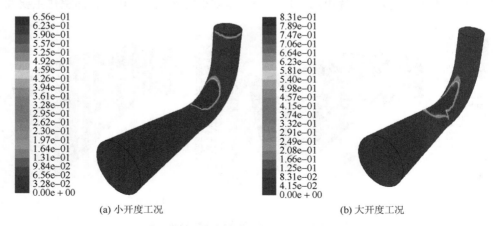

(a) 小开度工况　　　　　　　　　　　　(b) 大开度工况

图 4.7　尾水管表面空泡体积分数分布（%）

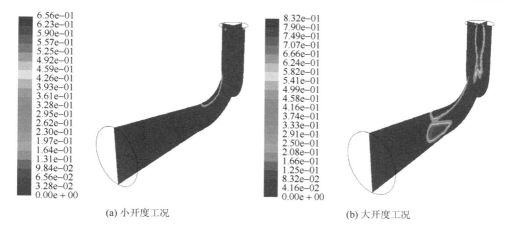

(a) 小开度工况   (b) 大开度工况

图 4.8 尾水管展向截面空泡体积分数分布（%）

和锥管中部也有一面积较大的空化区域，形成空腔空化，会引起尾水管内压强脉动，空化发生到一定程度还会造成机组振动及效率明显下降，此时靠近壁面的高空泡体积组分主要是来自上游叶片出口边靠近下环附近空化区域的空泡。

4.4 基于代数滑移混合模型的水轮机泥沙磨损湍流场数值模拟

4.4.1 数值模拟方法

1. 固液两相流动计算控制方程

欧拉-欧拉方法对连续相流体在欧拉框架下求解 N-S 方程，对粒子相也在欧拉框架下求解颗粒相守恒方程，以空间点为对象。该方法称为求解多相流问题的双/多流体模型，包括 VOF 模型、混合模型和欧拉模型。相对欧拉模型来说，混合模型是较为经济适用的多相流模型，可用于模拟各相有不同速度的多相流，且计算稳定性较好。因此本章选用混合模型，其基本假设是在短距离空间尺度上的局部平衡，相间是强耦合。通过水和泥沙颗粒两相流的连续性方程、动量方程、第二相体积分数方程和相对速度的代数方程来求解流场中的压力、速度及泥沙颗粒相对体积分数。

混合模型的连续性方程如下：

$$\frac{\partial}{\partial t}(\rho_m) + \nabla \cdot (\rho_m \boldsymbol{v}_m) = 0 \tag{4.7}$$

$$v_{\mathrm{m}} = \frac{\sum_{k=1}^{n} \alpha_k \rho_k v_k}{\rho_{\mathrm{m}}} \tag{4.8}$$

$$\rho_{\mathrm{m}} = \sum_{k=1}^{n} \alpha_k \rho_k \tag{4.9}$$

其中，ρ_{m} 是混合密度；v_{m} 是质量平均速度；n 是相数；α_k 是第 k 相的体积分数；ρ_k 是第 k 相的密度；v_k 是第 k 相的速度。

混合模型的动量方程可以通过对所有相各自的动量方程求和来获得。它可表示为

$$\frac{\partial(\rho_{\mathrm{m}} v_{\mathrm{m}})}{\partial t} + \nabla \cdot (\rho_{\mathrm{m}} v_{\mathrm{m}} v_{\mathrm{m}}) = -\nabla p + \nabla [\mu_{\mathrm{m}} (\nabla v_{\mathrm{m}} + \nabla v_{\mathrm{m}}^{T})] + \rho_{\mathrm{m}} g + F + \nabla \cdot \left(\sum_{k=1}^{n} \alpha_k \rho_k v_{\mathrm{dr},k} v_{\mathrm{dr},k} \right) \tag{4.10}$$

$$\mu_{\mathrm{m}} = \sum_{k=1}^{n} \alpha_k \mu_k \tag{4.11}$$

$$v_{\mathrm{dr},k} = v_k - v_{\mathrm{m}} \tag{4.12}$$

式中，p 为压强；μ_{m} 为混合黏性系数；g 为重力加速度；F 为体积力；$v_{\mathrm{dr},k}$ 为第二相 k 的漂移速度。

相对速度被定义为第二相（p）的速度相对于主相（q）的速度：

$$v_{\mathrm{qp}} = v_{\mathrm{p}} - v_{\mathrm{q}} \tag{4.13}$$

漂移速度和相对速度的关系为

$$v_{\mathrm{dr},p} = v_{\mathrm{qp}} - \sum_{k=1}^{n} \frac{\alpha_k \rho_k}{\rho_{\mathrm{m}}} v_{qk} \tag{4.14}$$

混合模型使用代数滑移公式。根据 Manninen[129] 理论，相对速度为

$$v_{\mathrm{pq}} = \frac{\tau_{\mathrm{p}}}{f_{\mathrm{drag}}} \frac{(\rho_{\mathrm{p}} - \rho_{\mathrm{m}})}{\rho_{\mathrm{p}}} a \tag{4.15}$$

$$\tau_{\mathrm{p}} = \frac{\rho_{\mathrm{p}} d_{\mathrm{p}}^2}{18 \mu_{\mathrm{q}}} \tag{4.16}$$

$$f_{\mathrm{drag}} = \begin{cases} 1 + 0.15 Re^{0.687}, & Re \leqslant 1000 \\ 0.0183 Re, & Re > 1000 \end{cases} \tag{4.17}$$

$$a = g - (v_{\mathrm{m}} \cdot \nabla) v_{\mathrm{m}} - \frac{\partial v_{\mathrm{m}}}{\partial t} \tag{4.18}$$

式中，τ_p 为粒子的弛豫时间；f_{drag} 为曳力函数；a 为第二相颗粒的加速度；d_p 为第二相颗粒的直径；μ_q 为主相 q 的黏性系数；Re 为雷诺数。

从第二相 p 的连续性方程，可以得到第二相 p 的体积分数方程为

$$\frac{\partial}{\partial t}(\alpha_p\rho_p) + \nabla\cdot(\alpha_p\rho_p\boldsymbol{v}_m) = -\nabla\cdot(\alpha_p\rho_p\boldsymbol{v}_{dr,p}) \tag{4.19}$$

2. 计算模型及数值实现

计算对象为 2.2 节中的原型混流式水轮机 HL100-WJ-75 从蜗壳进口到尾水管出口的整个全流道,计算网格划分情况见2.2节。计算程序由商业CFD软件ANSYS FLUENT 完成。采用工程中常用的标准 k-ε 模型，应用多参考坐标系模型，其中蜗壳、导水机构和尾水管部件在静坐标系下求解，转轮区域在动坐标系下求解，静止部件与旋转部件通过交界面实现数据传递，一次完成水轮机三维定常泥沙磨损湍流场的计算。采用全流道方式计算，进口边界条件较易给定，模拟结果要比非全流道计算方式的更符合实际情况。采用有限体积法和非交错网格对控制方程进行空间离散，源项和扩散项采用二阶中心格式，对流项采用二阶迎风格式。动量方程中速度分量和压力的耦合问题应用 SIMPLEC 算法解决。

采用速度进口和自由出流边界条件,在流道固体壁面处采用无滑移边界条件,近壁区采用标准壁面函数。进口处泥沙颗粒的体积分数为 0.76%。应用混合模型时,基本相为液态水,第二相为泥沙颗粒,滑流速度采用 Manninen 代数滑移方法。泥沙颗粒密度 $\rho_k = 2650\text{kg/m}^3$，颗粒直径大小为 0.08mm。

4.4.2　计算结果及分析

主要对小开度（导叶开度为 25%）和大开度（导叶开度为 100%）两种工况进行了三维定常泥沙磨损湍流场数值模拟研究。

1. 水轮机内泥沙磨损情况分析

水轮机水平截面泥沙颗粒体积分数分布如图 4.9 所示。从图中可以看出，小开度工况下泥沙颗粒的最大体积分数为 1.57%，大开度工况下泥沙颗粒的最大体积分数为 1.97%。小开度工况下，泥沙颗粒集中在少数固定导叶和活动导叶的头部和转轮叶片的进水边，体积分数较高，说明这些部位泥沙磨损情况较为明显。而在大开度工况下，仅在个别活动导叶靠近头部的区域泥沙颗粒体积分数较大，其他区域泥沙颗粒体积分数所占比例不高，且分布较为均匀。

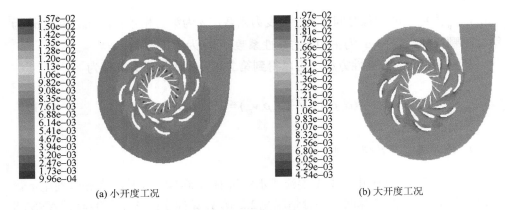

(a) 小开度工况　　　　　　　　　　　　　　(b) 大开度工况

图 4.9　水轮机水平截面的泥沙颗粒体积分数分布（%）

2. 转轮区域泥沙磨损情况分析

上冠面泥沙颗粒体积分数分布如图 4.10 所示，下环面泥沙颗粒体积分数分布如图 4.11 所示。可以看出，小开度工况下泥沙颗粒体积分数最大为 40.6%，大开度工况下泥沙颗粒体积分数达到 4.21%，说明转轮区域在小开度工况下发生泥沙磨损的程度比大开度工况下的严重，但小开度工况下的泥沙颗粒区域较为集中，主要在上冠和下环靠近转轮叶片的位置各有一小块局部高浓度泥沙颗粒区域，上冠处为 15%，下环的地方则高达 40.6%，容易发生磨损，会对壁面造成破坏，且磨损在靠近下环附近比较严重；而大开度工况下泥沙颗粒区域分布较为均匀，上冠处泥沙体积分数最高为 4.21%，位于靠近某叶片的一小块地方，下环处最高则仅为 1.02%，没有明显的高浓度泥沙颗粒区域。

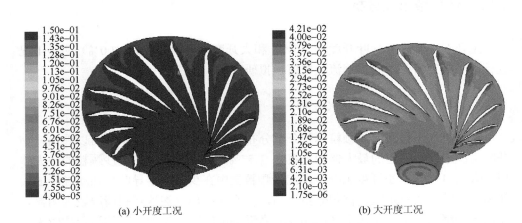

(a) 小开度工况　　　　　　　　　　　　　　(b) 大开度工况

图 4.10　　上冠面泥沙颗粒体积分数分布（%）

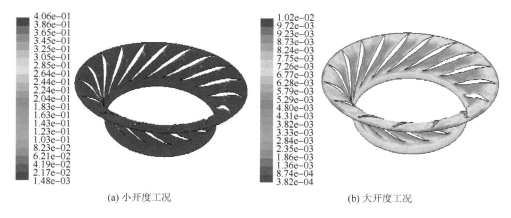

(a) 小开度工况　　　　　　　　　　　　　　　(b) 大开度工况

图 4.11　下环面泥沙颗粒体积分数分布（%）

　　水和泥沙颗粒在转轮的高速旋转作用下，对水轮机叶片的破坏最大，叶片是泥沙磨损最为严重的部件之一。叶片工作面泥沙颗粒体积分数分布如图 4.12 所示，叶片背面泥沙颗粒体积分数分布如图 4.13 所示。可以看出，小开度工况下由于泥沙的密度比水大，使泥沙在科氏离心力作用下偏向叶片工作面，造成工作面泥沙浓度远高于背面，叶片工作面泥沙体积分数最大为 20.0%，叶片背面泥沙体积分数最大仅为 2.88%，说明叶片工作面泥沙磨损程度比背面严重，最严重处位于叶片工作面 1/4 位置靠近下环处，有一块高浓度泥沙颗粒区域，可能会对叶片产生穿孔破坏；大开度工况下叶片工作面和背面泥沙颗粒体积分数相差不大，工作面最大为 1.50%，背面最大为 1.37%，工作面泥沙颗粒区域主要在叶片进水边，背面

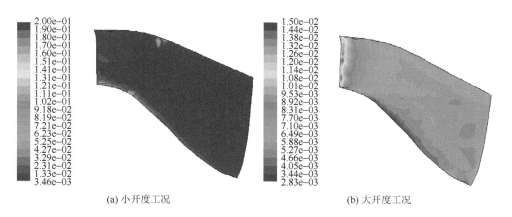

(a) 小开度工况　　　　　　　　　　　　　　　(b) 大开度工况

图 4.12　叶片工作面泥沙颗粒体积分数分布（%）

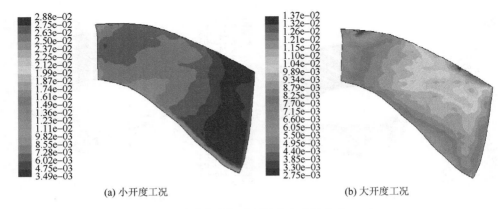

(a) 小开度工况　　　　　　　　　　　　(b) 大开度工况

图 4.13　叶片背面泥沙颗粒体积分数分布（%）

泥沙颗粒区域主要在叶片出水边靠近上冠位置处，可认为这两处是比较容易发生磨损的地方。

3. 尾水管内泥沙磨损情况分析

尾水管表面泥沙颗粒体积分数分布如图 4.14 所示，尾水管展向截面泥沙颗粒体积分数分布如图 4.15 所示。从图中可以看出，小开度工况下泥沙颗粒体积分数最大为 1.30%，分布较为集中，主要在靠近尾水管进口处和直锥段的壁面处容易发生磨损；大开度工况下最大泥沙颗粒体积分数为 1.07%，主要在弯管内侧转弯处壁面上有一面积较大的泥沙颗粒分布区域较易发生磨损；泥沙颗粒对流场的影响还会引起尾水管内压强脉动，造成机组振动及运行效率下降。

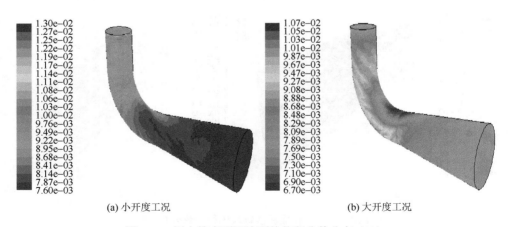

(a) 小开度工况　　　　　　　　　　　　(b) 大开度工况

图 4.14　尾水管表面泥沙颗粒体积分数分布（%）

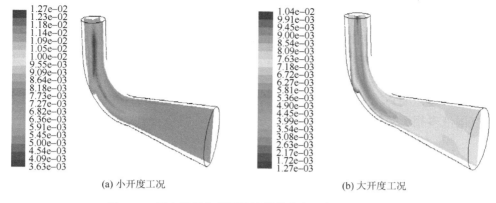

(a) 小开度工况　　　　　　　　　　　　(b) 大开度工况

图 4.15　尾水管展向截面泥沙颗粒体积分数分布（%）

4.5　本 章 小 结

（1）采用求解时均 N-S 方程，结合气液质量输运方程的 Schnerr-Sauer 空化模型，使用标准 k-ε 模型对某型号原型混流式水轮机全流道进行了三维定常空化湍流数值模拟，计算得到了水轮机偏工况下转轮流道和尾水管内的空泡体积分数分布情况，从而预测出水轮机流道内空化发生的部位与程度。总体来说小开度工况下转轮内部的空化区域面积比大开度工况的大，叶片断裂的危险程度较高，而大开度工况下尾水管内空化程度比小开度工况下的严重，尾水管压力脉动影响机组的稳定运行。模拟结果已用于解决实际工程问题，根据计算结果得出的结论进行初步处理后，由于空化两相流诱发的水力振动情况有明显减缓，说明计算与实际是吻合的。结果表明基于混合两相流的方法可以较好地模拟水轮机偏工况下的空化情况，相对单相流模拟，该方法更能真实可信地模拟水轮机内的空化湍流场，可以较好地预测水轮机各部件的空化性能，为水轮机流道的优化设计和机组的安全运行提供有益的参考价值。但如要进一步研究空化的形成机理，模拟空化的初生、发展和溃灭过程，还需要在此基础上进行非定常空化流数值模拟。

（2）采用求解时均 N-S 方程，结合代数滑移混合模型，使用标准 k-ε 模型对某型号原型混流式水轮机全流道进行了三维定常泥沙磨损湍流场数值模拟，计算得到了水轮机偏工况下转轮流道和尾水管内的泥沙颗粒体积分数分布情况，从而预测出水轮机流道内泥沙磨损发生的部位与程度。总体来说小开度工况下泥沙颗粒体积分数比大开度工况下的大，活动导叶、转轮和尾水管是磨损较为严重的部件，磨损后会使这些过流部件内水流流态恶化，加快破坏发生的速度。泥沙颗粒与水相互作用的固液两相湍流场还会诱发水轮机振动影响机组的稳定运行。该方法为进一步预估机组的磨蚀性能和优化水轮机设计提供了一定的依据与参考。结果表明基于代数滑移方法的混合模型可以较好地模拟水轮机偏工况下含泥沙颗粒的固液两相湍流场，相对真机或模型试验，该方法周期短、成本低，可以准确预测水轮机各过流部件的泥沙磨损情况，对解决工程实际问题具有重要的意义，且具有较好的工程应用价值。但如果进一步研究水轮机磨蚀机理及空蚀与磨损的相互作用，还需要与空化数值模拟相结合，在此基础上进行水、气、泥沙颗粒三相的气固液多相流数值模拟。

第5章 基于动网格与重叠网格的槽道内活动导叶绕流数值模拟

水电站在运行过程中，由于负荷经常变化，导致水轮机导叶开度迅速改变，从而引起引水隧洞、压力钢管、蜗壳的内水压力，以及调压室水位、机组转速等参数剧烈波动，对电站的安全运行造成严重影响。本章主要利用动网格与重叠网格方法计算水轮机导水机构中单个活动导叶在槽道内的二维非定常湍流场，预测水轮机导叶在关闭过程中压力分布、速度分布、涡量分布和湍动能分布等的变化情况。数值模拟结果可为改善水轮机过渡过程性能及优化导叶关闭规律提供有益的参考。

5.1 有运动边界的非定常流动研究现状

流体动力学是研究在流体中有相对运动的物体（水力机械）与流体之间相互作用规律的学科。非定常流动主要包括两大类：一是流场中有多个物体，它们之间有相对运动，称为多体分离问题；二是物体表面的变形对流场影响不容忽视的情况，称为物体变形引起的流固耦合问题。这两类问题的共同特点是包含有相对运动边界的非定常流动[130]。多体分离问题在航空航天领域并不鲜见。实际上自然界大部分流动现象中存在物体变形引起的流固耦合问题，从空中飞翔的百鸟到水里嬉戏的游鱼，从生生不息的呼吸系统到支撑生命的心血管系统，从汽轮机到水轮机⋯⋯都包含着运动边界和流体的相互作用。这类流场的共同特点是物体外形随时间变化，运动界面与流体相互作用，形成高度非定常、非线性的动力学系统。流体与固体两种介质的动力学和运动学特性采用不同方程描述，相互作用通过界面耦合。对于这类包含有运动边界的非定常流动的实验模拟，除了技术难度大、测量信息少、费用高等，最重要的是难以同时满足动力学相似律和运动学相似律。

随着计算流体动力学（CFD）不断完善和发展，它一方面成为流体研究和工程研制中不可或缺的分析和设计工具，在工业领域应用越来越广泛，另一方面应用过程中遇到的一些新问题又给 CFD 学科自身发展提出新的研究课题。含有运动边界的非定常流动现象在进行数值模拟时，在控制方程、网格、离散方法等方面有其特别之处。近几年发展的一些新的计算方法和网格技术，推动了这一领域的研究工作。但是，与定常流动的计算流体动力学方法相比，包含有运动边界的非定常流动的数值模拟方法还有许多待完善之处。定常流动模拟时，网格生成过程与流动计算过程不关联，即软件生成的网格所映射的物理空间、存储编码和网格数目在流场计算中保持不变化。但是，在进行含有运动边界的非定常流动现象数值模拟时，边界运动引起流场物理空间随时间变化，导致建立在计算区域上的离散网格也要随时间变化，需要发展与流场计算过程相关的新网格技术。从基本原理上说，实现网格变化主要有两种途径：一种是采用网格所对应的物理空间不变、增减网格数目的方法，目前还在应用的主要有运动嵌套网格和自适应笛卡儿网格；另一种是保持网格数目不变、通过所对应的物理空间变化来实现，发展出变形动网格技术。

国外 20 世纪 90 年代初期在结构网格基础上提出所谓的"嵌套网格"技术，即包含运动物体的子网格块在背景网格上做刚性运动，网格子块与背景网格以及子块之间的流动信息通过插值运算进行交流。嵌套网格把求解区域划分为众多形状相对规则、允许相互之间部分重叠的子区域，在每一个区域上生成网格（大部分应用基于结构网格，也有非结构网格的例子）。采用嵌套网格避免了单块贴体网格处理复杂外形的困难，但是在外形复杂、分块较多情况下，描述子块之间关系时比较烦琐，需要在交叠区内或物体占用的空间位置建立人工边界，即所谓"洞"边界。"洞"边界把子块上的网格分为参与计算的有效网格和不参与计算的无效网格。如果所有子块是静止网格，那么"洞"边界及其相邻子块"洞"边界上的信息传递关系在流场计算过程中保持不变，只需在计算初始时刻判断边界并建立插值公式即可。应用嵌套网格可以模拟包含运动边界的流动。一般采用部分子块在静止背景块上运动的嵌套网格技术，计算过程中子块的相对位置随时间变化，网格存在相对位移，因此每一步都需要根据运动子块之间及其与背景网格之间的相对位置判断"洞"边界，重新定义每一个子块的有效网格，这对于网格数目上百万的应用问题所增加的计算量是人们难以承受的。

笛卡儿网格采用与直角坐标系坐标轴平行的矩形（二维）或长方体（三维）形状的网格，是 CFD 计算中最早出现的划分方法。笛卡儿网格生成简单，流动求解器容易实现，但是描述复杂外形的能力较低。为了提高边界附近流场计算精度，一种办法是进行局部网格加密，对于非定常流动模拟，网格尺度影响时间推进步长，这种办法不是十分合适。另一种办法是采用分区技术，在不规则形状的壁面区域进行特殊处理，但是边界算法会导致复杂的数据结构，影响计算效率。采用自适应笛卡儿网格可以实现运动边界的流动模拟。在计算过程中描述物体运动需要增减网格数目，每一步需要判断边界单元并建立网格之间的动态数据链表，同样在网格数目较大的情况下，大量繁杂的搜索和插值的计算所耗用的计算机资源远大于求解流体力学方程本身。

　　变形动网格技术是在保持网格数目不变的情况下，通过网格结构变形来适应运动边界引起的物理空间变化。变形动网格可以在结构网格上实现，也可以在非结构网格基础上进行。目前，基于结构网格的变形动网格技术在包含运动边界的流动现象模拟中主要应用于机翼气动弹性等问题。流固耦合问题的几何外形常较为复杂，数值模拟中大多采用基于非结构网格的变形动网格技术，即非结构动网格技术。非结构动网格技术采用随机编码的数据结构，对网格形状和空间关联性要求比结构网格宽松得多，能够非常方便地生成复杂外形的网格，极大减轻 CFD 应用中网格生成的工作量。近年来网格生成发展主流是非结构动网格技术，大部分国外 CFD 应用软件建立在非结构网格基础上。在非结构网格上发展变形动网格技术主要难点是建立有效控制网格变形和运动的计算方法。在许多应用问题中，物体运动和表面变形受流体作用力控制，流场内网格的运动规律难以事先预测，常会出现品质优良的初始网格计算不久就引起局部网格严重扭曲的情况。应用变形动网格技术对控制方程也有特别要求，需要从常见的空间坐标位置静止的流体方程出发，变换为能够描述运动边界的任意拉格朗日-欧拉（ALE）形式的方程。变形动网格与前面的嵌套网格相比，减少了时间推进一步以后所需的搜寻和插值计算量，但是网格变形能力毕竟有限，不能解决位移变化较大的流固耦合问题，应用中常常结合局部网格重构方法来实现。网格重构以后，需要根据旧网格上的流场信息得到新网格的流场参数，目前看到的新旧网格之间信息的传递主要采用基于几何关系的局部插值计算方法。

5.2　水力机组水力过渡过程概述

　　随着水电站水力机组运行经验的不断积累，以及水力机械不稳定水流流体动力学和调节理论的不断发展，在水轮机运行领域中，逐渐形成一个新的分支——水力机组水力过渡过程问题。

　　水力机组水力过渡过程是指水力机组由一种稳定工况或状态转换到另一工况或状态的瞬态或短时间的变动过程。通常而言，不同于主要运行工况的所有可能工况统称为过渡过程工况[131]。水轮机工况机组甩负荷、增负荷以及其他一系列过程，水泵工况从静止、不工作状态下起动的过程，电动机断电后的过程等都是这种过渡过程。过渡过程的主要特征表现在水力机组和引水系统的水力和机械参数值及工况的变化。

　　水力过渡过程是一种复杂的过渡流态，在水电站、水力发电系统和水泵站供水系统中，水-机-电相互作用，相互影响，其数值模拟也就较为复杂，只有使用计算机才能对这种水流进行精确的数值模拟[132]。

5.2.1　水力过渡过程的概念

水电站正常运行时，有压引水系统（引水隧洞、调压室、压力钢管、蜗壳及尾水管）中的水流处于某一种恒定流状态。此时，发电机的输出功率与系统负荷保持平衡，或者说水能施加于水轮机的动力矩应与负荷作用于发电机的阻力矩保持相等，机组以额定转速匀速转动，维持发电频率不变。当系统负荷变化时，如启动、增荷、减荷、事故停机等，就破坏了这种平衡关系，迫使调速器自动调整导叶开度，改变水轮机流量、发电水头、机组转速等，以寻求出力与负荷的新平衡关系，使水流过渡到另一种恒定流状态。

所以说，水力过渡过程是指水电站有压系统中的水流从某一恒定状态转化成另一恒定状态的过程[133]。在这个过程中，一方面水锤压力、调压室水位将发生波动；另一方面，机组水头、流量、转速、导叶开度、轴功率、轴向力也随之变化。引起不稳定工况的原因很多，主要归纳为正常运行下的负荷变化和水电站事故引起的负荷变化。

当机组因某种事故突然从电网切除后，作用在机组上的阻力矩突然减少为零，水轮机导叶开始关闭，动力矩逐渐减小，由于力矩的不平衡导致机组转速迅速上升；当导叶关闭到某一时刻，动力矩为零，水流能量全部用于克服机械摩擦和水力损失，转速达到了最大值；随着导叶的继续关闭，动力矩变为负值，也就是水流提供的能量小于高转速下所消耗的能量，于是转速开始下降；待导叶关闭到空载流量时，水轮机逐渐被制动而回到额定转速，动力矩等于零。

水电站运行过程中的水力过渡过程问题（或称非恒定流现象）是不可避免的。特别是随着大型火电站的兴建，水电站将更多地担负系统峰荷，导致负荷的变化相对频繁，工况改变次数增多，频繁地开停机、增甩负荷对机组的安全运行造成影响，必须引起工程师们的高度重视。

研究水力机组水力过渡过程的目的[5]，在于揭示各种过渡过程中水轮机内部水流特性和外部机械特性的变化规律，以及对水轮机工作性能的影响；并以此为基础，合理地控制这些过程，以保证水轮机在过渡过程不稳定工作状态下的安全，改善过渡过程中水轮机及其零部件的工作条件，提高机组的运行质量。

5.2.2　导叶的合理控制

在水电站运行中，常会遇到负荷在较大范围内的突然改变，如机组甩负荷和突增负荷，此时水轮机调速器自动关闭或开启，从而在管道系统中引起水击。与此同时机组转速也发生急剧的变化。当水压超过管道承受极限或飞逸转速超过机组结构强度允许极限时，将导致灾难性后果[134]。

例如，机组因电力系统事故突甩负荷，当导叶关闭速度太快或关闭规律不良时，可能导致压力钢管水压过大，超过管道承受极限，发生管道爆破的重大事故，危及整个水电站的安全，特别在高水头水电站中，这种事故的危害性尤为严重；当导叶关闭速度太慢、时间过长时，虽然管道水压可以减小，但可能引起机组飞逸转速过大的后果，导致机组转动部件的破坏，这对机组安全运转与辅助设备工作可靠性，均带来很不利的影响。因此，过渡过程的研究将揭示水电站中水击压力升高、机组转速上升等同调节元件关闭规律的关系，进而改善关闭规律，以保证压力上升与转速上升均在合理的范围之内。

最简单的导叶关闭方式是线性关闭。线性关闭方式虽然简单，但在很多情况下，并不能同时将管道水压和机组转速限制在允许的范围内。因为，当选取的导叶关闭时间较短时，虽然有利于减小机组飞逸转速，但会在压力钢管内产生很大的水压；反之，当选取的导叶关闭时间较长时，虽然管道水压得到了控制，但机组转速可能变得很大。由于导叶线性关闭规律存在这样的缺点，为了改善水电站的水力瞬变调节动态品质，达到同时降低管道水压和机组转速的目的，国内外广泛开展研究，寻求取代线性关闭的方法。其中，导叶两段线性关闭方式是目前水电站设计和运行中应用最广泛的一种。

在水电工程实践中，采用两段折线关闭规律，与一段直线关闭规律相比，在改善水轮机甩负荷过渡过程品质方面，显示出较大的优越性。导水机构两段折线关闭规律：当水轮机甩掉负荷时，导叶首先以较快的速度等速关闭到某开度，而后再以较慢的速度等速关闭至零。由于第一段关闭的速度较快，转速上升值将被降低；导叶第二段关闭速度较慢，从而限制引水系统水压上升值。只要两段关闭拐点的所在位置和两段关闭速度选择适当，这种关闭方式不论是限制机组转速上升，还是限制压力上升，均有好处[135]。导叶不同的控制规律对水轮机过渡过程的动态特性影响很大。

近年来，随着计算流体动力学（CFD）和计算机技术的飞速发展，数值模拟手段广泛应用于水轮机内部的复杂流动的研究。数值模拟手段加深了水轮机设计者和科研人员对其内部复杂流动的认识，从而有可能从改善其内部流场结构出发，达到降低流动损失、改善水轮机振动性能的目的。但以往的数值模拟多局限于定常或非定常静态（即导叶静止）研究，例如文献[136]～[140]，它们的共同点是分别具体研究活动导叶停留在某几个特殊位置（开度）时的流动状态。这对于模拟水轮机稳定工况是合理的，但作为设计参考，必须考虑变工况以及导叶起闭过程等。

5.3　动网格与重叠网格技术

5.3.1　动网格模型简介

单一物体运动或旋转时，可以采用坐标变换的方法来简化问题。然而，当多个物体之间存在相对旋转时，简单地转换参考坐标系已不能解决问题，如涡轮发动机、叶轮机械中静子和转子的干扰问题等，无论怎么设置参考系，都会遇到固体边界随时间变化的问题。这类问题可以利用 FLUENT 中相关的动网格模型来解决。

动网格模型主要用于模拟由于流域边界运动引起流域形状随时间变化的流动情况。流动既可以是明确的运动（如指定围绕物体重心随时间变化，具有明确的线速度或角速度），也可以是未知的运动（其绕物体重心的线速度或角速度是由流体域中固体上的受力平衡得出的），下一时间步的运动情况是由当前时间步的计算结果确定的。在计算之前要先定义体网格的初始状态，在边界发生运动或变形后，其流域的网格重新划分是在 FLUENT 内部自动完成的，而边界的变形和运动过程可以用边界型函数来定义，也可以用自定义函数 UDF 来定义。动网格模型求解的是非定常问题，需要消耗较大的硬件资源[141]。

运动边界可以是刚性运动、转动或者平动，如注射器中的活塞运动、汽车发动机气缸内的活塞往复运动，以及机翼的副翼、襟翼在飞行过程中的运动。动网格技术还可以处理计算边界发生形变的问题，边界的形变过程可以是已知的，也可以是取决于计算域流场的变化，例如气球充气的过程，飞行器的气动弹性问题（由于气动力造成飞行器翼或弹性等的形变，形变又造成气动力的变化），FLUENT对于动网格模型还提供了六自由度求解器来定义和描述边界或运动物体的情况，常用于解决多体分离过程[75]。

如果计算域中同时存在运动区域和静止区域，则在初始网格中，内部网格面或区域需要被归入其中一个类别，同时在运动过程中发生形变的部分也可以单独分区。区域与区域之间既可以采用正则网格，也可以采用非正则网格，还可以用滑移网格技术连接各网格区域[142]。FLUENT 要求将运动的描述定义在网格面或网格区域上。如果流场中包含运动与不运动两种区域，则需要将它们组合在初始网格中以对它们进行识别。那些由于周围区域运动而发生变形的区域必须被组合到各自的初始网格区域之中。

5.3.2　动网格模型控制方程

对于通量 ϕ，在任意控制体 V 内，其边界是运动的，守恒方程的通式为[143]

$$\frac{\mathrm{d}}{\mathrm{d}t}\int_{V}\rho\phi\mathrm{d}V + \int_{\partial V}\rho\phi(\boldsymbol{u}-\boldsymbol{u}_{s})\cdot\mathrm{d}\boldsymbol{A} = \int_{\partial V}\Gamma\nabla\phi\cdot\mathrm{d}\boldsymbol{A} + \int_{V}S_{\phi}\mathrm{d}V \qquad (5.1)$$

式中，ρ 是流体的密度；$\boldsymbol{u}$ 是流体的速度矢量；$\boldsymbol{u}_{s}$ 是动网格的网格变形速度；$\boldsymbol{A}$ 是控制体 V 界面的面积；Γ 是扩散系数；S_{ϕ} 是通量 ϕ 的源项；∂V 代表控制体 V 的边界。

在方程（5.1）中，第一项可以用一阶向后差分形式表示为

$$\frac{\mathrm{d}}{\mathrm{d}t}\int_{V}\rho\phi\mathrm{d}V = \frac{(\rho\phi V)^{n+1} - (\rho\phi V)^{n}}{\Delta t} \qquad (5.2)$$

式中，n 和 $n+1$ 分别代表当前步和紧接着的下一时间步。第 $n+1$ 步的体积 V^{n+1} 由式（5.3）计算：

$$V^{n+1} = V^{n} + \frac{\mathrm{d}V}{\mathrm{d}t}\Delta t \qquad (5.3)$$

式中，$\dfrac{\mathrm{d}V}{\mathrm{d}t}$ 是控制体的时间导数。为了满足网格守恒定律，控制体的时间导数由式（5.4）计算：

$$\frac{\mathrm{d}V}{\mathrm{d}t} = \int_{\partial V}\boldsymbol{u}_{s}\cdot\mathrm{d}\boldsymbol{A} = \sum_{j}^{n_{f}}\boldsymbol{u}_{s,j}\cdot\boldsymbol{A}_{j} \qquad (5.4)$$

式中，n_{f} 为控制体积的面网格数；$\boldsymbol{u}_{s}$ 为动网格的网格变形速度；$\boldsymbol{u}_{s,j}$ 为对应于面 j 的网格变形速度；$\boldsymbol{A}_{j}$ 为面 j 的面积向量。点乘 $\boldsymbol{u}_{s,j}\cdot\boldsymbol{A}_{j}$ 由式（5.5）计算：

$$\boldsymbol{u}_{s,j}\cdot\boldsymbol{A}_{j} = \frac{\delta V_{j}}{\Delta t} \qquad (5.5)$$

式中，δV_{j} 为控制体积面 j 在时间间隔 Δt 中扫过的空间体积。

5.3.3　动网格模型更新方法

动网格模型是在每一个时间步迭代之前，根据边界或物体的运动、变形更新和重新构建计算域的网格，从而达到计算各种非定常的流固耦合、计算域随时间变形变化的问题。动网格的含义就是计算域的网格是运动的、不断更新变化的[144]。

FLUENT 提供了三种网格运动的方法来更新变形区域内的体网格，即弹簧光顺（spring-base smoothing）法、动态层（dynamic layering）技术和局部网格重划（local remeshing）法。

1. 弹簧光顺法

弹簧光顺法是将网格系统看作节点之间用弹簧相互连接的网格系统，初始网格就是系统保持平衡的弹性网格系统，根据边界节点上的已知位移来光滑调整流

域内节点的位置。任意一个网格节点的位移都会导致在与之相互连接的弹簧中产生弹性力，进而导致邻近网格节点上力的平衡被打破，这样边界节点上的位移就通过体网格在流域中传播出去。经过反复迭代，最终整个弹簧网格系统达到新的平衡时，就可以得到一个变形后的、新的网格系统。

边界节点上给定的位移将产生一个与连接到这个节点所有弹簧位移成比例的力，力的大小根据胡克定律计算。网格节点力可写为

$$F_i = \sum_{j}^{n_i} k_{ij}(\Delta x_j - \Delta x_i) \tag{5.6}$$

式中，Δx_i 和 Δx_j 分别是节点 i 和邻近节点 j 的位移；n_i 是节点 i 邻近节点的总数；k_{ij} 是节点 i 和邻近节点 j 之间的弹性系数（刚度）。弹性系数可以定义为

$$k_{ij} = \frac{1}{\sqrt{\left| x_i - x_j \right|}} \tag{5.7}$$

从平衡角度来看，对每一个节点，连接到其上的所有弹簧的合力必为零。这个条件可以用以下的迭代方程表示：

$$\Delta x_i^{m+1} = \sum_{j}^{n_i} k_{ij} \Delta x_j^m \bigg/ \sum_{j}^{n_i} k_{ij} \tag{5.8}$$

由于边界上的位移是已知的（边界节点位置已经被更新过），方程（5.8）可通过雅可比（Jacobi）矩阵对流域内部所有节点进行扫掠求解。在求解过程中，更新后的节点位置可以由下式表示：

$$x_i^{n+1} = x_i^n + \Delta x_i^{m,\text{converged}} \tag{5.9}$$

式中，$n+1$ 和 n 分别表示下一时间步和当前时间步。

2. 动态层技术

动态层技术是根据边界的移动量动态地增加或减少边界上网格层的技术，因此适用于六面体网格、楔形网格等可以在边界上分层的网格系统。动态层技术在边界上假定一个优化的网格层高度，在边界发生移动、变形时，如果邻近边界的一层网格的高度同优化高度相比大到一定程度时，就在边界面与相邻网格层之间增加一层网格。相反，如果边界向（计算域）内移动，邻近边界的一层网格被压缩到一定程度时，邻近边界一层的网格又会被删除。动态层技术就是通过这种方法来使边界附近的网格保持一定的密度。

如果网格层 j 扩大，单元高度的变化有一临界值：

$$h_{\min} > (1 + \alpha_s) h_{\text{ideal}} \tag{5.10}$$

式中，$h_{\min}$ 为单元的最小高度；h_{ideal} 为理想单元高度；α_s 为层的分割因子。在满足上述条件的情况下，就可以对计算网格单元进行分割，分割网格层可以用常值

高度法或常值比例法。在使用常值高度法时，单元分割的结果是产生相同高度的网格。在采用常值比例法时，网格单元分割的结果是产生比例为 α 的网格。也就是说，在层 j 中的单元将分割成一个具有理想高度 h_{ideal} 的单元层和一个单元高度为 $(h - h_{\text{ideal}})$ 的单元层。

如果层 j 中的单元被压缩，它们可以被压缩到

$$h_{\min} < \alpha_c h_{\text{ideal}} \tag{5.11}$$

式中，α_c 是单元层的分裂因子。当这个条件满足时，这个被压缩的单元层将与邻近的单元层合并成一个新层；也就是说，在层 i 和层 j 中的单元将被合并。

3. 局部网格重划法

局部网格重划法是对弹簧光顺法的补充。在网格系统是由三角形或四面体网格等非结构网格组成时，一般采用弹簧光顺法进行动网格划分，如果边界的移动和变形过大，可能导致网格质量下降、局部网格发生严重的畸变致使计算不收敛，甚至出现网格体积为负的情况。在这种情况下，一个简单的处理办法就是去掉原来网格系统中经过弹簧光顺后得到的新网格，在被去掉网格的位置上重新划分新的网格，这就是局部网格重划法的基本思路。

在重新划分局部网格之前，首先要将需要重新划分的网格识别出来。FLUENT 中识别不合乎要求网格的判据有两个：一个是网格畸变率，另一个是网格尺寸，其中网格尺寸又分最大尺寸和最小尺寸。在计算过程中，如果一个网格的尺寸大于最大尺寸或者小于最小尺寸，或者网格畸变率大于系统畸变率标准，则这个网格就被标识为需要重新划分的网格。在遍历所有动网格之后，再开始重新划分的过程。局部重划模型不仅可以调整体网格，也可以调整动边界上的表面网格，它只会对运动边界附近区域的网格起作用，这对于适应复杂外形是有好处的。

动网格的实现在 FLUENT 中是由系统自动完成的。如果在计算中设置了动边界，则 FLUENT 会根据动边界附近的网格类型自动选择动网格计算模型。如果动边界附近采用的是四面体网格（三维）或三角形网格（二维），则 FLUENT 会自动选择弹簧光顺法和局部网格重划法对网格进行调整。如果是棱柱型网格，则会自动选择动态层技术进行网格调整。在静止网格区域则不进行网格调整。

动网格问题中对于固体运动的描述是以固体相对于重心的线速度和角速度为基本参数加以定义的。既可以用型函数定义固体的线速度和角速度，也可以用 UDF 来定义这两个参数。同时需要定义的是固体在初始时刻的位置。

5.3.4　重叠网格技术简介

重叠网格技术是一种由部件网格构建计算域的新方法，通过重叠交界面连接

重叠网格单元区域，它简化了复杂几何的网格生成，避免了动网格应用中网格重构失败和动网格设置的一些问题，而且重叠网格在网格运动期间始终可以保持很高的网格质量，在处理运动部件问题上具有优势。

重叠网格也叫 Chimera 网格或嵌套网格，属于分域解耦方法，其主要思想是将流动的解域分成若干子区域，各子区域分别建立网格单独求解，在求解的迭代过程中，通过区域间信息传递，将各子区域的解耦合在一起。重叠网格技术[145]不需要对各个子区域边界进行特殊处理，这就大大减少了子区域间数据传递难度和工作量。同时，在生成各个子区域的贴体坐标网格时，不会过分地依赖相邻子区域内网格性质，因此在对某一个子区域的贴体坐标网格加密时，也不会对其他子区域网格产生影响。这对具有复杂物面形状和计算边界问题生成贴体坐标网格更方便，对调整各个子区域重叠网格更有利。此外，重叠网格技术还可以在不同子区域网格内采用不同的数学模型和求解算法，这样在保证计算精度条件下，大大提高了计算效率，节省了时间。因此，重叠网格技术以其独特的优势而备受关注，是当前计算流体动力学网格生成技术的主要发展方向，目前应用也十分广泛，特别适合于复杂外形绕流和存在多体相对运动的流动问题，并且在并行计算方面也有大量成功的应用。网格的重叠过程就是网格间插值关系的建立过程，定义网格间的插值关系需要壁面网格重叠、挖洞和寻点三项关键技术，这三项技术也是重叠网格的核心技术。

ANSYS FLUENT 17.0 之后已经开始支持重叠网格，通过创建多套不同的相互重叠的网格，在迭代计算的过程中搜索重叠区域的边界，将真实的物理边界识别出来参与计算，避免了动网格模型网格动态更新时易产生负体积的问题。

5.4　基于动网格的槽道内导叶不同关闭规律的数值模拟

5.4.1　计算对象和网格设计

计算针对昆明理工大学水电站水机电耦合实验室原型混流式水轮机 HLA551-LJ-43 活动导叶及其有代表性的关闭运动，取单个导叶对应的叶道建立单叶道功能模型，并将叶道拓展为槽道，在二维槽道内模拟导叶关闭运动过程，该型水轮机额定水头 10m，额定流量 0.7m³/s，额定转速 600r/min。水轮发电机组和水轮机活动导叶翼型分别如图 5.1、图 5.2 所示。计算工况对应的基于导叶弦长的雷诺数为 120 421。计算网格采用适应性强的三角形非结构网格划分。计算使用槽道模型及初始状态网格分别如图 5.3、图 5.4 所示。经网格无关性验证，网格节点数约 90 366 个，网格单元数约 1 793 528 个。计算程序由商业 CFD 软件 ANSYS FLUENT 完成。采用标准 k-ε 模型，用有限体积法对瞬态 N-S 方程进行离散，对流项的离散采用二阶迎风格式，扩散项的离散采用具有二阶精度的中心差分格式。在时间离散上，采用一阶全隐式格式。压力和速度的耦合求解采用非定常的 SIMPLEC 算法。

图 5.1　实验室水轮发电机组

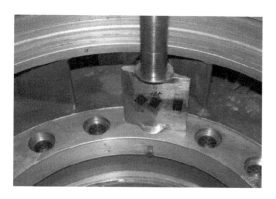

图 5.2　活动导叶翼型

图 5.3　计算使用槽道模型

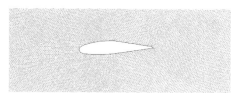

图 5.4　初始状态网格

5.4.2　边界条件

采用速度进口和自由出流边界条件，在壁面处采用无滑移边界条件，近壁区采用标准壁面函数。动网格模型采用了弹簧光顺法和局部网格重划法处理网格变形情况。应用 ANSYS FLUENT 的二次开发功能对活动导叶的运动方式采用动边界文件（profile）来控制[143]。活动导叶关闭规律分别采用了一段直线线性关闭和两段折线关闭。计算中时间步长为 0.001s。一段直线线性关闭的时间为 6s；两段折线关闭中第一段以较快速度关闭的时间为 5s，关闭到导叶开度的 50%；第二段以较慢速度关闭到全关的时间为 10s。

5.4.3　结果及分析

下面介绍水轮机活动导叶不同关闭规律下的计算结果，并对流道内部流场的压强、速度和湍流特性分布进行分析。

1. 活动导叶一段直线线性关闭结果分析

1) 导叶关闭过程不同瞬时压力分析

活动导叶一段直线线性关闭过程各个典型时刻槽道内及导叶表面压力分布如图 5.5 所示。关闭初期 $t = 1s$（导叶转过 15°）时，活动导叶关闭速度较快，在上游及下游活动导叶压力面形成较大面积的高压区，负力面形成一个明显的负压区，在导叶前缘上端的一个小范围区域内压力梯度较大，而在前缘下端也有一个负压梯度较大的区域；随着时间的推移压力梯度区域逐渐趋于复杂且范围扩大，流场压力分布变得不均匀，压力面的正压也逐渐增大。在 $t = 3s$（导叶转过 45°）时，导叶后下游区域形成一个明显的负压中心，并且该负压中心逐渐向下游转移。在 $t = 5s$（导叶转过 75°）时，活动导叶后已形成两个负压中心，负压中心继续向下游演化；导叶关闭基本结束 $t = 6s$（导叶转过 90°）时，活动导叶压力面之前靠近上游的流场已处于高压区，负力面后部低压区有一明显负压中心。

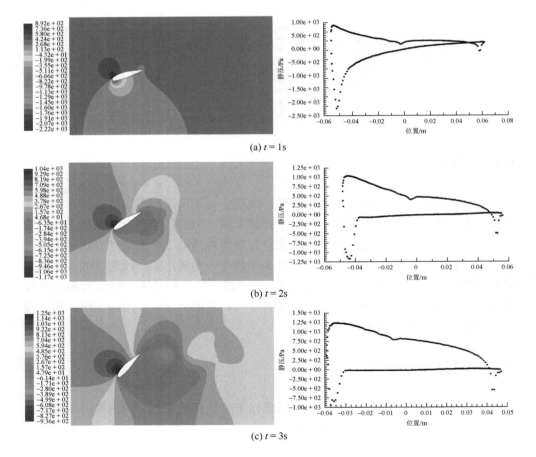

(a) $t = 1s$

(b) $t = 2s$

(c) $t = 3s$

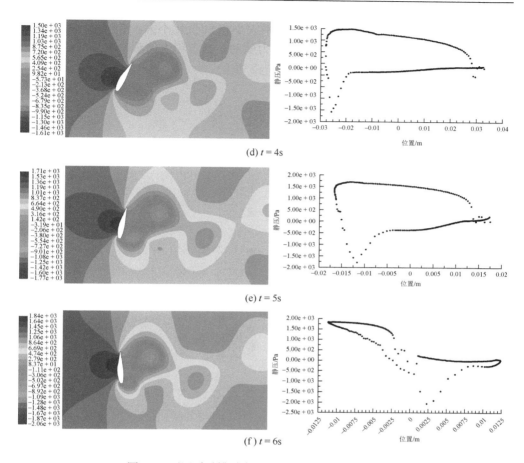

图 5.5　不同瞬时槽道内及导叶表面压力分布（Pa）

2）导叶关闭过程不同瞬时速度分析

活动导叶一段直线线性关闭过程各个典型时刻槽道内速度矢量分布如图 5.6 所示。在 $t = 1\text{s}$（导叶转过 15°）时，水流在活动导叶前缘产生明显的撞击，速度较大；在 $t = 2\text{s}$（导叶转过 30°）时，活动导叶前缘已有较为明显的撞击和脱流，活动导叶后的涡旋初步形成；在 $t = 3\text{s}$（导叶转过 45°）时，活动导叶后的涡旋已明显增长形成两个涡旋中心；在 $t = 5\text{s}$（导叶转过 75°）时，活动导叶尾缘的两个强涡旋继续向下游转移和演化；在 $t = 6\text{s}$（导叶转过 90°）时，活动导叶关闭完成后在导叶前缘和后部分别形成强涡旋，会诱发下游水轮机的转轮流道内产生涡激振动。表 5.1 为根据导叶出口速度按文献[34]和[56]中给出的计算公式计算出的关闭各时刻卡门涡频率及施特鲁哈尔数（Strouhal number）St。施特鲁哈尔数是一个表明旋涡脱落特性的相似准则数，反映了尾流的非定常动力学特性。从表中可以看出，在导叶关闭的各个时刻卡门涡频率大小和 St 变化不大，卡门涡频率约为转轮转频 10Hz 的 30%，可能诱发低频压力脉动。当卡门涡的频率与导叶的固有频率接近时就会发生共振破坏，危害是相当严重的。

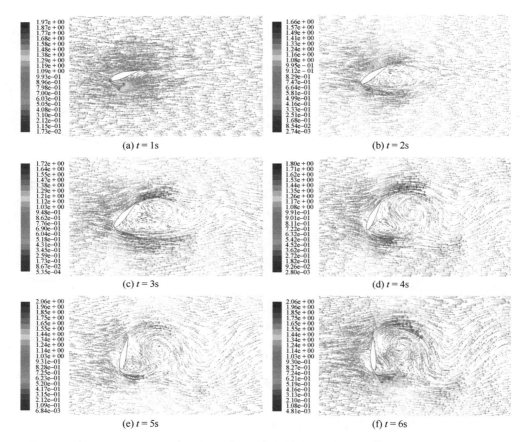

图 5.6　不同瞬时槽道内速度矢量分布（m/s）

表 5.1　导叶一段直线线性关闭规律各时刻叶后卡门涡频率及 St

关闭时间/s	出口速度/（m/s）	卡门涡频率/Hz	St
1	0.0181	3.017	0.365
2	0.0187	3.117	0.377
3	0.0170	2.833	0.343
4	0.0172	2.867	0.347
5	0.0173	2.883	0.349
6	0.0174	2.900	0.351

3）导叶关闭过程不同瞬时湍流强度和湍动黏度分析

活动导叶一段直线线性关闭过程各个典型时刻槽道内及导叶表面的湍流强度分布如图 5.7 所示。活动导叶关闭过程各个典型时刻的湍动黏度分布如图 5.8 所示。在 $t = 1s$（导叶转过 15°）时，活动导叶的前缘都产生了较大的湍流强度和湍动黏度，形成月牙状的湍流活动区；在 $t = 2s$（导叶转过 30°）时，随着导叶的转动，湍流活动区向后转移，在导叶后形成了椭圆状的湍流运动区域；在 $t = 3s$（导叶转过 45°）时，该区域逐步向下游发展壮大，衍生出三个强湍流运动中心；在 $t = 4s$（导叶转过 60°）时，随着导叶的转动，已经在叶后形成了绕动演化且湍流强度逐渐增强的复杂湍流运动，传递到下游的转轮区域后进一步演化为转轮内的旋转湍流；在 $t = 6s$（导叶转过 90°）时，湍流运动中心的湍流强度和湍动黏度都达到了最大值，分别为 52.8% 和 5.4kg/(m·s)，说明在导叶关闭的最后时刻湍流运动最为激烈。

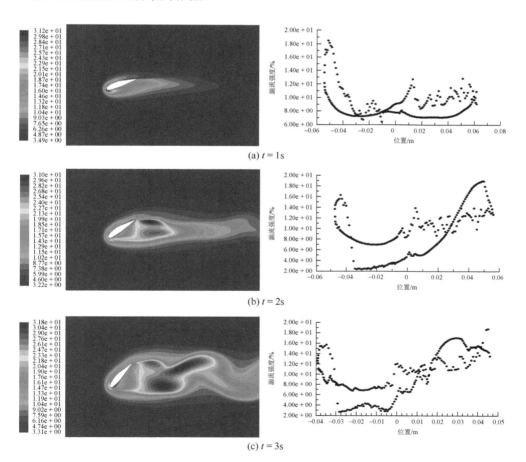

(a) $t = 1s$

(b) $t = 2s$

(c) $t = 3s$

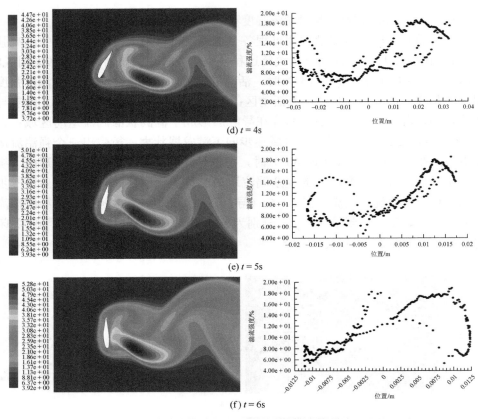

(d) $t=4\mathrm{s}$

(e) $t=5\mathrm{s}$

(f) $t=6\mathrm{s}$

图 5.7　不同瞬时槽道内及导叶表面湍流强度分布（%）

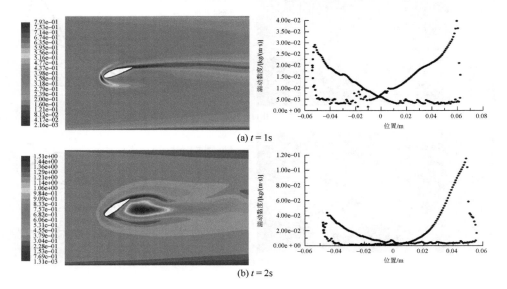

(a) $t=1\mathrm{s}$

(b) $t=2\mathrm{s}$

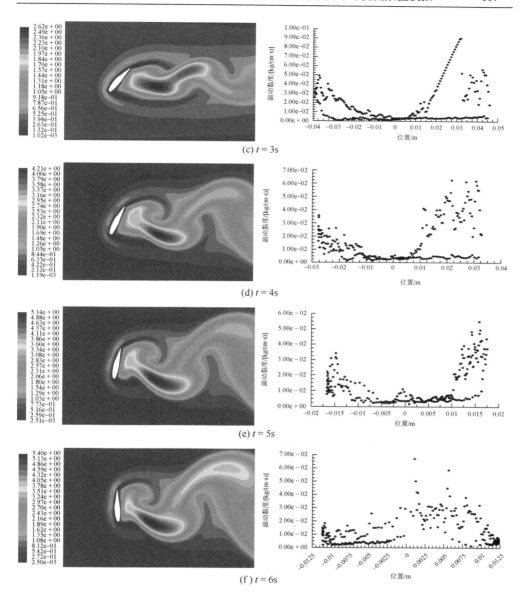

(c) $t=3$s

(d) $t=4$s

(e) $t=5$s

(f) $t=6$s

图 5.8　不同瞬时槽道内及导叶表面湍动黏度分布[kg/(m·s)]

升力系数和阻力系数是描述绕流对导叶作用力的重要特征参数。在整个关闭过程中活动导叶的升力系数和阻力系数的变化曲线如图 5.9 所示。可以看出，在关闭的前 3s 活动导叶升力系数平缓下降，后 3s 波动上升；活动导叶阻力系数在关闭过程中都是逐渐上升，后期有少许轻微波动，升力系数和阻力系数基本呈随机变化。

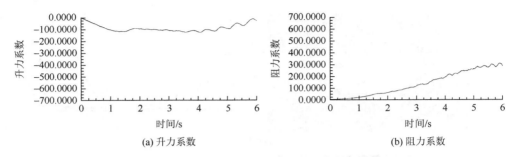

(a) 升力系数　　　　　　　　　　(b) 阻力系数

图 5.9　导叶关闭过程中升力系数和阻力系数变化

2. 活动导叶两段折线关闭结果分析

1) 导叶关闭过程不同瞬时压力分析

活动导叶两段折线关闭过程各个典型时刻槽道内及导叶表面压力分布如图 5.10 所示。第一阶段关闭初期 $t = 4s$（导叶转过 36°）时，活动导叶关闭速度较快，活动导叶压力面形成较大范围的高压区，负力面压力相对较小，在活动导叶前缘靠近下侧形成一个非常小的低压区，而在活动导叶尾缘形成了一个圆状的低压区，离该低压区不远产生了一个很小的负压中心；在第一段关闭结束的 $t = 5s$（导叶转过 45°）时，流场压力分布变得不均匀，低压区逐渐扩大并向下游发展，并形成了一大一小的两个负压中心。第二阶段关闭开始 $t = 6s$（导叶转过 49.5°）时，活动导叶关闭速度变慢，在活动导叶尾缘出现了整个关闭过程中的一个圆状且负压值最低的负压中心，最低负压值为–799Pa；在 $t = 7s$（导叶转过 54°）时该负压中心负压值逐渐增大，范围缩小继续向下游传递；在 $t = 8s$（导叶转过 58.5°）时，活动导叶前缘靠下侧又出现了一个小范围的负压区，尾缘的负压中心的负压值增加且范围扩大并向后转移；在随后关闭的 4s 中，这两个负压区的负压值忽强忽弱，范围也忽大忽小向后转移；在 $t = 13s$（导叶转过 81°）时，活动导叶前缘下侧的负压区逐渐减弱消失，而导叶尾缘的负压区范围突然增大，形成了关闭过程中面积最大的一个负压区，离这两个负压区不远处的下游出现了一个低压区；关闭基本结束的 $t = 15s$（导叶转过 90°）时，活动导叶压力面之前槽道的上游流

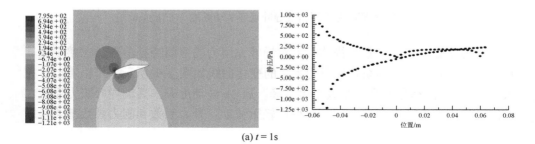

(a) $t = 1s$

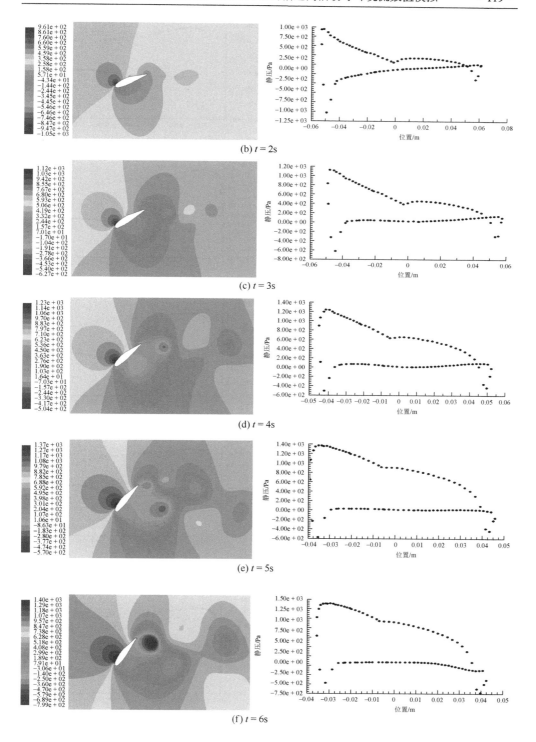

(b) $t = 2\mathrm{s}$

(c) $t = 3\mathrm{s}$

(d) $t = 4\mathrm{s}$

(e) $t = 5\mathrm{s}$

(f) $t = 6\mathrm{s}$

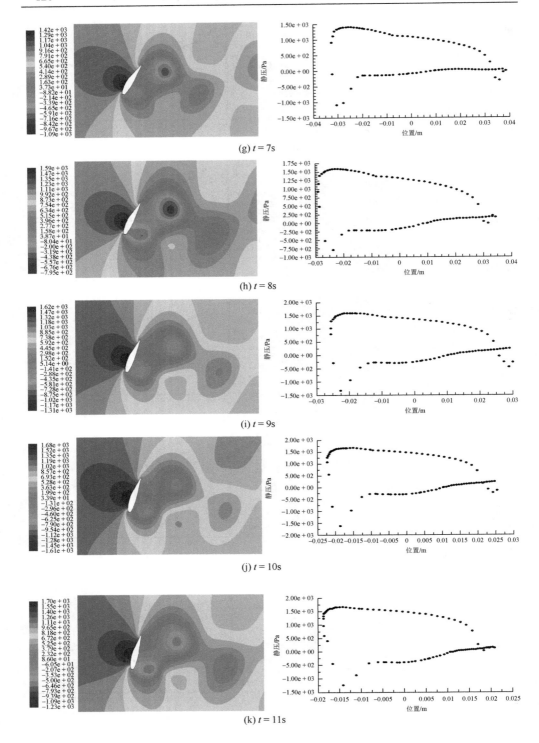

(g) $t = 7$s

(h) $t = 8$s

(i) $t = 9$s

(j) $t = 10$s

(k) $t = 11$s

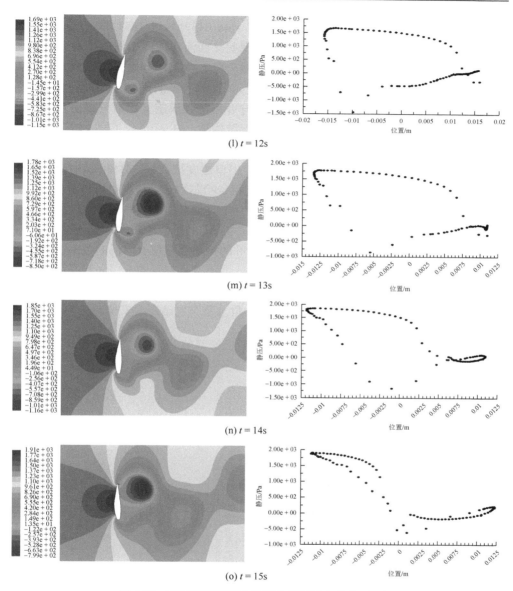

(l) $t = 12$s

(m) $t = 13$s

(n) $t = 14$s

(o) $t = 15$s

图 5.10　不同瞬时槽道内及导叶表面压力分布（Pa）

场已处于高压区，出现了整个关闭过程中正压的最大值为 1910Pa，下游的低压区也演化为一明显负压中心，导叶后缘的负压区也演化增大。

2）导叶关闭过程不同瞬时速度分析

活动导叶两段折线关闭过程各个时刻槽道内速度矢量分布如图 5.11 所示。第一段关闭速度较快，在 $t = 2$s（导叶转过 18°）时，活动导叶前缘产生了较大的速度撞击，导叶后部有轻微的回流现象；在 $t = 4s$（导叶转过 36°）时，活动导叶前缘已有较为明显的撞击和脱流，导叶后出现明显回流形成两个涡旋中心，并继续发展壮大向下游转移。第二段关闭速度较慢，在 $t = 6s$（导叶转过 49.5°）时，活动导叶后的两个涡旋合并为一个强涡旋，导叶尾缘的速度撞击也较大达到 1.96m/s；在 $t = 8s$（导叶转过 58.5°）时，导叶后的强涡旋又逐渐分离出两个明显的涡旋中心，这两个涡旋继续发展壮大向下游传播；在 $t = 14s$（导叶转过 85.5°）时，这两个涡旋又合并为一个强涡旋，活动导叶尾缘有较明显的撞击和脱流，最大撞击速度达到 2.02m/s。表 5.2 为根据导叶出口速度按文献[34]和[56]中给出的计算公式计算出的关闭各时刻卡门涡频率及施特鲁哈尔数 St。从表中可以看出，卡门涡频率变化较大，在 8s、10s、14s、15s 这几个时刻卡门涡频率较小，约为转轮转频 10Hz 的 9%，说明在这些时刻发生低频压力脉动的可能性较大，应该引起重视。当卡门涡的频率接近导叶的自振频率时，导叶的振动会驱使卡门涡的频率在一个较大的 St 范围内固定在导叶的自振频率附近，而不按其本身的卡门涡频率泄放，好像被"锁定"在导叶的自振频率上，发生"频率锁定"现象。卡门涡街引起导水机构明显振动，严重的甚至造成更大的事故，危及整个电站厂房安全。

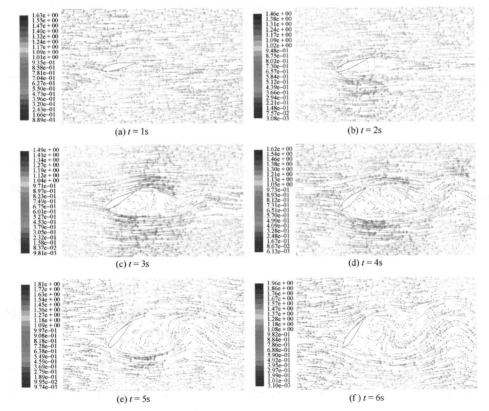

(a) $t = 1s$　　　　　　　　　　　(b) $t = 2s$

(c) $t = 3s$　　　　　　　　　　　(d) $t = 4s$

(e) $t = 5s$　　　　　　　　　　　(f) $t = 6s$

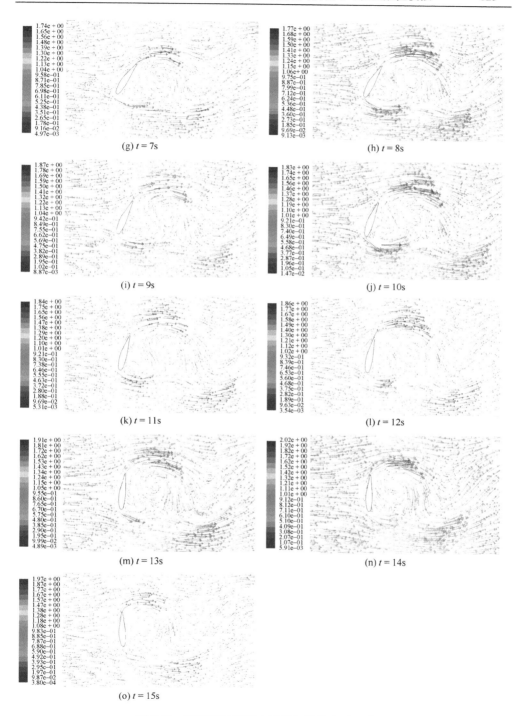

图 5.11　不同瞬时槽道内速度矢量分布（m/s）

表 5.2　导叶两段直线关闭规律各时刻叶后卡门涡频率及 St

关闭时间/s	导叶出口速度/（m/s）	卡门涡频率/Hz	St
1	0.015 74	2.623	0.317
2	0.011 82	1.970	0.238
3	0.010 15	1.692	0.205
4	0.010 16	1.693	0.205
5	0.012 11	2.018	0.244
6	0.014 27	2.378	0.288
7	0.008 26	1.377	0.167
8	0.005 37	0.895	0.108
9	0.007 01	1.168	0.141
10	0.005 58	0.930	0.113
11	0.007 48	1.247	0.151
12	0.007 74	1.290	0.156
13	0.006 84	1.140	0.138
14	0.005 06	0.843	0.102
15	0.005 91	0.985	0.119

3）导叶关闭过程不同瞬时湍动能和湍动黏度分析

活动导叶两段折线关闭过程各个典型时刻槽道内及导叶表面的湍动能分布如图 5.12 所示。活动导叶关闭过程各个典型时刻的湍动黏度分布如图 5.13 所示。在第一段关闭的前 3s 内，活动导叶前缘靠近上游来流区的面积非常小的一块区域内都产生了较大的湍动能和湍动黏度；在 $t = 4$s（导叶转过 36°）时，活动导叶后下游区域由于导叶动作诱发起了较大的一块椭圆状湍流活动区，该区域内湍动能和湍动黏度值都较大并继续向下游绕动演化；在第二段关闭初期的 $t = 6$s（导叶转过 49.5°）时，湍流活动区域逐渐分离为两块，一块为圆状，另一块为椭圆状，说明湍流运动发生了激烈的变化，影响着整个下游流场湍流分布情况；在 $t = 7$s（导叶转过 54°）时，这两个区域又合并为一个椭圆状区域，在接下来关闭的最后几秒，这个区域被拉长壮大呈波浪形向下游绕动演化；在 $t = 13$s（导叶转过 81°）时，这个区域内的湍动能和湍动黏度达到了整个关闭过程中的最大值，分别为 $0.45\text{m}^2/\text{s}^2$ 和 $6.24\text{kg}/(\text{m}\cdot\text{s})$，说明该时刻产生了最为激烈的湍流运动。

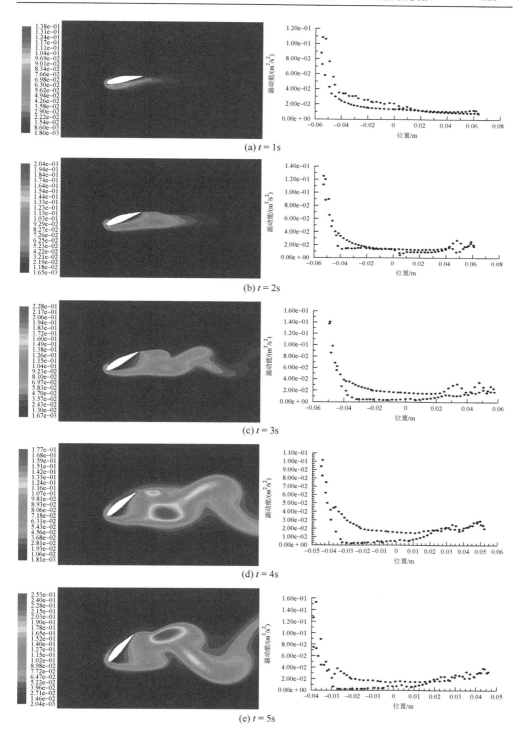

(a) $t = 1s$

(b) $t = 2s$

(c) $t = 3s$

(d) $t = 4s$

(e) $t = 5s$

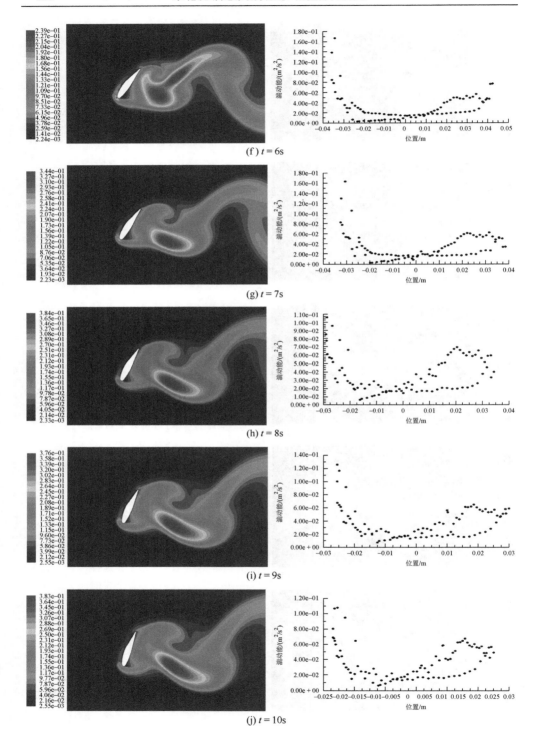

(f) $t = 6\text{s}$

(g) $t = 7\text{s}$

(h) $t = 8\text{s}$

(i) $t = 9\text{s}$

(j) $t = 10\text{s}$

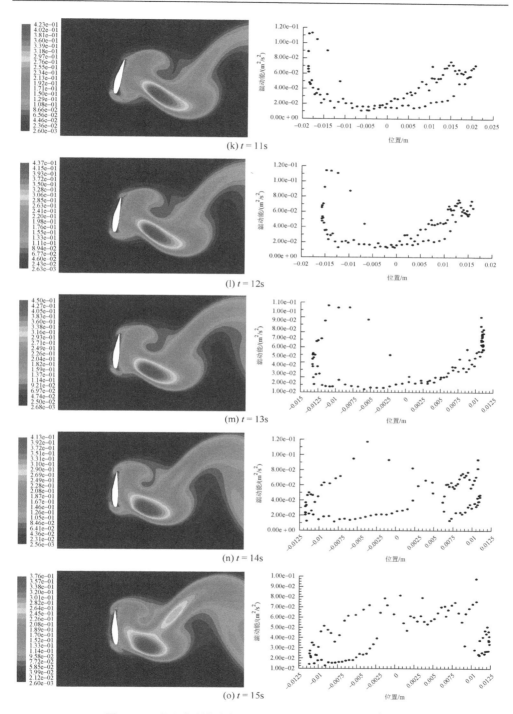

图 5.12　不同瞬时槽道内及导叶表面湍动能分布（m²/s²）

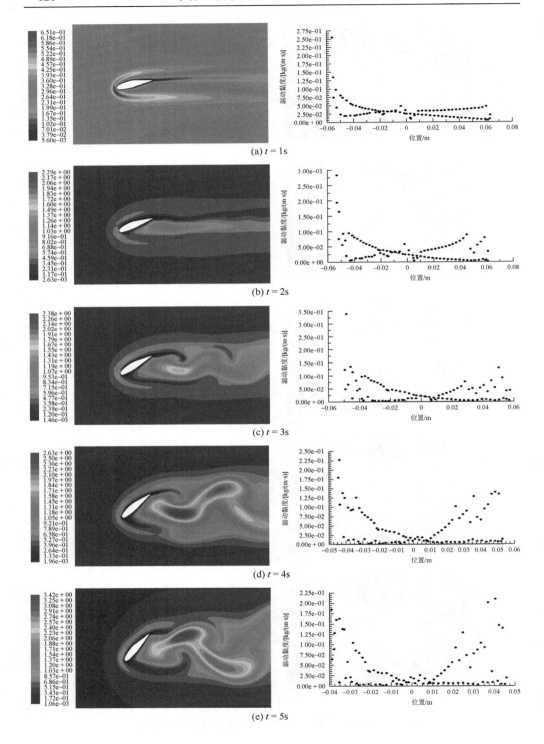

(a) $t = 1\text{s}$

(b) $t = 2\text{s}$

(c) $t = 3\text{s}$

(d) $t = 4\text{s}$

(e) $t = 5\text{s}$

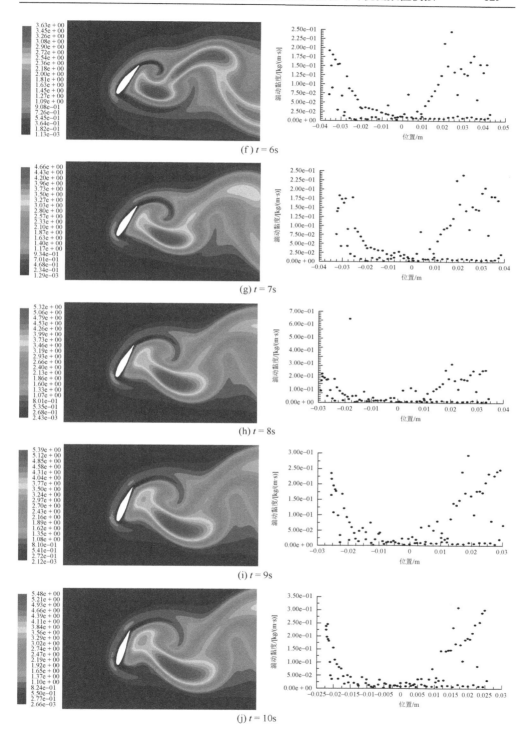

(f) $t = 6s$

(g) $t = 7s$

(h) $t = 8s$

(i) $t = 9s$

(j) $t = 10s$

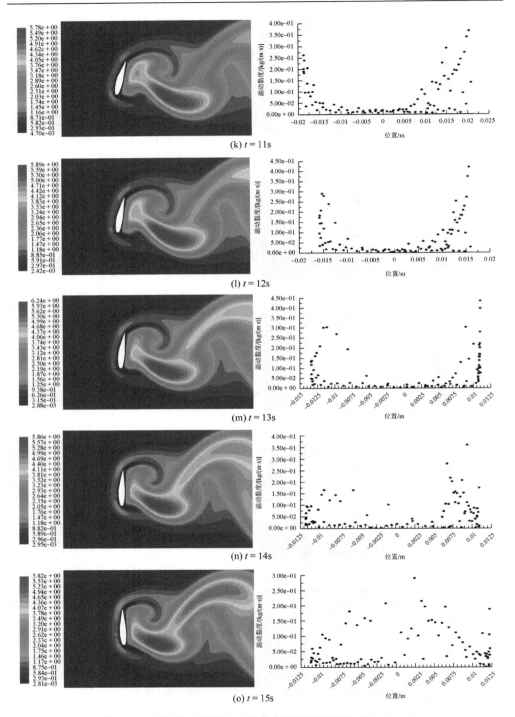

图 5.13　不同瞬时槽道内及导叶表面湍动黏度分布[kg/(m·s)]

在整个关闭过程中活动导叶的升力系数和阻力系数的变化曲线如图 5.14 所示。可以看出，此时流场中流动结构的演化表现出强烈的非线性特性，在第一段关闭过程中，升力系数明显下降而阻力系数稳步递增；在第二段关闭过程中，升力系数和阻力系数都表现出了一个明显的锯齿形波动情况，而且波动频率增加，但整体波动的幅度不大。

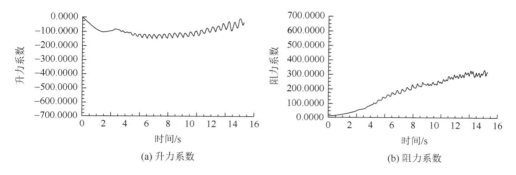

(a) 升力系数　　　　　　　　　　　　(b) 阻力系数

图 5.14　导叶关闭过程中升力系数和阻力系数变化

5.5　基于动网格的槽道内导叶绕流水动力特性大涡模拟

5.5.1　计算对象和网格设计

计算模型为 5.4 节中的二维槽道模型，如图 5.3 所示。计算工况对应的基于导叶弦长的雷诺数为 120 421。计算网格采用适应复杂边界较强的三角形非结构网格划分。经过网格无关性验证，最终确定网格节点数约 90 369 个，网格单元数约 1 793 528 个。图 5.15 为 $t = 2s$ 时的网格，可见导叶翼型表面周围三角形网格发生拉伸和挤压变形，特别是导叶前缘和尾缘部位网格畸变较大。计算程序由商业 CFD 软件 ANSYS FLUENT 完成。采用大涡模拟中的 Smargorinsky-Lilly 亚格子应力模型。采用有限体积法对瞬态 LES-ALE 形式的 N-S 方程进行离散，对流项采用中心差分格式，非定常计算采用非迭代时间推进（NITA）格式，该格式专门用于非稳态问题的快速求解，每一个时间步长的收敛无需外迭代，与原来的迭代时间推进（ITA）格式相比计算时间将减少 1/3～1/2。压力和速度的耦合求解采用 Fractional-step 格式。该格式每个时间步所耗时间比 PISO 格式节省将近 20%。

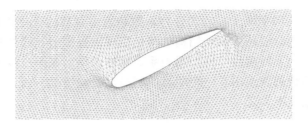

图 5.15　$t = 2\text{s}$ 时的网格

5.5.2　边界条件

采用速度进口和自由出流边界条件，在壁面处采用无滑移边界条件。采用动网格技术来实现导叶与流体之间的耦合作用，在每个时间步内求解 LES-ALE 流体动力学控制方程得到流体的压力场、速度场以及作用于导叶上的升力系数和阻力系数。动网格更新计算模型联合应用弹簧光顺法和局部网格重划法处理网格变形情况。应用 ANSYS FLUENT 的二次开发功能对活动导叶的运动方式采用自定义函数（UDF）来控制[143]。活动导叶关闭规律采用了一段直线线性关闭。先采用标准 $k\text{-}\varepsilon$ 模型对槽道导叶绕流进行定常计算收敛后得到的流场结果作为非定常计算的初始解，再采用动网格技术模拟槽道翼型导叶关闭动作的瞬态过程。瞬态计算中时间步长取为 0.001s。一段直线线性关闭的时间为 6s。

5.5.3　结果及分析

1. 导叶关闭过程不同瞬时压力分析

活动导叶一段直线线性关闭过程各个典型时刻槽道内及导叶表面压力分布如图 5.16 所示。关闭初期 $t = 1\text{s}$（导叶转过 15°）时，活动导叶开始转动在导叶负力面靠近上游区域形成高压区，其中导叶前缘上部的一个小范围区域内压力梯度较大，导叶压力面中部近壁面位置附近形成一个明显的负压中心，流场压力分布变得不均匀；在 $t = 2\text{s}$（导叶转过 30°）时，导叶压力面周围的负压中心继续增强并向尾缘部位转移，强负压中心分离出弱负压中心发展到槽道下游靠近下壁面附近；在 $t = 3\text{s}$（导叶转过 45°）时，随着导叶转动导叶压力面周围形成连续的负压中心不断向槽道下游方向转移；在 $t = 4\text{s}$（导叶转过 60°）时，整个槽道的流场被高压控制，高压区在导叶负力面靠近上游区域，最大高压达到 4.85kPa，距导叶压力面 1 倍弦长处有一强负压中心；在 $t = 5\text{s}$（导叶转过 75°）时，槽道流场压力逐渐减弱而负压中心不断增强，在靠近导叶压力面周围形成一个 8 字形负压带，负压中心处最强负压已达到–6.72kPa，其余负压中心不断向槽道下游演化；导叶关闭结束 $t = 6\text{s}$（导叶转过 90°）时，槽道下游流场被 5 个较为明显的负压中心控制，特别是导叶压力面近壁面处有一强负压中心对导叶极为不利，会诱发整个流场产生压力振荡。

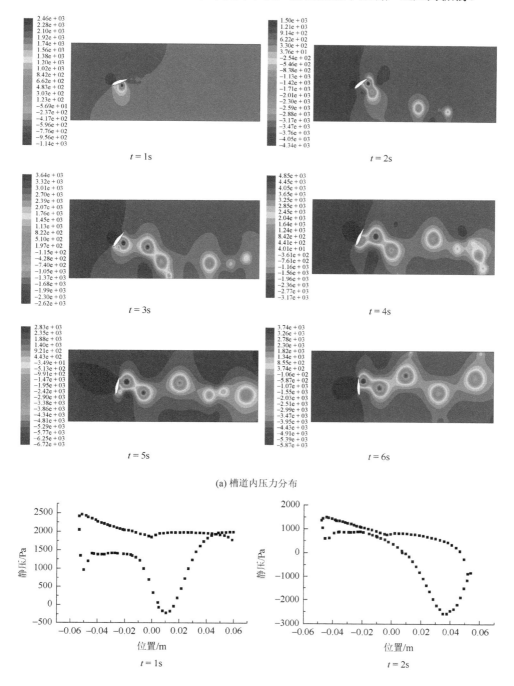

(a) 槽道内压力分布

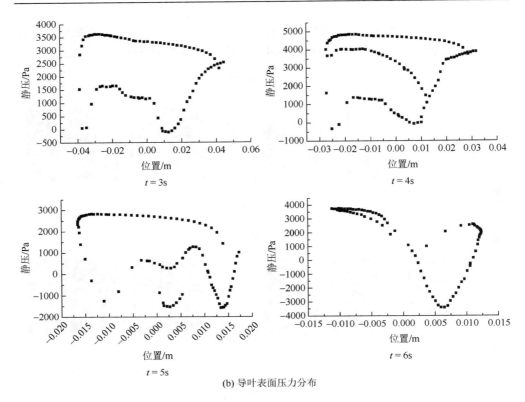

(b) 导叶表面压力分布

图 5.16　不同瞬时槽道内及导叶表面压力分布（Pa）

2. 导叶关闭过程不同瞬时速度分析

　　活动导叶一段直线线性关闭过程各个典型时刻槽道内速度矢量分布如图 5.17 所示。在 t = 1s（导叶转过 15°）时，水流绕过活动导叶后在压力面附近产生明显的撞击，速度较大；在 t = 2s（导叶转过 30°）时，活动导叶尾缘后已形成较为明显的两个涡旋，水流在压力面周围产生撞击和脱流，靠近槽道下壁面附近也有两个涡旋形成；在 t = 3s（导叶转过 45°）时，由于水流绕过活动导叶后的速度较大，槽道下游不断有强涡旋形成发展；在 t = 4s（导叶转过 60°）时，水流绕过导叶的最大速度达到 3.23m/s，导叶后方强涡旋逐渐显出卡门涡街形态；在 t = 5s（导叶转过 75°）时，槽道内导叶转动形成的卡门涡街继续向下游转移和演化；在 t = 6s（导叶转过 90°）时，随着导叶关闭动作完成在导叶后方形成明显的卡门涡街，会诱发槽道内导叶产生涡激振动。表 5.3 为根据导叶出口速度按文献[34]和[56]中给出的计算公式计算出的关闭各时刻卡门涡频率及施特鲁哈尔数 St。从表中可以看出，在导叶关闭的各个时刻卡门涡频率大小和 St 变化不大，卡门涡频率约为转轮转频 10Hz 的 30%，可能诱发低频压力脉动。当卡门涡的频率与导叶的固有频率接近时就会发生共振破坏，危害是相当严重的。

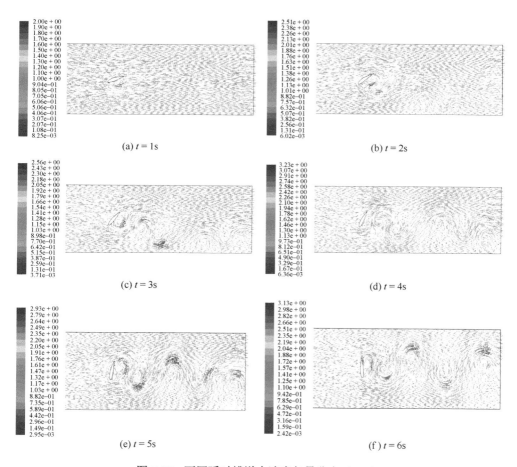

(a) $t=1$s　　　　　　　　　　　　　　(b) $t=2$s

(c) $t=3$s　　　　　　　　　　　　　　(d) $t=4$s

(e) $t=5$s　　　　　　　　　　　　　　(f) $t=6$s

图 5.17　不同瞬时槽道内速度矢量分布（m/s）

表 5.3　导叶一段直线关闭规律各时刻叶后卡门涡频率及 St

关闭时间/s	1	2	3	4	5	6
出口边缘速度/（m/s）	0.0169	0.0167	0.0167	0.0168	0.0167	0.0167
卡门涡频率/Hz	2.817	2.783	2.783	2.800	2.783	2.783
St	0.341	0.337	0.337	0.339	0.337	0.337

3. 导叶关闭过程不同瞬时尾迹涡分析

活动导叶一段直线线性关闭过程各个典型时刻槽道内尾迹涡量分布如图 5.18 所示。在 $t = 1s$（导叶转过 15°）时，由于活动导叶转动开始在导叶翼型前缘诱发产生较大的涡量，强涡旋附着在导叶压力面附近，而导叶靠近尾缘负力面壁面附近也诱发形成小涡旋逐渐向下游传播发展；在 $t = 2s$（导叶转过 30°）时，随着导叶的转动，导叶压力面附近的强涡旋向下游转移，导叶尾缘后小涡旋合并增强为较大的涡旋分布在导叶压力面后方，而小强度涡旋已发展到 3 倍弦长之外靠近槽道下壁面处；在 $t = 3s$（导叶转过 45°）时，导叶压力面附近的两个不对称强涡旋已经合并为更大的涡旋，导叶尾缘拖出一条弧形尾迹涡，1 倍弦长之外也拖出 2 个强涡旋，而拖出的最远涡旋已接近下游出口处；在 $t = 4s$（导叶转过 60°）时，导叶转过较大角度，导叶压力面壁面附近形成贴体涡，导叶尾缘继续向下游拖出强涡旋，下游后方的涡量场表现出明显的不均匀和不规则性；在 $t = 5s$（导叶转过 75°）时，导叶前缘转动在导叶压力面附近形成一个小强度涡旋，导叶尾缘拖出 6 个明显的强涡旋，槽道内涡量场呈现出非定常周期性卡门涡街；在 $t = 6s$（导叶转过 90°）时，导叶前缘拖出条形尾迹涡而导叶尾缘形成较强的卡门涡街向下游发展，可能诱发槽道内导叶产生涡激振动和严重噪声。

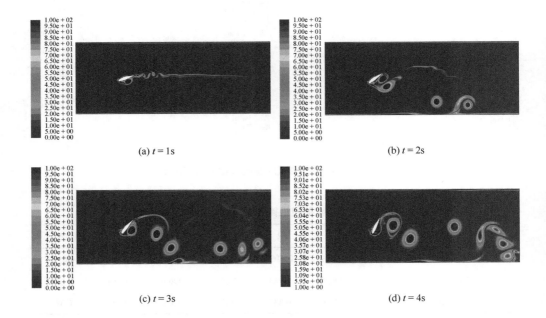

(a) $t = 1s$ (b) $t = 2s$

(c) $t = 3s$ (d) $t = 4s$

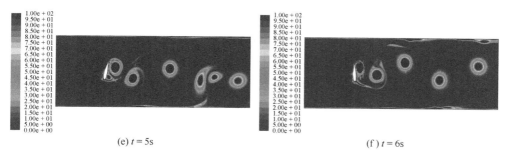

(e) $t = 5$s　　　　　　　　　　　　　　　　(f) $t = 6$s

图 5.18　不同瞬时槽道内尾迹涡量分布（1/s）（后附彩图）

4. 导叶关闭过程升力系数和阻力系数变化分析

升力系数和阻力系数是描述绕流对导叶作用力的重要特征参数。在整个关闭过程中活动导叶的升力系数和阻力系数的变化曲线如图 5.19 所示。可以看出，在关闭的第 1s 活动导叶升力系数平缓下降，后 5s 随时间步长的增加时而增大时而减小，出现了涡激振动中"拍"现象，表现出调谐状态；活动导叶阻力系数在关闭过程中前 1s 平缓上升，后 5s 表现出不规则的周期性波动，整个时间历程中基本呈现出非线性动力响应特征。

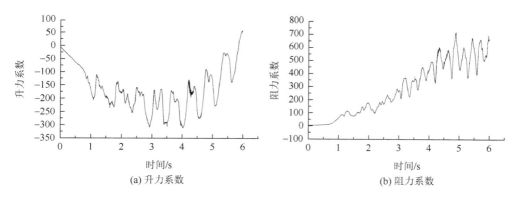

(a) 升力系数　　　　　　　　　　　　　　　(b) 阻力系数

图 5.19　导叶关闭过程中升力系数和阻力系数变化

5.6　基于重叠网格的槽道内导叶尾流水动力特性数值模拟

5.6.1　计算对象和网格设计

计算针对原型混流式水轮机 HLA551-LJ-43 活动导叶及其有代表性的关闭运动，取单个导叶对应的叶道建立单叶道功能模型，并将叶道拓展为槽道，在二维槽道内模拟单个导叶关闭运动过程，槽道计算模型的尺寸与 5.4 节中的模型相同。导叶起始位置为导叶摆放的实际初始位置与槽道平行，计算工况对应的基于导叶弦长的雷诺数为 120 421。动网格计算时计算区域采用适应性强的三角形非结构网格划分，经过网格无关性验证，最终确定网格数量约 17.7 万个。重叠网格计算时由 2 套网格组成，分别是包含导叶的旋转网格和槽道区域的背景网格，分别如图 5.20 (a) 和图 5.20 (b) 所示。两套网格组装后再经挖洞技术处理后得到的重叠网格，如图 5.20 (c) 所示。包含导叶的圆形旋转区域采用四边形/三角形混合非结构网格划分，网格数量为 16 000 个；槽道区域背景网格采用四边形结构网格划分，网格数量为 28 000 个。计算程序采用商业 CFD 软件 ANSYS FLUENT。采用标准 k-ε 模型。采用有限体积法对瞬态 N-S 方程进行离散，梯度项采用 Least Squares Cell Based 格式，压力项和动量项采用二阶中心差分格式，湍动能和湍流耗散项采用一阶迎风格式。时间离散采用一阶隐式格式。压力和速度的耦合求解采用 Coupled 耦合算法。

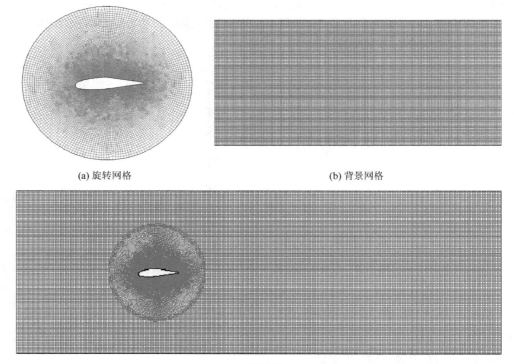

(a) 旋转网格　　　　　　　　　　　　　　　　　(b) 背景网格

(c) 重叠网格

图 5.20　计算网格

5.6.2　边界条件

采用速度进口和压力出口边界条件，在壁面处采用无滑移边界条件，近壁区采用标准壁面函数。动网格更新方法联合应用弹簧光顺法和局部网格重划法。应用 ANSYS FLUENT 的二次开发功能对活动导叶的运动方式采用自定义函数（UDF）来控制[21]。重叠网格中导叶运动方式通过指定给导叶旋转网格区域定义。活动导叶关闭规律采用了一段直线线性关闭。先进行定常计算作为非定常计算的初始解，非定常计算中时间步长取为 0.001s，一段直线线性关闭的时间为 6s。计算在一个 4 核 CPU、16G 内存工作站上完成，重叠网格模型耗费机时约 2h，动网格模型耗费机时约 8h。

5.6.3　结果及分析

1. 导叶关闭过程升力系数、阻力系数变化分析

两种方法计算得到的导叶转动关闭过程中导叶的升力系数、阻力系数随时间的变化情况如图 5.21 所示。从图 5.21（a）可以看出，两种方法计算得到的升力系数变化规律大体一致，导叶开始转动 2s 内升力系数急剧下降，后 4s 内都出现了周期性波动，表现出流致振动现象。从图 5.21（b）可以看出，两种方法计算得到的阻力系数变化规律比较一致，导叶开始转动 2s 内阻力系数平缓上升，后 4s 内出现了不规则的非线性波动。

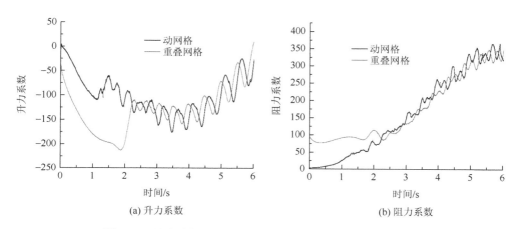

(a) 升力系数　　　　　　　　　　　　(b) 阻力系数

图 5.21　导叶关闭过程中升力系数和阻力系数随时间的变化

2. 导叶关闭过程不同瞬时槽道内压力分析

活动导叶一段直线线性关闭过程某些典型时刻槽道内压力分布如图 5.22 所示。图 5.23 为不同瞬时活动导叶尾缘到槽道下游出口的耙状表面上的压力系数分布。图 5.22 中左边为重叠网格方法计算的压力分布，右边为动网格方法计算的压力分布。在 $t = 2s$（导叶转过 30°）时，两种方法计算得到的流场压力分布趋势较为接近，槽道内流场压力分布变得不均匀，动网格方法计算得到的压力分布在导叶绕流后方出现了多个负压中心；在 $t = 4s$（导叶转过 60°）时，活动导叶负力面周围的负压中心范围在继续增强；在导叶关闭结束 $t = 6s$（导叶转过 90°）时，活动导叶压力面之前靠近上游的流场已被高压控制，负力面后部低压区都有一强负压中心，其他负压中心不断向下游发展演化。图 5.23 中（a）为重叠网格方法计算得到的压力系数分布，（b）为动网格方法计算得到的压力系数分布，可以看出在导叶关闭的后 4s 内叶后压力系数分布波动较为明显，说明流场的压力不均匀性增强。

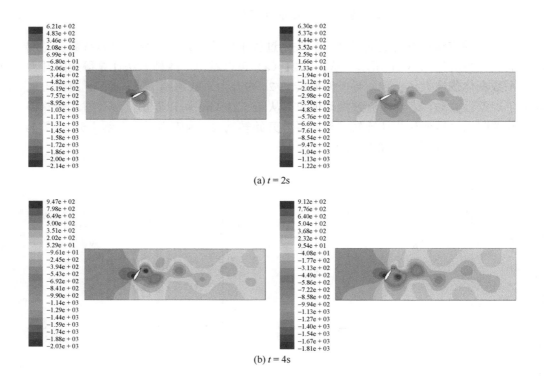

(a) $t = 2s$

(b) $t = 4s$

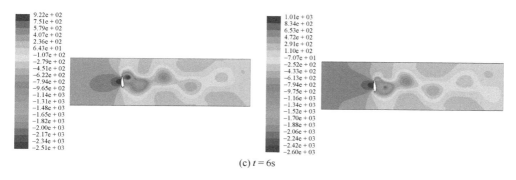

(c) $t = 6s$

图 5.22　不同瞬时槽道内压力分布（Pa）

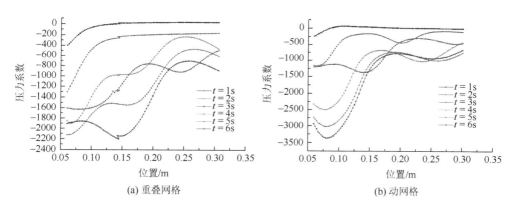

(a) 重叠网格　　　　　　　　　　　　　　(b) 动网格

图 5.23　不同瞬时叶后流场压力系数分布（后附彩图）

3. 导叶关闭过程不同瞬时尾流涡结构分析

采用 Q 准则识别导叶绕流后的尾涡结构，活动导叶一段直线线性关闭过程某些典型时刻槽道内尾流涡结构分布如图 5.24 所示。图 5.25 为不同瞬时活动导叶尾缘到槽道下游出口的耙状表面上的涡量分布。图 5.24 中左边为重叠网格方法计算的尾涡结构分布，右边为动网格方法计算的尾涡结构分布。在 $t = 2s$（导叶转过30°）时，活动导叶尾缘后都出现了明显的尾涡结构并开始发展增强，动网格方法计算结果中导叶后初步形成交错排列的涡旋结构；在 $t = 4s$（导叶转过 60°）时，两种方法的计算结果中导叶后都出现了类似卡门涡街的涡旋结构，并在下游槽道壁面附近出现了少量的附着涡；在 $t = 6s$（导叶转过 90°）时，活动导叶关闭完成后在槽道内导叶后都形成强涡旋，可能会诱发下游水轮机的转轮流道内产生涡激振动。图 5.25 中左边为重叠网格方法计算得到的叶后涡量分布，右边为动网格方法计算得到的叶后涡量分布，可以看出在导叶关闭的后 4s 内叶后涡量分布出现了剧烈波动，说明导叶的关闭动作对流场的涡量不均匀特征明显增强。

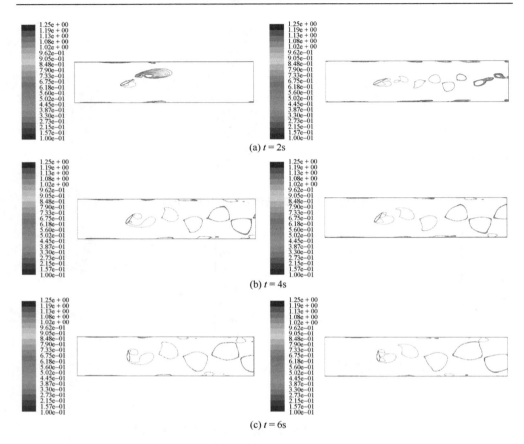

(a) $t = 2s$

(b) $t = 4s$

(c) $t = 6s$

图 5.24 不同瞬时槽道内尾涡结构分布（1/s）

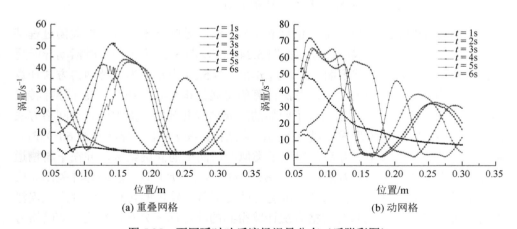

(a) 重叠网格

(b) 动网格

图 5.25 不同瞬时叶后流场涡量分布（后附彩图）

4. 导叶关闭过程不同瞬时槽道内湍流强度分析

活动导叶一段直线线性关闭过程 $t = 2$s 时导叶表面湍流强度分布如图 5.26 所示，某些典型时刻槽道内的湍流强度分布如图 5.27 所示。图 5.26 和图 5.27 中左边为重叠网格方法计算的湍流强度分布，右边为动网格方法计算的湍流强度分布。在 $t = 2$s（导叶转过 30°）时，两种方法计算得到的导叶表面湍流强度分布规律基本一致，但重叠网格方法计算得到的导叶表面湍流强度稍大于动网格方法的计算结果；在 $t = 4$s（导叶转过 60°）时，随着导叶的转动在导叶后形成了椭圆状的湍流运动区域并逐渐向下游发展壮大，湍流脉动逐渐加剧；在 $t = 6$s（导叶转过 90°）时，随着导叶的转动，已经在叶后形成了湍流强度逐渐增强的复杂湍流运动，流动呈现卡门涡街的非定常周期性摆动，两种方法计算结果中湍流强度都达到了最大值，说明在导叶关闭的最后时刻湍流紊动最为激烈。

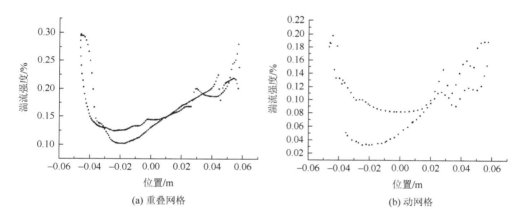

(a) 重叠网格　　　　　　　　　　　　　(b) 动网格

图 5.26　$t = 2$s 时导叶表面湍流强度分布（%）

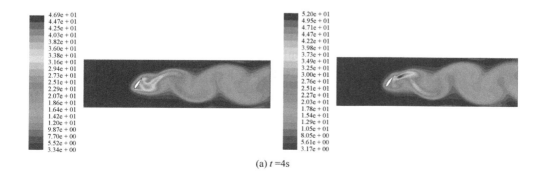

(a) $t = 4$s

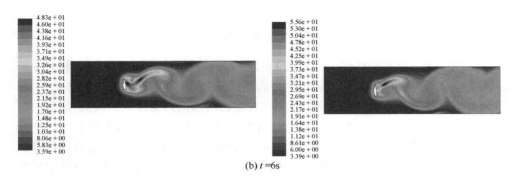

(b) t =6s

图 5.27　不同瞬时槽道内湍流强度分布（%）

5.7　本　章　小　结

　　（1）采用标准 k-ε 模型和动网格技术，建立单叶道功能模型并扩展为槽道对昆明理工大学水电站水机电耦合实验室原型混流式水轮机 HLA551-LJ-43 活动导叶调节运动的关闭过程，进行了二维瞬态湍流数值模拟研究。计算得到了导叶在一段直线线性关闭和两段折线关闭规律下活动导叶单流道内的压力、速度和湍流特性分布特征。详细分析了关闭过程中某些典型时刻流场的动态变化情况以及两种关闭规律下各时刻活动导叶后卡门涡频率和 St，两种情况均存在低频压力脉动的可能性，应该引起足够重视计算结果可为合理控制导叶关闭规律提供参考依据。

　　（2）采用 ALE 非结构动网格技术和大涡模拟 Smargorinsky-Lilly 亚格子应力模型，建立单叶道功能模型并扩展为槽道对原型混流式水轮机 HLA551-LJ-43 活动导叶调节运动的关闭过程，进行了高雷诺数下二维瞬态湍流数值模拟研究。计算得到了在活动导叶一段直线关闭规律下槽道内的压力、速度和尾迹涡特性分布特征，分析了关闭过程中典型时刻流场水动力特性的动态变化过程，结果发现随着导叶关闭动作的完成叶后卡门涡逐渐脱落，流场与导叶间的流固耦合效应进一步加强，卡门涡频率约为水轮机转轮转频的 30%，存在激发低频压力脉动的可能性，应该引起足够重视，合理控制导叶关闭规律。

　　（3）针对水轮机导叶动态绕流这类复杂的非线性流固耦合问题，应用了重叠网格方法和动网格方法对相同物理边界条件下具有槽道功能模型的水轮机活动导叶翼型绕流进行了非定常湍流数值模拟，并将两种方法的计算结果进行比较分析。结果发现两种方法得到的流场压力、涡量和湍流强度分布趋势比较吻合，导叶尾流水动力特性及流场分布特征比较相似，槽道内不均匀流场变化都表现出复杂的非线性特征，说明两种方法都可以较好模拟该类动边界复杂流体力学问题。但重叠网格方法在计算效率方面优越性更好，体现在计算网格数量和计算耗时方面重叠网格方法比动网格方法更具有优势，总体来说两种方法都具有较高的工程应用价值。

（4）活动导叶后的尾流瞬变特性是耦合水力机组和上游管道系统的关键所在，该类复杂强非线性流固耦合问题不但开展模型试验比较困难且进行数值模拟也有一定难度，目前只是将动网格与重叠网格方法应用于二维问题中，后续研究应进一步将其扩展到三维导叶绕流的耦合计算中。今后研究中可加入相应的模型试验与数值模拟结果进行相互验证以加深对这类复杂问题力学机理方面的认识。

第 6 章　基于浸入边界法的水轮机导叶动态绕流的大涡模拟

水轮机内的流固耦合问题近 40 年来受到工程界和学术界的热切关注。水轮发电机组具有功率调节简单快速的特性，因此水电站在电力系统的调节过程中有着特别重要的地位。活动导叶由导水机构控制，用于控制和调节水轮机的流量，以改变水轮机的输出功率。活动导叶的主要作用是改变转轮进口速度环量并调节流量和功率，引导水流均匀进入转轮。本章应用模拟流固耦合动态效应较好的浸入边界法（immersed boundary method，IBM）和大涡模拟技术，首先精细模拟槽道内单个活动导叶动态绕流叶后尾迹结构分布，然后对槽道内双列线性动静叶栅进行数值模拟，其下游流场表现出非常复杂的流动特征，最后对导水机构双环列非线性叶栅进行动态绕流模拟，对应流动拓扑的变化更加复杂，表明导水机构内翼型绕流机理分析的复杂性。

6.1　浸入边界法概述

6.1.1　浸入边界法的基本概念

在非定常流动中物面和界面都随时间运动，如何准确、高效地数值求解随时间运动的物面和界面的流动问题，一直是计算流体动力学领域关注的热点课题，同时运动边界处理的效果好坏也关系着流固耦合问题解决的成败。传统的网格生成技术可以分为结构网格和非结构网格两类。结构网格的特点是直接在物面附近生成正交于物面的贴体网格（body-fitted grid），然后在网格节点上求解经过坐标变换后的控制方程。它的优点在于网格连接规范容易编程，对于求解区域简单的模拟精度较高；缺点是对于几何形状复杂的物面生成贴体网格非常困难。与结构网格不同，非结构网格采用的节点不具有相同的相邻网格单位，因此节点构成的有限控制体（finite control volume）可以采用任意形状。非结构网格可以适应复杂几何物面边界问题，但是由于节点之间关联性差使得计算复杂，效率较低。实际上，目前只有平面二维问题的非结构网格生成技术较为成熟，空间三维问题的非结构网格生成技术仍面临许多困难。对于动边界问题，虽然采用结构网格自适应技术和非结构网格是解决这类问题的一种途径，但是需要不断生成新网格和对网格进行细化，程序编制复杂，工作量非常大而且损失计算精度[145]。尤其在流固耦合的问题中，由于每个时间步要重新计算生成网格，并由上个时间步的流场值插值计算出本时间层的变量，使得流体与固体的力没有做到真正时间层上的一致，与实际物理有偏差。在这种情况下，近些年来，一系列采用固定笛卡儿网格求解复杂物面边界的技术得到了充分重视和迅速发展，其中以浸入边界法最为典型。最初的浸入边界法由纽约大学克朗数学所的教授 Peskin 于 1977 年提出[146]，用来模拟血液和心脏肌肉的流固耦合机理。其最大特点是整个计算是在固定正交笛卡儿网格上进行的，并且 Peskin 提出了全新的方法来处理浸入边界对流场的影响。截至目前，浸入边界法已经进行了很多不同的修正与改进[147-172]，并且应用范围也从最初的生物力学几乎扩展到了计算流体动力学的各个领域[173-199]。另外，浸入边界法不仅用于流体-固体边界的流场计算，也用于流体-流体以及流体-气体边界的流场计算[200, 201]。近十几年国内不少学者也开始关注浸入边界法，谢胜百等[202]对两种浸入边界法的精度进行了比较；明平剑等[203]应用基于非结构网格的浸入边界法和 VOS 方法模拟某些流固耦合问题；王亮等[204]结合浸入边界法和自适应网格投影法研究"槽道效应"在鱼群游动中的节能机制；何国毅等[205]用浸入边界方法模拟低雷诺数下摆动水翼的推力与流场结构；卢浩等[206]采用浸入边界法和大涡模拟研究横向粗糙元壁面槽道湍流；宫兆新等[207]用虚拟解法研究浸入边界法的精度。

浸入边界法与其他传统方法的主要区别在于边界的处理方式，它是将浸入边界的作用通过在流场方程中添加力源项来体现，而不是作为真正的边界处理。在应用浸入边界法时，首先会在全场生成正交网格，并且正交网格不会受物体表面的边界影响，因此，有些物体表面边界会切断正交网格。由于网格并不贴体，需要通过修改控制方程来达到加入边界条件的目的。它的基本思想是不需要专门生成网格而是在正交的笛卡儿网格上求解流体运动偏微分方程组，并在流动控制方程组中加入源项来代替浸入边界的作用。这种源项反映了流动边界和流体的相互作用，也反映了运动边界的性质。另外，这种方法不必对流场控制方程的离散过程做特殊处理，便于在已有程序上实现。使用基于浸入边界的正交网格方法解决移动边界的问题简单很多。因为这种方法采用的是静止的、无变形的正交网格。但是，由于这种方法是在静止的正交网格上运算，物面的真实边界不会恰好落到网格节点上，这时，需要用插值方法来实施浸入边界法，因此边界条件的给予也不是直接的，需要在物体的边界上对控制方程做修改，这是浸入边界法的主要课题。

浸入边界法中最关键的是如何把源项添加到流动控制方程组中，这也是区别不同种类浸入边界法的标志。在流动控制方程组中添加源项有两种方式：一种是在动量方程中加力源项；另一种是在连续性方程中加质量源项[145]。按源项处理方法的不同，浸入边界法可以分为两类[208]：连续力方法（continuous forcing approach）和离散力方法（discrete forcing approach）。连续力方法是在整个计算区域内将源项加入到离散前的连续性方程之中，力源项离散前一般具有解析表达式，满足某种特定的力学关系式（如胡克定律），主要用于处理弹性边界问题。对于这种流动，该方法有可靠的物理基础且实施起来非常简单，已经成功应用于生物流和多相流问题。离散力方法是源项在方程离散后才添加到离散方程中，必须通过求解离散方程才能得到力源项，一般无法获得其解析表达式，主要用于处理固体界面问题（如刚体绕流）。它虽然不如连续力方法实用，但是能够很好地表述高雷诺数流动的浸入边界。该方法还可以直接控制数值解的精度、稳定性以及离散守恒性。很明显，选择采用连续力方法还是离散力方法取决于具体的流体流动过程。

　　连续力方法的具体实施有两种方案，一种是反馈强迫力（feedback forcing）方法，另一种是直接强迫力（direct forcing）方法。反馈强迫力方法的基本原理是在动量方程右端加一个反馈强迫力源 f，根据 Goldstien 等[209]和 Saiki 等[210]的研究，反馈强迫力源 $f(x_s,t)$ 的表达式为

$$f(x_s,t) = \alpha_f \int_0^t \left[u(x_s,t') - V(x_s,t') \right] \mathrm{d}t' + \beta_f \left[u(x_s,t) - V(x_s,t) \right] \tag{6.1}$$

其中，α_f，β_f 是模型系数，一般取非常大的负值。它们的量纲分别是 $1/T^2$ 和 $1/T$。而 $V(x_s,t)$ 是给定的边界处的速度。从 f 的计算公式可以看到当边界附近的速度值与给定的边界速度相差比较大的时候，即 $u(x_s,t) - V(x_s,t)$ 比较大，那么反馈强迫力源 f 也会随之增大。这样，当模型系数比较大的时候，动量方程的右端主要取决于 f，加入的反馈强迫力源 f 只是在边界上施加，在其他地方为零，从而对其他区域的计算并不产生附加的影响。在反馈强迫力方法中，由于存在与流动有关的模型参数，因此，对于不同的问题，需要对模型参数进行调整。同时，由于反馈强迫力源的加入，增大了所求解方程的刚性，为了使计算稳定，时间步长需要取得非常小。因此，这种方法的计算效率比较低。

　　直接强迫力方法也是在动量方程的右端加入一个强迫力源 f，计算过程如下：

$$\frac{\overline{u}^{n+1} - \overline{u}^n}{\Delta t} = \mathrm{RHS} + f \tag{6.2}$$

$$f = -\mathrm{RHS} + \frac{\overline{V}_b - \overline{u}^n}{\Delta t} \tag{6.3}$$

其中，RHS 是动量方程中的右端（黏性项与对流项）之和；f 是新加的强迫力源；$\overline{V}_b$ 是给定的边界处的速度。可以看到，f 的加入，实际上使得 $\overline{u}^{n+1}$ 等于 $\overline{V}_b$，因此可以在边界处产生给定的速度大小，从而体现边界的影响。在直接强迫力方法中，没有了反馈强迫力方法的模型参数，没有明显增大方程的刚性。因此，它的计算

时间步长可以取得比较大，从而使计算效率得到明显提高。与反馈强迫力方法类似，直接强迫力方法只是在边界所在的网格上加入强迫力源 f，在其他区域 f 为 0，而计算强迫力源 f 还需要对边界附近的网格点上的速度进行插值。

对于连续力方法，最突出的特点是方程的构造与空间离散无关。在应用中，由于连续力方法先将力源项加入到控制方程中，导致在流体区域即使不牵涉到固面边界的地方也要对力源项进行计算，在一定程度上造成了计算的浪费。另外，由于边界上的点与网格节点不一定重合，导致要引入分布函数对求出的力进行分布，这样会模糊边界的影响，使得原本有间断性质的边界变得光滑了。这种改变不适合高雷诺数的情况，因此只能用于低雷诺数的计算。而离散力方法却是依赖于空间离散的方法，这种依赖有助于直接控制数值精度、稳定性，以及求解器的各项物理量的守恒。

6.1.2　不可压缩流体浸入边界法和大涡模拟的结合

采用高斯滤波函数，对原 N-S 方程经滤波处理实现大、小尺度结构的分离，并引入固体结构浸入边界运动效应的力源项，流动控制方程为

$$\frac{\partial \overline{u}_i}{\partial t} + \frac{\partial}{\partial x_j}\left(\overline{u}_i \overline{u}_j\right) = -\frac{1}{\rho}\frac{\partial \overline{p}}{\partial x_i} + \nu \frac{\partial^2 \overline{u}_i}{\partial x_j \partial x_j} - \frac{\partial \tau_{ij}}{\partial x_j} + f_i \tag{6.4}$$

$$\frac{\partial \overline{u}_i}{\partial x_i} = 0 \tag{6.5}$$

式中，$\overline{u}_i$ 和 $\overline{u}_j$ 是速度分量；t 是时间；ρ 是流体质量密度；$\overline{p}$ 是压力；ν 是流体的运动黏性系数；f_i 是表征浸入边界作用效应的力源项，带有 "–" 的变量表示经滤波处理后的变量；τ_{ij} 是考虑小尺度效应的亚格子应力，可表示为

$$\tau_{ij} = \overline{U_i U_j} - \overline{U_i}\,\overline{U_j} \tag{6.6}$$

$$-\left(\tau_{ij} - \frac{\delta_{ij}}{3}\tau_{kk}\right) = 2\nu_{\text{sgs}}\overline{S}_{ij} \tag{6.7}$$

$$\overline{S}_{ij} = \frac{1}{2}\left(\frac{\partial \overline{U}_i}{\partial x_j} + \frac{\partial \overline{U}_j}{\partial x_i}\right) \tag{6.8}$$

其中，δ_{ij} 为克罗内克（Kronecker）常数；τ_{kk} 为黏性应力（k 取 1，2，3）；ν_{sgs} 为亚格子涡黏性系数；$\overline{S}_{ij}$ 为流体应变率张量。为了反映导叶关闭运动过程中不同时刻绕流结构特性的差异，同时方便与现有求解器结合求解，本章使用 Smagoringsky-Lilly 亚格子应力动力模式，该模式克服了 Smagoringsky 常规模式的缺点，其中的亚格子涡黏性系数为 $\nu_{\text{sgs}} = C_d \Delta^2 \left|\overline{S}_{ij}\right|$，$C_d$ 为动态 Smagoringsky-Lilly 模型中随时间和空间变化的模型系数，它不再是一个常值而是随流动变化的模型系数，可通过下列

式子自动更新计算；Δ 为过滤特征网格尺度。

$$C_d = \frac{\left(L_{ij} - L_{kk}\delta_{ij}/3\right)M_{ij}}{M_{ij}M_{ij}} \tag{6.9}$$

$$L_{ij} = \left\{\overline{u}_i\overline{u}_j\right\} - \left\{\overline{u}_i\right\}\left\{\overline{u}_j\right\} \tag{6.10}$$

$$M_{ij} = m_{ij}^{\text{test}} - \left\{m_{ij}^{\text{sgs}}\right\} \tag{6.11}$$

$$m_{ij}^{\text{test}} = -2\left\{\Delta\right\}^2\left|\left\{\overline{S}_{ij}\right\}\right|\left\{\overline{S}_{ij}\right\} \tag{6.12}$$

$$m_{ij}^{\text{sgs}} = -2\Delta^2\left|\overline{S}_{ij}\right|\overline{S}_{ij} \tag{6.13}$$

式中，符号 $\{\cdots\}$ 表示在 $\{\Delta\} > \Delta$ 情况下的二次过滤。

采用离散力方法，通过加一个类似动量源项的体力来模拟浸入边界对流场的作用，通过接口程序，将活动导叶运动形成的浸入边界问题与商业软件 ANSYS-CFX 系统提供的流体求解器相结合完成求解。求解器会自动更新从开始的每一个时间步浸入边界网格点的位置，然后在浸入固体内部建立一系列流体节点。为了使流体速度趋向浸入边界的速度，求解器会应用体力源项来处理在浸入固体内部的流体节点。体力源项 f_i 的表达式如下所示：

$$f_i = -\alpha\beta C\left(\overline{u}_i - \overline{u}_i^F\right) \tag{6.14}$$

式中，$\overline{u}_i$ 是流体速度分量；$\overline{u}_i^F$ 是由于浸入固体作用的强迫速度分量。动量源系数 $-C$ 是一个很大的数，它通过动量方程中三对角系数的平均值来估计。α 是动量力源的缩放因子，一般被设置为默认值 10。动量力源缩放因子的合理设置主要考虑计算精度和鲁棒性之间的平衡。设置一个较高的值虽然会得到一个较为精确的解但由于鲁棒性减小使计算不收敛。在流场中浸入固体的作用是通过一个特殊的 β 力函数来表示。如果在浸入固体边界没有近壁面需要处理，β 力函数在浸入固体区域外的流体节点和浸入固体内的流体节点被设置为 0。如果近壁面需要处理，β 力函数被设置为体积平均内函数。因此，β 值和在浸入边界附近对应的力源项将不为 0。体积平均内函数通过在函数内部节点的体积加权平均得到。

具体来说，流场节点与物面浸入边界节点并不存在耦合关系，因此它们之间的信息传递需要一个插值过程，Peskin 最初提出采用狄拉克函数 δ 来构造插值格式，但经证明它的计算效率较低，尤其是在三维情况下，这里采用双线性插值格式来取代狄拉克函数法：如需要求物面拉格朗日节点 $\boldsymbol{X} = (X,Y)$ 上的速度 $\boldsymbol{u}(\boldsymbol{X},t)$，则用包围该节点的四个流场网格点 $(i,j),(i+1,j),(i,j+1),(i+1,j+1)$，采取下式的双线性插值来获得

$$\boldsymbol{u}(\boldsymbol{X},t) = \sum_{i,j}^{i+1,j+1} D_{i,j}(\boldsymbol{X})\boldsymbol{u}_{i,j} \tag{6.15}$$

其中，

$$D_{i,j}(\boldsymbol{X}) = d(X - x_i)d(Y - y_j) \tag{6.16}$$

式中，函数 d 为

$$\begin{cases} d(X - x_i) = \dfrac{(X - x_{i+1})}{(x_i - x_{i+1})}, & x_i < X \\ d(X - x_i) = 1, & x_i = X \\ d(X - x_i) = \dfrac{(X - x_{i-1})}{(x_i - x_{i-1})}, & x_i > X \end{cases}$$

对于三维情况，取包围 $\boldsymbol{X}$ 的流场网格上的 8 个节点，用同样的格式进行插值。

可见，这种插值格式比狄拉克函数法更简单，也更精确。同时，双线性插值只需计算相邻网格点而不需要全场或者局部数值积分，而且不会由于维数的增加计算量显著增加，因此它的计算效率也比狄拉克函数法高。

6.2　湍流拟序结构研究概述

6.2.1　湍流拟序结构概况

湍流并不是完全不规则的随机的运动，在表面看来不规则的运动中隐藏着某些可检测的有序运动。所谓拟序结构[211]（或称相干结构）是指湍流脉动场中存在某种序列的大尺度运动，它们在湍流场中触发的时间和地点是不确定的，但一经触发就以某种确定的次序发展为特定的运动状态。这一发现是湍流研究在 20 世纪的重大进展，因为它表明湍流并不像经典理论想象的那样是完全不规则的，而是在小尺度不规则的背景脉动中存在若干有序大尺度运动。湍流拟序结构可通过流动显示、条件采样等技术进行识别，但很难对它进行精确的定义，通常拟序结构是指三维流场中的一个区域，在这个区域内至少有一个流动物理量（如速度分量、密度、温度等）在远大于当地流动最小尺度的时空范围内与自身或其他物理量显著相关[212]。虽然不能肯定在何时何地会出现什么样的确定的流动结构，但确实能预期在一定流动条件下某种流动结构出现的概率要大于其他类型。换句话说，流动的形状和结构与特定的流动类型（如湍流边界层或自由剪切流等）有关。正是这些结构叠加在高度随机的背景运动之上构成了湍流流动。所以湍流是确定性和随机性过程的某种有机的统一。另外，各种拟序结构都有一个从产生到消失的平均周期，一次生消过程之后，经过一段随机的间歇，拟序结构又会再次产生，但它们的反复出现充其量也只不过是准周期的。湍流场中存在各种不同尺度的拟序结构，最大的可以与流动的横向尺度相当。

人们还发现，湍流的拟序结构与从层流向湍流的转捩过程中出现的流动结构是非常相似的[213]。

　　湍流作为一种连续介质流动，虽然很复杂，但它服从流体运动的基本方程，即连续性方程和 N-S 动量方程，也就是服从质量守恒定律和动量定理。在湍流被发现之后，研究者一直寻求在一定条件下，即一定的边界条件和初始条件下，从基本方程求得一定的解。在计算机和数值模拟方法没有发展起来之前，直接求解 N-S 方程没有成功。湍流研究者多年追求从 Reynolds 方程获得一种普遍适用的解，但是这一努力也没有成功。随着计算机的快速发展，从 N-S 方程用数值模拟计算湍流已取得进展。拟序结构是瞬时流场中空间分布的流动结构，它的演变服从 N-S 方程和连续性方程。拟序结构是湍流中客观存在的流动现象，是否能得到和流动显示观察到的拟序结构一致的结果，是评判数值模拟或其他理论计算的一个客观标准。实际上，在用数值计算研究湍流的初期，已经使用了这一标准[214]。

　　湍流拟序结构可以分为两大类型。一类是自由剪切层拟序结构，它的主要代表是混合层的 Brown-Roshko 大涡结构，大涡的合并和演化具有拟序性质，这一类拟序结构也存在于钝体的尾流区和分离区的剪切层，以及射流剪切层。20 世纪 80 年代研究者对大涡的合并进行了许多控制研究，其中声控方法取得了很大的进展。另一类是湍流边界层拟序结构，也称为壁湍流拟序结构。这两类拟序结构的发生和演化机制是有很多差别的。后一类拟序结构的机理要更复杂一些，因为壁面不断地产生或吸收涡量，参与了边界层拟序结构的演变。无论是壁湍流或自由剪切层湍流，涡结构都是其中的拟序结构的核心。拟序结构是在剪切层中产生，而剪切层可视为由涡线组成。湍流脉动可使一些涡线拉伸，并使其涡量增强，聚集成涡结构。涡量是附着于流体并随流体运动的，而涡量的黏性扩散是缓慢的过程，所以涡结构也随流体运动。因而拟序结构也是随流体流动的，并有拉格朗日性质。此特点对于实验研究中选择观测方法，或者选择理论研究的分析方法都有重要的意义。由于有黏性扩散或旋涡破裂，因此，一个涡结构终归要消亡。在自由剪切湍流中，涡结构消亡后，湍流也逐渐消散；而在壁湍流中，则必须要有新的涡结构不断生成，才能使涡结构和拟序结构得以持续。对于涡结构的再生和自持续，已是现在湍流拟序结构研究中的重点。拟序结构应用方面的研究取得了不少进展，例如控制涡结构的方法、减小摩阻、缩减分离区、增加传热率以及降低噪声等。由于计算机的迅速发展，采用直接数值模拟研究湍流正在迅速发展。同时，三维 PIV 技术也在迅速发展，高分辨率的瞬时三维速度场的时间序列测量将可能实现。二者结合可能对湍流的研究有很大的促进作用。但二者都产生海量数据，如何从中获得规律性结果是一难题。现今，采用流动显示获得拟序结构的直观图像，仍将在湍流研究中发挥重要作用。

　　与人们早期认为湍流是完全随机无序的认识不同,长期以来的湍流研究表明,湍流中存在着大尺度的拟序结构,这些大尺度的拟序结构在湍流的发展中起主导作用。但是,到目前为止对湍流拟序结构的研究方法主要是实验手段以及统观的数值模拟方法。这些方法虽然能给出拟序结构的宏观现象以及各种统计平均量,但对深入揭示流场的瞬态变化过程却无能为力,而瞬态的流动过程和现象是湍流研究中最为关心的问题。直接数值模拟(DNS)无疑可以得到流场的瞬态过程,但其巨大的存储和计算量往往是计算机无法承受的。相比之下,大涡模拟以其准确性和可以接受的计算量成为湍流细观数值模拟的有效方法。大涡模拟的基本思想是在流场的大尺度结构和小尺度结构(Kolmogorov 尺度)之间选一滤波宽度对控制方程进行滤波,从而把所有变量分成大尺度量和小尺度量。对大尺度量进行直接模拟,而对小尺度量采用亚格子应力模型进行模拟。因此,对于大尺度的涡团,大涡模拟得到的是其真实结构状态,而对小尺度的结构虽然采用了亚格子应力模型,但由于小尺度结构具有各向同性的特点,因而对流场中的小尺度结构采用统一的亚格子应力模型是合理的。在采用适当的亚格子应力模型的情况下,大涡模拟结果的准确度很高。大涡模拟的上述特性决定了其模拟结果是真实的瞬态流场,这对于我们深入认识湍流流动的物理本质以及进一步研究湍流流动的控制技术有重要的指导作用。湍流拟序结构在湍流的产生、输运和维持过程中起重要作用,因此近代湍流控制的基本思想就是通过控制湍流中的拟序结构来达到控制湍流的目的。

6.2.2　流场中拟序结构的识别方法

　　湍流中各种旋涡的尺度有很大的区别,相对小的旋涡是复杂、紊乱的随机结构,而相对大的旋涡是有一定规律的,因此称这些相对有规律的旋涡为拟序结构或相干结构。拟序结构主要是通过流动显示实验观察到的,流动显示的方法可以使我们对流动结构有一个总体的认识,从而推测出结构的几何形态,但是这种方法很难给出准确的定量结果。近些年来旋涡辨识技术得到了长足发展,利用湍流直接数值模拟的数据库,采用压力以及速度梯度张量的各种不变量来对涡结构进行识别成为湍流拟序结构研究的热点之一。

　　涡旋至今在数学上没有确定的定义,虽然在一些简单流动中,人们可凭直觉和图像确定涡的存在,但在三维黏性流特别是湍流等复杂流动中,从实验或直接数值模拟的大量数据中显示出涡结构、涡演化和涡的相互作用是十分必要的,为此需要给出一个客观分辨涡旋的判据,这样的判据在伽利略变换中应该是不变的,不依赖于坐标的选择和旋转等变换,能分辨出涡轴的位置和方向等[215]。

　　由二阶张量特性可知，不可压缩流的局部速度梯度张量 ∇V 的特征方程可写为

$$\lambda^3 + Q\lambda - R = 0 \tag{6.17}$$

如果 λ_1，λ_2，λ_3 是它的三个根，它们之间存在三个独立的不变量：

$$P = \lambda_1 + \lambda_2 + \lambda_3 = \mathrm{div}V = 0 \tag{6.18}$$

$$Q = -\frac{1}{2}(e_{ij}e_{ji} + \Omega_{ij}\Omega_{ji}) = \frac{1}{2}(\Omega_{ij}\Omega_{ij} - e_{ij}e_{ji}) = \frac{1}{2}\left(\|\Omega\|^2 - \|E\|^2\right) \tag{6.19}$$

$$R = \lambda_1\lambda_2\lambda_3 = \frac{1}{3}(e_{ij}e_{jk}e_{ki} + 3\Omega_{ij}\Omega_{jk}e_{ki}) \tag{6.20}$$

e_{ij}，Ω_{ij} 分别是应变速率张量和涡量张量，$\Omega_{ij} = -\Omega_{ji}$，且记 $\|E\|^2 = e_{ij}e_{ji}$，$\|\Omega\|^2 = \Omega_{ij}\Omega_{ij} = \frac{1}{2}|\omega|^2$。

　　目前在文献中已提出过如下几种涡旋的定义。

　　（1）Q 判据。Hunt 等[216]提出把 $Q > 0$ 的区域定义成涡，即这意味着 $\|\Omega\|^2 > \|E\|^2$，即在涡旋的区域内流体的旋转（涡量大小）比较应变率大小而言起主导作用。

　　（2）Δ 判据。Dallman 等[217]认为使上述 $\|\Omega\|^2 > \|E\|^2$ 成立的条件还有一个可能性，就是使式（5.16）的行列式大于零，即

$$\Delta = \left(\frac{Q}{3}\right)^2 + \left(\frac{R}{2}\right)^2，\ \Delta > 0 \tag{6.21}$$

　　对不可压缩 N-S 方程两边求散度，不考虑体积力，则

$$\nabla^2\frac{p}{\rho} = -\nabla\cdot(V\cdot\nabla V) = -\frac{\partial V_i}{\partial x_j}\frac{\partial V_j}{\partial x_i} = -(e_{ij} + \Omega_{ij})(e_{ji} + \Omega_{ji}) = \|\Omega\|^2 - \|E\|^2$$

所以

$$Q = \frac{1}{2}\nabla^2\frac{p}{\rho} \tag{6.22}$$

因此也可以用 $\nabla^2 p/\rho > 0$ 作为涡旋的定义。

　　在复杂流动中涡轴一般是弯曲的，某些实验已观察到在与涡轴垂直的横截面内，涡心处压力有极小值，因此可用它来确定涡轴的位置。Hunt 等[216]提出将低压条件增加到 Q 判据中去。而 Jeong 等[218]提出了下面的另一个判据。

　　（3）λ_2 判据。确保一个涡诱导的断面压力极小的条件是：对称张量

$$G = E\cdot E^{\mathrm{T}} - \Omega\cdot\Omega^{\mathrm{T}} \tag{6.23}$$

的三个实特征值 $\lambda_1 \geqslant \lambda_2 \geqslant \lambda_3$ 中，第二个特征值

$$\lambda_2 < 0 \tag{6.24}$$

其物理意义是集中涡的旋转运动使其涡核具有较低的压力分布，但要扣除流场中的非定常效应和黏性效应，需要流动的三维速度分布。该判据后来被大量的研究

者用于描述流场中的涡结构形态。

上述判据提供了分辨涡结构的方法，可诊断出湍流涡结构，能够以更加精细的方式从湍流速度场中辨识并提取旋涡。但是上述判据各有优缺点和局限性，详细评述可参考文献[219]。Jeong 等[218]指出 Q 判据在刻画外部有强应变的涡结构时会出现失误，因此本章对模拟的数据处理采用 λ_2 判据进行涡结构识别。

6.3　全隐式耦合算法

近十多年来，全隐式耦合（Coupled）算法得到了很大的发展[220]。该方法和半隐式 SIMPLE 算法不同的是，Coupled 算法是直接把 N-S 方程组 (u,v,w,p) 的全隐式离散化形式作为一个系统进行求解，不再需要传统算法"假设压力项—求解—修正压力项"的反复迭代过程，而同时求解动量方程和连续性方程。其主要优势是：对复杂问题收敛稳定，计算资源的需求和网格数量是线性增长的，收敛更快。

Coupled 算法的计算思路如下。

（1）估计初始场。

（2）生成系数矩阵：对非线性 N-S 方程组进行离散化并生成求解系数矩阵。

（3）求解方程组：利用代数多重网格方法求解线性方程组。

（4）求解其他变量的控制方程如组分方程、能量方程、附加变量方程等。

（5）判断时间步内是否收敛，如没有收敛，返回（2）进行求解。

（6）如收敛，进入下一个时间步，返回（2）进行求解，直至求得收敛的解时为止。

相对于 SIMPLE 系列算法而言，对大多数问题来讲更适合用 Coupled 算法，主要体现在经济性和鲁棒性上。因此，近年来 Coupled 算法受到越来越多 CFD 使用者的青睐，已经有很多主流商业 CFD 求解器（如 ANSYS CFX）采用了该算法。

6.4　浸入边界法在水轮机导叶动态绕流模拟中的应用

本节应用浸入边界法（IBM）和大涡模拟（LES）技术，首先对昆明理工大学水电站水机电耦合实验室原型混流式水轮机 HLA551-LJ-43 单个活动导叶在槽道内进行动态精细绕流数值模拟，得到了导叶翼型尾迹的传播特性，分析了单个翼型的非定常流场特性；其次在槽道内对该导叶加上固定导叶进行双列线性动静叶栅进行了动态绕流模拟，得到了动静叶间非定常干涉流场，分析了各种涡系结构产生发展过程和相互作用关系；最后对水轮机导水机构环列非线性动静叶栅流道内进行导叶调节关闭过程的真实模拟。

6.4.1　槽道内活动导叶动态绕流的 IBM-LES 模拟

1. 计算对象及网格设计

计算针对昆明理工大学水机电耦合实验室原型混流式水轮机 HLA551-LJ-43 的活动导叶及其有代表性的关闭运动，取单个导叶对应的叶道建立单叶道功能模型，且为了揭示导叶调节运动产生的动态绕流尾迹的生成和演化机制，将叶道拓展成槽道，形成在槽道中模拟导叶调节运动产生的动态绕流问题，形成的导叶槽道模型如图 6.1 所示。计算工况对应的基于导叶弦长的雷诺数为 120 421。计算模型在流向（x）、法向（y）和展向（z）分别取为 12L、4L、1.1L，其中 L 为活动导叶翼型弦长。为了能充分捕捉叶后尾迹的发展情况，导叶尾缘后沿流向取为 8L。计算区域的入口距翼型前缘为 3L，出口距翼型尾缘的距离为 8L。导叶固体区域计算网格采用结构化网格与非结构化网格相结合的混合网格分块划分，网格节点数 10 870 个，网格单元数共 49 113 个；流体区域计算网格采用八节点正六面体结构网格划分，网格节点数共约 1 509 872 个，网格单元数共约 1 449 459 个。为便于 IBM 的插值处理，流固界面上的网格点采用非一致网格插值技术，网格设计的合理性通过网格加密灵敏度分析检验，其中固体和流体域最大单元数分别达到了 1 117 776 个和 3 428 656 个，两组网格计算结果无明显变化，据此确定了上述网格设计作为计算模型使用的网格精度。大涡模拟的亚格子应力采用动态 Smagoringsky-Lilly 模型。应用浸入式动网格技术处理活动导叶运动产生的动边界。采用全隐式多网格耦合求解技术加速收敛。

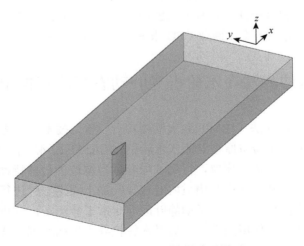

图 6.1　计算使用的导叶槽道模型

2. 边界条件

进口：将实际机组导叶开度变化对应的流量（图 6.2），换算成单个导叶叶道相应的流速，施加在进口作为已知的速度边界。出口：采用压力出口边界条件。法向假定为周期边界条件，展向假定为刚性无滑移壁面，导叶壁面施加无滑移条件。

水轮机活动导叶的关闭运动规律分为两个直线段，第一段运动时间为 5s，第二段运动时间为 10s，共计 15s，计算时间步长取 0.001s。使用的计算机为 8 核 CPU、24G 内存工作站，一次计算耗时约 360h。

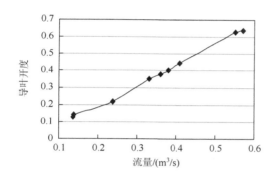

图 6.2　水轮机导叶开度-流量关系曲线

3. 数值计算结果及分析

1）活动导叶调节运动过程中压力随时间的变化

在活动导叶两段折线关闭过程中，对活动导叶单流道内的非定常流场进行了模拟，记录下展向断面（$z = 0.5L$）和法向断面（$y = 2L$）上压力随时间的变化。图 6.3 为关闭过程中不同时刻单流道内展向断面（$z = 0.5L$）和法向断面（$y = 2L$）的压力分布图。可以看出，在关闭活动导叶转动过程中，整个流场的压力分布变得不均匀和不对称，上游区域变为正压区，而下游区域变为负压区，流道中压力分布随时间变化表现出了复杂的非定常演化过程。在 $t = 1s$（导叶转过 9°）时，展向断面上活动导叶的前缘迎流上端处由于水流撞击出现了小范围集中的高压区，下端处发现有负压中心，尾缘上下翼面附近出现了负压区，在法向断面上导叶负力面周围很明显地出现了两个负压带；在 $t = 2s$（导叶转过 18°）时，由于导叶转动较快水流撞击到导叶头部，在导叶前缘出现了压力梯度变化较大的高压区，导叶负力面形成低压区，从而导致近壁流动层不稳定，流动在导叶负力面边界层发生分离，旋涡脱落并随主流向下游演化，展向断面上在导叶尾缘附近有两个明显的负压中心，在距离导叶 1 倍弦长处出现一个低压中心，而法向断面上导叶负力面附近有四个紧邻的低压中心，在下游区域出现了很小的负压中心；在 $t=3s$（导叶转过 27°）时，导叶叶后的负压中心合并为一个圆形区域，小范围的负压中心围绕在其周围，绕流导叶表面流动分离点靠前，分离点之后在导叶负力面附近形成回流区，逐渐发展成为涡，随着流动的发展这些涡开始脱离导叶负力面，影响下游区域的流场；在 $t=4s$（导叶转过 36°）时，在导叶压力面靠近上游区域形成了明显的高压区，有阻止导叶进一步转动的趋势，在导叶后低压涡逐步融合演化成向下游方向移动的低压区。在法向方向，导叶后出现了一大一小的两个低压涡；在 $t=5s$（导叶转过 45°）时，展向断面上导叶后方形成一个狭长的负压带，其中的一个强负压中心距离导叶尾缘很近，法向断面上导叶负力面附近也出现了一个强负压中心；在 $t=6s$（导叶转过 49.5°）时，由于导叶转动变慢，流场呈现出类似翼型在大攻角下表现出的流场特征，展向断面上最远的一个低压涡已传递到下游距离导叶大概 4 倍弦长的距离处，此时距离导叶 1 倍弦长距离处又产生了

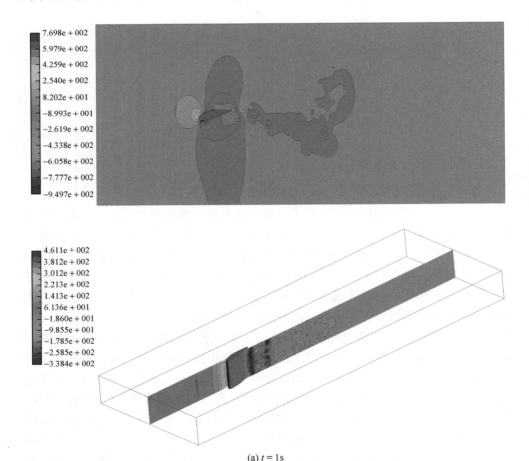

(a) $t=1s$

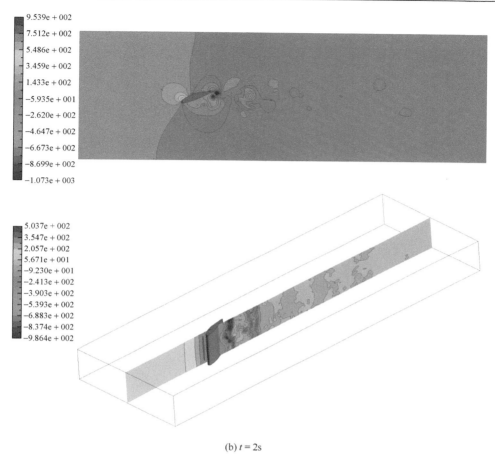

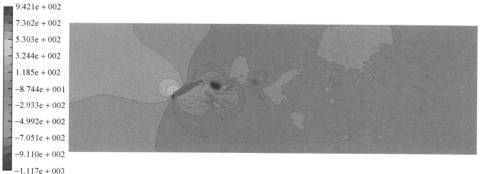

(b) $t = 2s$

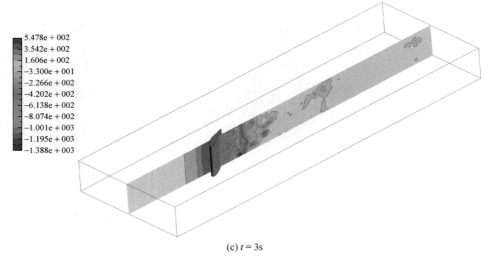

(c) $t = 3\text{s}$

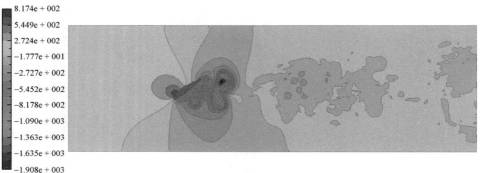

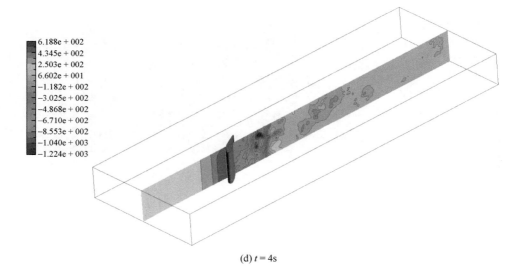

(d) $t = 4\text{s}$

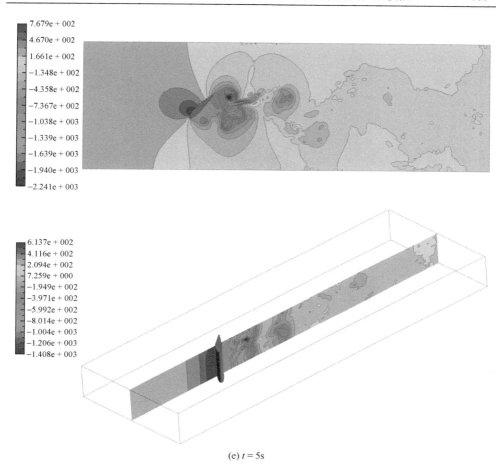

(e) $t = 5\text{s}$

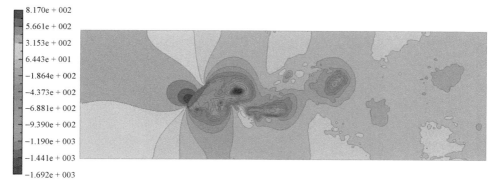

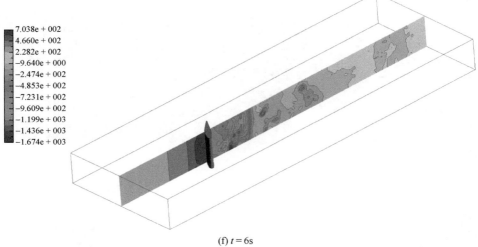

(f) $t = 6s$

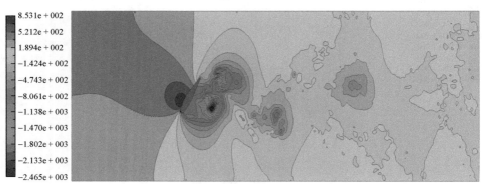

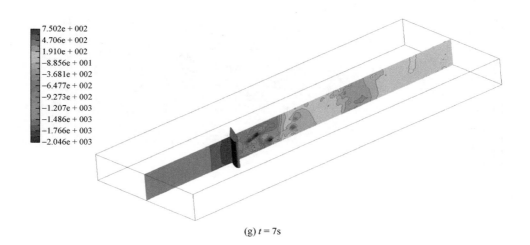

(g) $t = 7s$

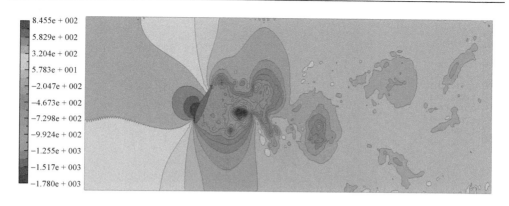

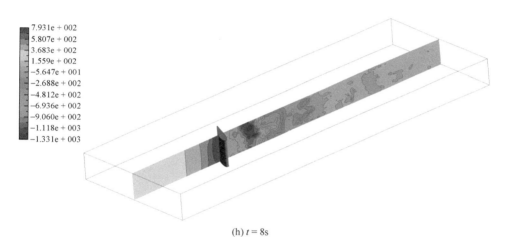

(h) $t = 8s$

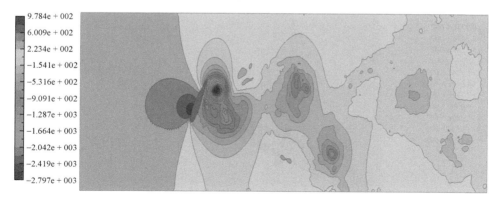

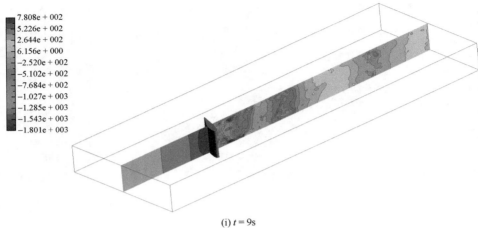

(i) t = 9s

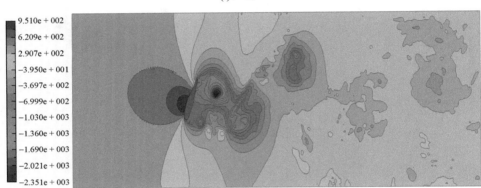

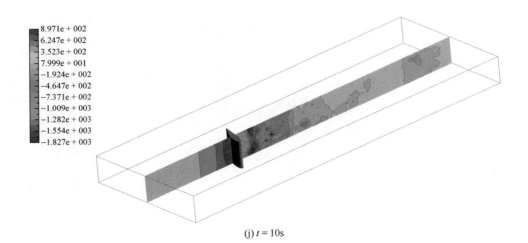

(j) t = 10s

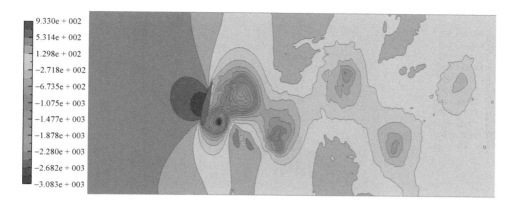

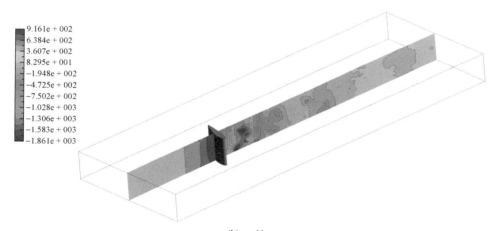

(k) $t = 11\text{s}$

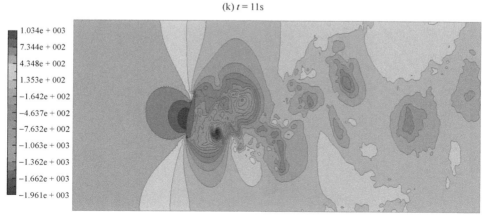

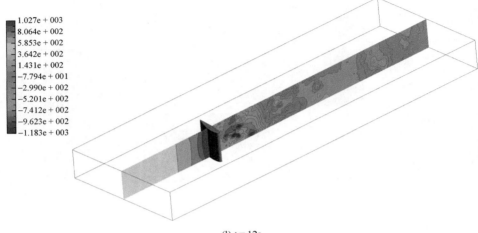

1.027e + 003
8.064e + 002
5.853e + 002
3.642e + 002
1.431e + 002
−7.794e + 001
−2.990e + 002
−5.201e + 002
−7.412e + 002
−9.623e + 002
−1.183e + 003

(l) $t = 12$s

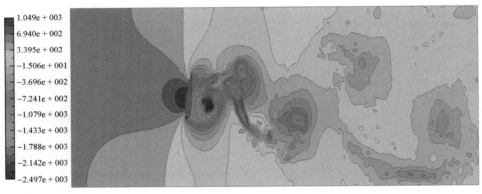

1.049e + 003
6.940e + 002
3.395e + 002
−1.506e + 001
−3.696e + 002
−7.241e + 002
−1.079e + 003
−1.433e + 003
−1.788e + 003
−2.142e + 003
−2.497e + 003

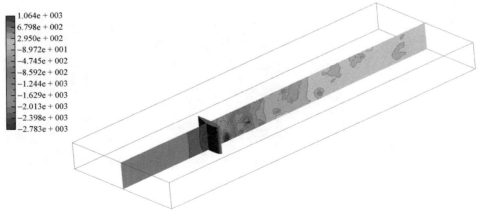

1.064e + 003
6.798e + 002
2.950e + 002
−8.972e + 001
−4.745e + 002
−8.592e + 002
−1.244e + 003
−1.629e + 003
−2.013e + 003
−2.398e + 003
−2.783e + 003

(m) $t = 13$s

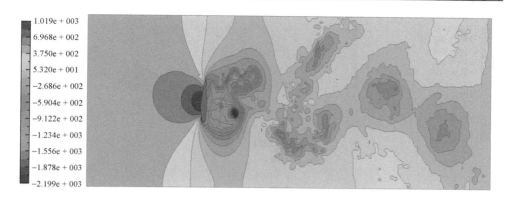

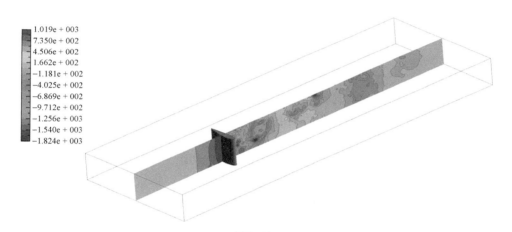

(n) $t = 14\text{s}$

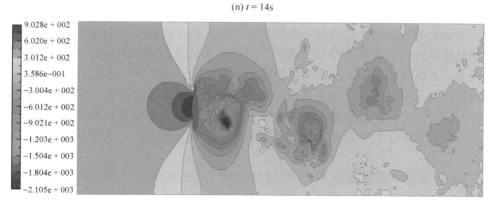

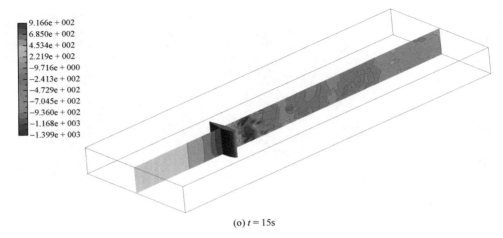

(o) $t = 15s$

图 6.3　展向断面 $z = 0.5L$ 及法向断面 $y = 2L$ 压力分布（Pa）

一个强低压涡，在其附近出现了多个小范围的低压涡；在 $t = 7s$（导叶转过 54°）时，强低压涡移到导叶前缘后方下游区域，法向断面上出现了条状低压带；在 $t = 8s$（导叶转过 58.5°）时，展向断面上下游靠近导叶负力面附近出现了几个较为分散的逆压梯度变化剧烈的区域，法向断面上也出现了大面积的强低压中心带；在 $t = 9s$（导叶转过 63°）时，圆形强负压中心转移到距离导叶尾缘很近的位置，法向断面上负压区分解为多个小的负压中心传递到下游区域；在 $t = 10s$（导叶转过 67.5°）时，强负压中心继续向下游发展，范围也逐渐扩大；在 $t = 11s$（导叶转过 72°）时，负压中心转移到导叶前缘负力面后方区域，不远处有一大面积的低压区，法向断面上低压区内负压中心变化复杂；在 $t = 12s$（导叶转过 76.5°）时，叶后出现了大面积的低压区，区内有一个强负压中心；在 $t = 13s$（导叶转过 81°）时，下游低压区分离为紧邻导叶负力面的一个大范围低压区和相邻很近的一个狭长的低压带，大范围的低压区内有一强负压中心；在 $t = 14s$（导叶转过 85.5°）时，分离的低压区又合并壮大，低压区内的强负压中心范围也逐渐缩小；在 $t = 15s$（导叶转过 90°）时，叶后低压区继续发展，在距离导叶 3 倍弦长位置游离出一负压中心，法向断面上的负压中心范围逐渐扩大，说明导叶后形成了明显的振荡不均匀流。

　　2）活动导叶调节运动过程中尾迹结构随时间的变化

　　为了分析尾迹涡的三维拓扑结构以及时空分布特征，采用 λ_2 判据来识别尾流中的三维流动结构。活动导叶两段折线关闭过程中几个典型时刻叶后尾迹结构分布如图 6.4 所示。可以看出，随着导叶的关闭，整个流场叶后尾迹结构发展呈现出明显的强三维性、非线性和非对称的分布特征，翼展方向上的尾迹流动从有序演变为无序。在 $t = 1s$（导叶转过 9°）时，刚开始由于导叶动作对整个流场的扰动引起叶后绕起大尺度的"起动涡",形成的近尾迹由尾随涡和脱落涡组成;在 $t = 2s$(导叶转过 18°)时,由于导叶转动速度加快,出现涡量集中在导叶后形成了展向的大尺度尾缘涡系结构,在导叶下游 1 倍弦长处,尾缘涡系出现了卷起趋势,卷吸起一系列的小尺度涡破碎后在下游尾流区域形成了周期交替排列的卡门涡街,卷起过程中大涡之间的相互作用较易引发压力脉动,也可激发周围局部水体共振;在 $t = 3s$(导叶转过 27°)时,可以看到在导叶的两侧边缘有许多大尺度涡结构一个接一个地卷起,并不断向下游主流方向推进,在发展过程中涡的尺寸不断增大,前后涡结构之间的距离也不断拉长;在 $t = 4s$(导叶转过 36°)时,导叶前缘上游区域出现了明显的前缘涡,导叶后流场出现了复杂的结构,导叶后缘处的多个展向大尺度涡间相互作用导致流动失稳;在 $t = 5s$(导叶转过 45°)时,下游发展区中输运来的大涡已经破碎成湍流涡团,不再出现与流动特征尺寸同量级的涡结构;在 $t = 6s$(导叶转过 49.5°)时,不断向导叶尾部方向翻卷的展向涡中混合着各种尺度的大小涡结构,其向外扩散的同时沿流向重新分布,在近翼型区域出现了一强一弱的一对展向涡,并逐步旋转合并、分裂成更小尺度的涡,依次形成大、小涡之间的相互作用;在 $t = 7s$(导叶转过 54°)时,涡在流向的连续卷起、发展机制体现了拟序结构的空间准周期性;在 $t = 8s$(导叶转过 58.5°)时,随着导叶开度的变化,绕流逐渐分离出一系列不同尺度的非对称卡门涡街,围绕涡心互相卷绕旋转,依次形成小尺度、大尺度交替的涡旋尺度级串散裂的过程;在 $t = 9s$(导叶转过 63°)时,尾迹中存在分离的剪切层和卷起的旋涡,向四周螺旋状散开后形成复杂的三维结构;在 $t = 10s$(导叶转过 67.5°)时,流动的不稳定性诱发涡的不断卷起,卷起的涡发展壮大输向下游流场;在 $t = 11s$(导叶转过 72°)时,从导叶尾缘脱落的涡系在向下游传播的过程中,能量逐渐地由大尺度涡传给小尺度涡,由于流体黏性的存在,直至某一级小尺度涡把传递来的能量通过黏性而耗散,脱落过程是由于涡对发展的不对称性所引起的;在 $t = 12s$(导叶转过 76.5°)时,随着流动的发展,流场结构变得复杂,能量从平均流动向各级涡结构中传输,下游的大尺度拟序结构的相互作用已经非常活跃;在 $t = 13s$(导叶转过 81°)时,下游靠近出口上方区域出现一长绳状的涡旋拓扑结构,形成辫子状涡系;在 $t = 14s$(导叶转过 85.5°)时,伴随着旋涡的增长、脱落过程,下游远尾迹出现扭曲和倾斜;在 $t = 15s$(导叶转过 90°)时,通过涡结构间的相互作用,完成了不同尺度涡结构间的能量传递过程,耗散和转移部分总是发生在涡作用剧烈的地方。在整个导叶转动关闭过程中,导叶下游区域存在各种尺度的旋涡结构,随着非线性效应的增加,不同尺度的涡旋在演化过程中相互之间不断地交换能量,诱导形成复杂的湍流尾迹非线性大涡拟序结构,同时也与结构进行着非定常动力学相互作用。涡旋从导叶翼型脱落后产生的环量,引起作用于导叶垂直于流向的不均衡的侧向力。当涡旋从导叶两侧交替发射时,不均衡的侧向力发生周期性交变变化，逐渐激起导叶振动。如果交变侧向力的频率接近导叶的固有频率，将发生共振。导叶附近的水流又反过来受到振动的导叶激发和扰动，会产生作用于导叶上的周期性压力脉动。

综上所述，在整个导叶关闭过程中，导叶下游区域不断出现不同尺度的涡旋结构的交替现象，这是由于不同尺度的涡旋结构在演化过程中由于能量输运模式的交替变化所致，由此诱发出绕流非定常的振荡流动现象。

在 8 核 CPU、24G 内存工作站上，将所有的数值模拟结果制作成动画，逼真地再现了大涡的卷起，涡对的合并以及多个大涡间的相互作用过程。

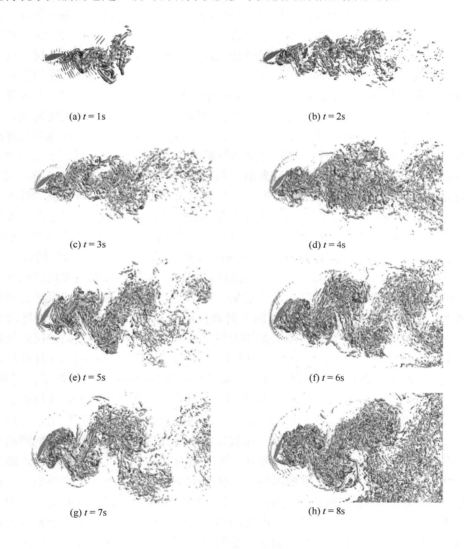

(a) $t = 1$s

(b) $t = 2$s

(c) $t = 3$s

(d) $t = 4$s

(e) $t = 5$s

(f) $t = 6$s

(g) $t = 7$s

(h) $t = 8$s

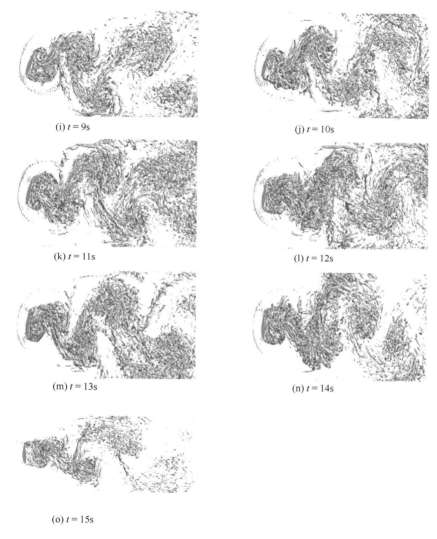

(i) $t = 9s$　　　　　　　　　　　(j) $t = 10s$

(k) $t = 11s$　　　　　　　　　　　(l) $t = 12s$

(m) $t = 13s$　　　　　　　　　　　(n) $t = 14s$

(o) $t = 15s$

图 6.4　活动导叶叶后尾迹结构分布

6.4.2　槽道内双列线性动静叶栅动态绕流的 IBM-LES 模拟

1. 计算对象及网格设计

　　针对昆明理工大学水电站水机电耦合实验室原型混流式水轮机 HLA551- LJ-43 的导水机构及其有代表性的调节运动，在 6.4.1 节中槽道内活动导叶前排加入固定导叶，并将导叶数增加形成双列线性动静叶栅在槽道内模拟导叶调节运动产生的绕流问题，根据区域缩放的原则，计算在 3 个固定导叶通道和 6 个活动导叶通道内进行，叶栅槽道模型如图 6.5 所示。计算工况对应的最大基于导叶弦长的雷诺数为 407 023。计算模型取流向（x）长度为 8.5L、法向（y）宽度为 6L 和展向（z）高度为 1.1L，其中 L 为活动导叶翼型弦长。计算区域的入口距固定导叶翼型前缘为 1.5L，出口距活动导叶翼型尾缘的距离为 5L。导叶固体区域计算网格采用结构网格与非结构网格相结合的混合网格分块划分，网格节点数 56 852 个，网格单元数共 254 583 个；流体区域计算网格采用八节点正六面体结构网格划分，网格节点数共 1 676 608 个，网格单元数共 1 612 413 个。为便于 IBM 的插值处理，流固界面上的网格点采用非一致网格插值技术。计算网格进行了网格无关性验证。网格划分如图 6.5 所示。大涡模拟亚格子应力采用动态 Smagoringsky-Lilly 模型。应用浸入式动网格技术处理活动导叶调节运动产生的动边界。采用全隐式多网格耦合求解技术加速收敛。

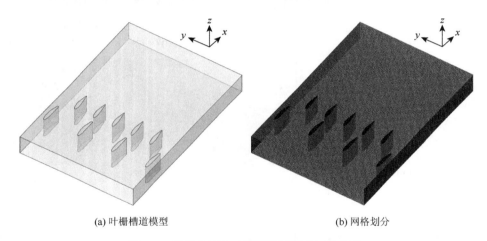

(a) 叶栅槽道模型　　　　　　　　　　　　(b) 网格划分

图 6.5　计算使用的叶栅槽道模型及网格划分

2. 边界条件

进口：将实际机组导叶开度变化对应的流量（图 6.2），换算成叶栅槽道相应的流速，施加在进口作为已知的速度边界。出口：采用压力出口边界条件。叶栅槽道法向假定为周期边界条件，展向假定为刚性无滑移壁面，导叶壁面施加无滑移条件。

水轮机活动导叶的关闭运动规律采用一段直线线性关闭，6s 全部关闭，计算中时间步长取 0.001s。使用的计算机为 8 核 CPU、24G 内存工作站，一次计算耗时约 150h。

3. 数值计算结果及分析

1）叶栅槽道内压力随时间的变化

图 6.6 为导叶一段直线关闭过程中不同时刻叶栅流道内展向断面（$z = 0.5L$）

的压力分布图。可以看出，流场不仅存在空间上极不均匀，而且在时域上也表现出强烈的非定常特征。在叶栅流道内由于固定导叶和活动导叶的动静干涉使得叶栅内流态具有很强的非定常性，尾迹和势流的交替干扰引起压力场随时间周期性变化，加上双列叶栅的动静干扰会对整个流道内的流动状态和发展产生显著的影响。在 $t = 1s$（导叶转过 15°）时，由于水流撞击固定导叶和活动导叶前缘都产生了局部高压区，活动导叶尾缘周围都产生了负压区，其中最下方的活动导叶尾缘附近出现了一个圆形负压中心，说明该处有强涡旋形成；在 $t = 2s$（导叶转过 30°）时，活动导叶尾缘的负压区范围逐渐扩大，中间的活动导叶负力面不远处形成一个负压中心，最下方活动导叶的负压中心继续向下游转移；在 $t = 3s$（导叶转过 45°）时，各活动导叶间的压力梯度增大，负压区域占据了下游流场的三分之二左右，负压区内出现数个负压中心，最下方活动导叶的负压中心运动到下游距尾缘 3 倍弦长位置处；在 $t = 4s$（导叶转过 60°）时，固定导叶前方上游区域普遍为高压区控制，活动导叶压力面靠近前缘形成局部高压范围，尾缘后的负压区面积占到下游流场的五分之四左右，最下方活动导叶后出现多个负压中心，最远的已经运动到叶栅流道出口附近；在 $t = 5s$（导叶转过 75°）时，活动导叶前方上游区域都变为高压区，中间两个固定导叶头部和活动导叶压力面附近产生局部高压，活动导叶负力面后方整个下游区域基本为负压控制，域内运动着多个负压中心；在 $t = 6s$（导叶转过 90°）时，活动导叶关闭完成，中间两个固定导叶流道内产生高压，下游负压区域内个别高压中心和负压中心交替产生，由此诱发压力脉动的可能性较大，影响着进入下游转轮的水流变化。上游固定导叶出口流场的不均匀就是活动导叶进口参数的非定常，由于进口参数非定常，导致整个活动导叶流道内流场的非定常。

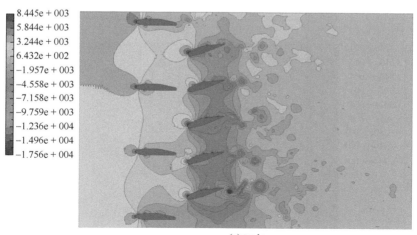

(a) $t = 1s$

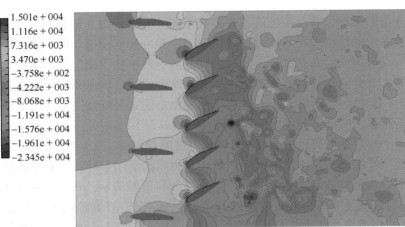

1.501e + 004
1.116e + 004
7.316e + 003
3.470e + 003
−3.758e + 002
−4.222e + 003
−8.068e + 003
−1.191e + 004
−1.576e + 004
−1.961e + 004
−2.345e + 004

(b) *t* = 2s

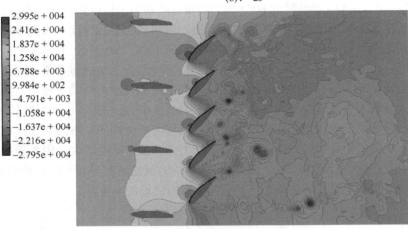

2.995e + 004
2.416e + 004
1.837e + 004
1.258e + 004
6.788e + 003
9.984e + 002
−4.791e + 003
−1.058e + 004
−1.637e + 004
−2.216e + 004
−2.795e + 004

(c) *t* = 3s

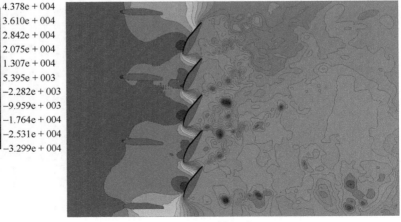

4.378e + 004
3.610e + 004
2.842e + 004
2.075e + 004
1.307e + 004
5.395e + 003
−2.282e + 003
−9.959e + 003
−1.764e + 004
−2.531e + 004
−3.299e + 004

(d) *t* = 4s

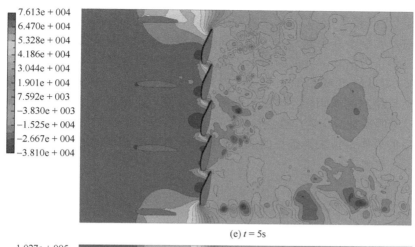

(e) $t = 5\text{s}$

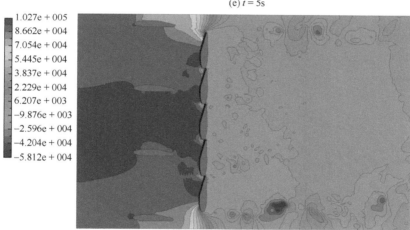

(f) $t = 6\text{s}$

图 6.6　展向断面 $z = 0.5L$ 压力分布（Pa）（后附彩图）

2）叶栅槽道内尾迹结构随时间的变化

采用 λ_2 判据来识别叶栅后复杂的三维涡结构。导叶一段直线线性关闭过程中几个典型时刻叶栅槽道内尾迹结构分布如图 6.7 所示。可以看出，叶栅流道内包含复杂非定常流动特征的涡系结构，活动导叶尾流涡团之间的相互干扰非常剧烈，涡旋相互作用过程中不断有新的拟序结构形成，双列叶栅的动静干扰对流动的分离和旋涡的产生也有很大影响，使得流道内的涡旋流动更加复杂。在 $t = 1\text{s}$（导叶转过 15°）时，最上方固定导叶后产生了卡门涡街，翼展方向上各个活动导叶后均卷起了大尺度的"起动涡"，其中最下方活动导叶后卷起的旋涡最为强烈和明显，已经发展扩散到下游的几倍弦长之外；在 $t = 2\text{s}$（导叶转过 30°）时，导叶后的各个尾迹结构开始接触相互作用，有些涡团交织在一起脱落后向下游迁移；

在 $t=3\mathrm{s}$（导叶转过 45°）时，上方四个活动导叶负力面分离出的涡结构相互缠绕碰撞组对，大涡吞并小涡，大小涡之间相互作用增强，涡量集中增大较为明显，水流绕过最下方活动导叶前缘后形成摆动扩大的三维涡环结构流向下游出口处；在 $t=4\mathrm{s}$（导叶转过 60°）时，随着导叶开度的逐渐减小，水流通过上方四个活动导叶叶道后绕起的涡团相互挤压消耗掉大部分能量，形成明显的近尾迹流，而最下方活动导叶后被拉出大尺度涡结构；在 $t=5\mathrm{s}$（导叶转过 75°）时，上方四个活动导叶叶后的近尾迹扯裂为碎小的涡团和涡环，能量被相邻的旋涡所卷吸，涡量重

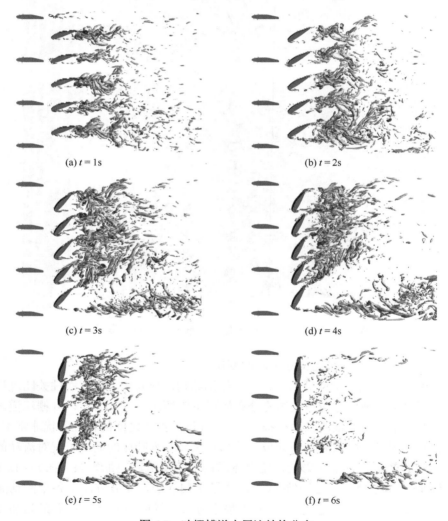

(a) $t=1\mathrm{s}$　　　　　　　　　　　　　　　(b) $t=2\mathrm{s}$

(c) $t=3\mathrm{s}$　　　　　　　　　　　　　　　(d) $t=4\mathrm{s}$

(e) $t=5\mathrm{s}$　　　　　　　　　　　　　　　(f) $t=6\mathrm{s}$

图 6.7　叶栅槽道内尾迹结构分布

新分配，最下方的活动导叶叶后涡结构发展明显减弱；在 $t = 6s$（导叶转过 90°）时，导叶全关整个下游流场也只剩下少许的破碎的湍流涡团，旋涡间距增加，尾迹由于湍流黏性作用逐渐耗散。双列叶栅中的动静叶与尾迹相互作用会引起叶片表面非定常压力脉动。

6.4.3　导水机构双环列非线性叶栅动态绕流的 IBM-LES 模拟

1. 计算对象及网格设计

为了探索水轮机导叶调节运动过程中上游管道系统水力暂态和水轮机暂态过程耦合的机理，在 6.4.2 节槽道内叶栅绕流基础上以昆明理工大学水电站水机电耦合实验室原型混流式水轮机 HLA551-LJ-43 导水机构内的双环列非线性动静叶栅真实流道为计算对象，有 8 个固定导叶和 16 个活动导叶。计算工况对应的基于导叶弦长的雷诺数为 218 649。流体区域计算网格采用四面体非结构网格划分，网格节点数 181 693 个，网格单元数 984 552 个；导叶固体区域计算网格采用四面体非结构网格分块划分，网格节点数 24 536 个，网格单元数 96 480 个。为便于 IBM 的插值处理，流固界面上的网格点采用非一致网格插值技术。计算网格进行了网格无关性验证。计算模型和网格划分如图 6.8 所示。大涡模拟亚格子应力采用动态 Smagoringsky-Lilly 模型。应用浸入式动网格技术处理活动导叶调节运动产生的动边界。采用全隐式多网格耦合求解技术加速收敛。

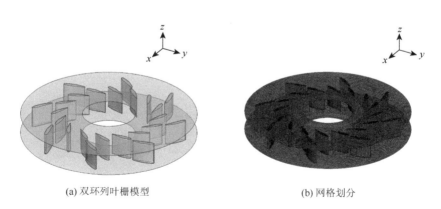

(a) 双环列叶栅模型　　　　　　　　(b) 网格划分

图 6.8　计算使用的双环列叶栅模型及网格划分

2. 边界条件

进口：将实际机组导叶开度变化对应的流量（图 6.2），换算成环列叶栅叶道内相应的流速，施加在进口作为已知的速度边界。出口：采用压力出口边界条件。

展向假定为刚性无滑移壁面，导叶壁面施加无滑移条件。

水轮机活动导叶的关闭运动规律采用一段直线线性关闭，5s 关闭完成，计算中时间步长取 0.001s。使用的计算机为 8 核 CPU、24G 内存工作站，一次计算耗时约 120h。

3. 数值计算结果及分析

1）导叶调节运动中压力随时间的变化

图 6.9 为导叶一段直线线性关闭过程中不同时刻导水机构内展向断面（$z = 0.5L$）的压力分布图。可以看出，在关闭过程中，整个压力场经历了复杂的演化过程，进、出口流场畸变。在 $t = 0.5\text{s}$（导叶转过 7.5°）时，固定导叶压力面周围形成高压区，活动导叶负力面到出口区域形成低压区；在 $t = 1\text{s}$（导叶转过 15°）时，固定导叶压力面靠近前缘附近及少数活动导叶头部产生了局部高压，活动导叶叶道间存在一定的压力梯度；在 $t = 1.5\text{s}$（导叶转过 22.5°）时，压力分布从固定导叶前进口到活动导叶后出口沿径向均匀降低；在 $t = 2\text{s}$（导叶转过 30°）时，高压值进一步加大，压力分布继续均匀递减；在 $t = 2.5\text{s}$（导叶转过 37.5°）时，固定导叶和活动导叶压力面的高压范围逐渐扩大，但此时仍没有负压产生；在 $t = 3\text{s}$（导叶转过 45°）时，逆压梯度明显增强，在出口附近周向区域有负压产生；在 $t = 3.5\text{s}$（导叶转过 52.5°）时，在少数活动导叶尾缘有负压中心，压力场变得不均匀；在 $t = 4\text{s}$（导叶转过 60°）时，多数活动导叶负力面及尾缘周围都产生了负压中心，对整个流场非常不利；在 $t = 4.5\text{s}$（导叶转过 67.5°）时，活动导叶尾缘负压中心的负压值增大，上下游形成明显压差；在 $t = 5\text{s}$（导叶转过 75°）时，导叶完全关闭，活动导叶前上游区域被高压控制，会造成上游引水系统压力管道和蜗壳水击压力上升，而下游机组转速升高，对水电站安全极为不利。

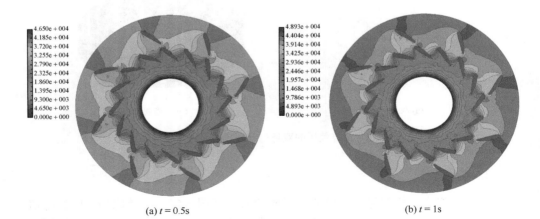

(a) $t = 0.5\text{s}$　　　　　　　　　　　　　(b) $t = 1\text{s}$

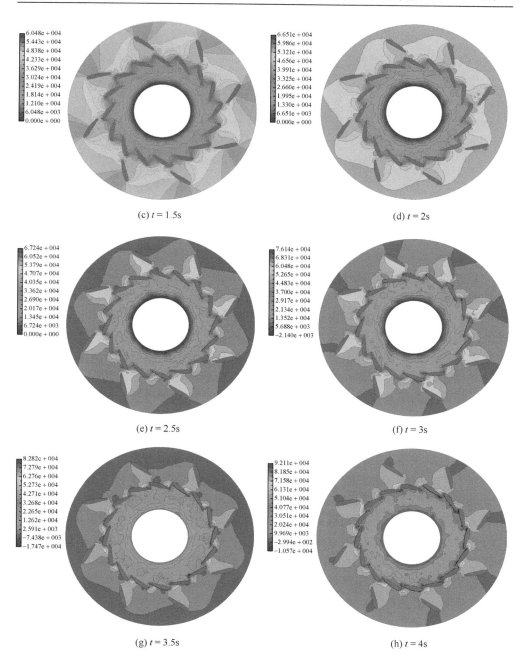

(c) $t = 1.5$s

(d) $t = 2$s

(e) $t = 2.5$s

(f) $t = 3$s

(g) $t = 3.5$s

(h) $t = 4$s

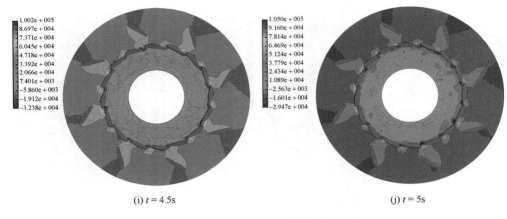

(i) $t = 4.5s$　　　　　　　　　　　　　　　　　　　(j) $t = 5s$

图 6.9　展向断面 $z = 0.5L$ 压力分布（Pa）

2）导叶调节运动中尾迹涡结构随时间的变化

采用 λ_2 判据来辨识导水机构内复杂的三维涡结构。导叶一段直线线性关闭过程中几个典型时刻导水机构内尾迹涡结构分布如图 6.10 所示。可以看出，随着导叶的逐渐关闭，整个流道内呈现出复杂涡结构演化过程，较为清晰地反映了叶栅流场涡系的形成、发展和消失过程，翼型和叶栅绕流的近尾迹湍流是高度有组织的流动结构，由于叶后涡结构对流场的扰动，造成转轮入口水流情况恶化。固定导叶后部产生的尾迹，由于受到与活动导叶间形成的动静干扰的影响，将形成更复杂的涡旋结构，对整个转轮流动情况产生影响，最终可能影响整个水轮机的稳定运行。在 $t = 0.5s$（导叶转过 7.5°）时，固定导叶负力面前缘处卷起小尺度涡结构，尾缘有涡脱落产生，活动导叶压力面和负力面附近都不同程度地绕起湍流涡团；在 $t = 1s$（导叶转过 15°）时，固定导叶前缘涡开始发展增强，压力面靠近尾缘处逐渐分离脱落出近尾迹结构，活动导叶压力面和负力面周围发生流动分离，出现大尺度涡结构被拉伸发展出流向涡，距离很近的涡旋之间被耗散和掺混；在 $t = 1.5s$（导叶转过 22.5°）时，活动导叶尾迹由离散的旋拧涡团构成；在 $t = 2s$（导叶转过 30°）时，双列叶栅尾迹的相互干扰进一步增强；在 $t = 2.5s$（导叶转过 37.5°）时，整个活动导叶的尾流区域都被流向涡结构所充满；在 $t = 3s$（导叶转过 45°）时，随着导叶开度减小涡强度逐渐减弱；在 $t = 3.5s$（导叶转过 52.5°）时，活动导叶间的流道变窄，尾迹强度明显减小；在 $t = 4s$（导叶转过 60°）时，尾迹输运过程中的扭曲和变形都有所减弱，展向涡变为柱状涡；在 $t = 4.5s$（导叶转过 67.5°）时，叶后尾涡开始逐渐溃灭；在 $t = 5s$（导叶转过 75°）时，导叶关闭完成，尾迹基本消失。在导水机构双列叶栅中，后排活动导叶受到前排固定导叶尾迹的影响而产生非定常效应，导致叶片水弹性动力及绕流特性的变化，进而影响整个水轮机的性能。

(a) $t = 0.5s$

(b) $t = 1s$

(c) $t = 1.5s$

(d) $t = 2s$

(e) $t = 2.5s$

(f) $t = 3s$

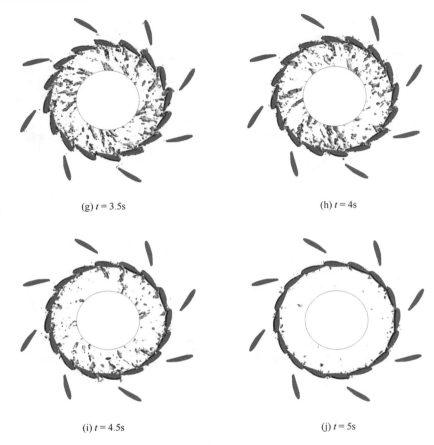

(g) t = 3.5s　　　　　　　　　　　　　　　　　(h) t = 4s

(i) t = 4.5s　　　　　　　　　　　　　　　　　(j) t = 5s

图 6.10　导水机构内尾迹结构分布

6.5　本 章 小 结

　　水轮机运行时，活动导叶转动且受自由来流影响，导叶后缘会拖出尾迹，汇集成强烈集中的螺旋形卡门涡，卡门涡随方位角发生瞬时改变，几何形状复杂，进而改变导叶水动力和振动响应特性，从而对水轮机的运行性能、振动幅值等产生重要影响。因此，发展合适的导叶翼型尾迹计算方法，并准确计算叶后尾迹分布是水轮机流固耦合动力学研究的基础，同时也是水轮机技术领域重要且困难的研究内容之一。具有动边界的翼形绕流数值模拟，由于其广泛的流动背景和复杂的流动特性，是近年来流动机理研究和工程应用中颇受关注的热点问题之一。国内外学者从不同的角度，采用数值模拟和实验研究的方法，研究了各种翼形的绕流特性，相应的文献已有数百篇之多。本章应用浸入式动网格技术结合大涡模拟动态 Smagoringsky-Lilly 亚格子应力模型分别对槽道内活动导叶孤立翼型、槽道内双列线性动静叶栅、导水机构内双列环形叶栅进行了动态的导叶调节运动关闭过程数值模拟。得到的结论主要有以下三点：

（1）应用浸入边界法模拟水轮机导叶的动态绕流问题，将活动导叶调节运动产生的复杂动边界效应模化为 N-S 方程中的一个体力源项，使用基于动态 Smagoringsky-Lilly 亚格子应力模型的大涡模拟技术，分别对某型号混流式水轮机活动导叶单流道、槽道内双列线性动静叶栅、导水机构双环列非线性叶栅进行了导叶关闭三维瞬态湍流数值模拟，计算得到了水轮机导叶与绕流相互作用下动态绕流涡结构的演化过程，揭示了导叶后绕流尾迹振荡的物理力学机制。该方法可为水轮机流道内多级叶栅绕流的精细模拟和研究机组的暂态性能提供有益的参考，对耦合上游管道系统水力暂态和水轮机暂态效应的研究也有指导意义，另外也为探索复杂流道中湍流涡旋产生的力学机理提供了一种研究手段。

（2）计算结果表明导叶动态绕流在叶后充分发展区存在丰富的拟序结构及其相互作用，得到了尾迹结构随时间演化的分布特征，表明浸入边界法可较好地模拟存在复杂外形结构的曲面边界和处理各种动边界的绕流问题，能够较准确地计算翼型绕流的尾迹流场。浸入边界的作用通过在 N-S 方程中添加相应的力源项来表示，该方法的最大优势在于采用笛卡儿网格就可以实现几乎任意复杂外形的边界，简单、高效且不失精度。另外，该方法可以方便地与高级湍流模拟技术（LES、DES）相结合，模拟出的尾迹结构精细、准确又直观合理，从计算量角度考虑也具有优越性。

（3）计算目的主要是希望揭示导叶动态绕流尾迹振荡的物理力学机制，因此首先水轮机叶道被简化成了槽道，以便可使尾迹结构的演化过程尽量不受流道几何形状的影响，反映尾迹振荡的内部作用机制，然后在槽道内叶栅绕流的基础上进一步建立导水机构双环列叶栅绕流真实叶道，根据两种模型的模拟结果判断，尽管槽道几何形状与真正的导叶叶道差异较大，但在导叶的近壁区域，流体绕过导叶的绕流特性与真实的叶道绕流是相近的。因此，由槽道功能模型获得的有关绕流特征的结论同样适用于解释真实水轮机叶道中的动态绕流问题。

第7章　基于离散相颗粒流的水轮机内泥沙磨损研究

7.1　引　　言

当通过水轮机流道的工作水流含有坚硬的泥沙颗粒时，泥沙颗粒作用于水轮机过流部件表面而使其破坏的过程，称为水轮机沙粒磨损。磨蚀是指固相泥沙颗粒与设备固体壁面接触并发生相对运动时，壁面材料出现损失的过程。在水轮机中，表面磨蚀部分由夹带在颗粒流中的泥沙颗粒对水轮机壁面的冲击引起。最终，壁面磨蚀导致设备毁坏，性能下降，机组振动及噪声强烈，负荷波动影响其安全稳定性和使用寿命。我国已建或规划的许多电站运行于含沙河流中常遭受磨蚀、空蚀及两者的联合作用，加之运行条件和工况复杂多变，导致水轮机的空蚀和泥沙磨损是一个十分复杂的物理过程，涉及复杂的气液固多相流、摩擦学、材料学和表面技术等多学科问题，具有多相、微观、瞬态和随机的特点，相关的理论建模和试验研究往往十分复杂和困难，有关的研究虽取得了一定进展但仍不充分[221]。在脆性材料中，磨蚀是由于微小的壁面材料开裂和碎裂而造成的，而在延性材料中，磨蚀是通过一系列重复的微塑性变形引起的。在文献中发现实验得到的磨蚀数据往往有很大的不确定性。不同研究得到的磨蚀速率可以大不相同，甚至对于同一材料也可能大不相同。Thapa 等[222]在综述导叶绕流研究时，对混流式水轮机的泥沙磨损、导叶绕流以及实验室条件下实施的磨蚀估算措施进行了探讨。Koirala 等[223]综述了在含沙水中混流式水轮机活动导叶的磨蚀问题，通过叶片绕流后磨蚀的现场观察和实验估算磨蚀的方法，重点介绍了易损部位、磨蚀严重程度、磨蚀后可能出现的问题及应对措施。Rajkarnikar 等[224]在尼泊尔加德满都大学水轮机测试实验室通过水轮机转轮进行高泥沙条件下的磨蚀试验，试验表明采用传统设计方法设计的混流式水轮机极易因泥沙冲刷而造成材料损失。

泥沙颗粒对壁面的碰撞磨损模型是水轮机磨蚀机理的体现，更是目前进行磨蚀预测的工具。由于固相泥沙颗粒的物理属性、运动参数以及磨损壁面材料属性的多样性，再加上研究方法的差异，导致目前颗粒对壁面的磨损模型种类繁多。目前，对水轮机进行固液多相流的磨蚀数值计算有两种方法：欧拉-拉格朗日方法和欧拉-欧拉方法。欧拉-欧拉方法将离散的颗粒相视为连续的拟流体相，由于实际中颗粒相本身是离散的且颗粒几何尺度范围较宽，在颗粒尺度较大情况下将其作为连续相处理会使结果与实际情况有较大误差[225]。黄剑峰等[226]基于欧拉-欧拉方法的代数滑移混合模型对混流式水轮机全流道进行了三维定常泥沙磨损两相湍流场的数值模拟研究。欧拉-拉格朗日方法中流体相视为连续的且通过 N-S 方程求解，而离散相通过跟踪计算流场中的大量颗粒、气泡或液滴来求解。离散相可以与流体相交换动量、质量和能量。黄先北等[227]基于两相流颗粒轨道模型和 Tabakoff 磨损模型，对某型号单吸离心泵进行数值模拟得到不同泥沙条件和不同入口条件下颗粒运动轨迹和磨蚀规律。韩伟等[228, 229]基于 RNG k-ε 模型和离散相 DPM 模型，对水轮机活动导叶端面间隙磨蚀形态演变进行预测并分析了磨蚀规律和磨蚀位置。赵伟国等[230]基于离散相模型和 Finnie 磨损模型数值模拟得到沙粒体积分数对离心泵磨损特性以及沙粒运动轨迹的影响规律。申正精等[231]结合数值计算与试验方法，分别引入 McLaury 和 Oka 两种磨损模型对螺旋离心泵内固液两相流场进行求解，建立了颗粒参数与过流部件表面磨损的内在关联。Mack 等[232]基于黏性流中颗粒路径的拉格朗日计算方法，对混流式水轮机的导叶和迷宫密封两个部件进行磨蚀预测，并与现场试验结果进行了比较。Sangal 等[233]在文献调研的基础上，从降低水轮机泥沙负荷的几个方面，探讨了改善水轮机表面性能的有效途径和各种以表征侵蚀对水轮机性能影响的磨蚀模型。Parsi 等[234, 235]采用 CFD 模型对水平（H-H）标准弯管中的空气-水-沙的流动进行了分析，研究了其在多相流条件下的侵蚀机理。Tarodiya 等[236]综述了离心泵性能和磨损特性，并对该领域的实验研究和数值模拟进行了讨论，为优化泵的设计提供了参考。Noon 等[237]通过三维 CFD 数值分析预测了石灰浆在离心泵中的冲蚀及其对泵头和效率损失的影响，并将仿真结果与实验数据进行了比较和验证。Gautam 等[238]以低比速混流式水轮机为实例进行数值分析并与实际磨损进行比较，发现导叶间隙的泄漏流是造成转轮叶片进口磨损的主要原因，他们还研究了泥沙颗粒的大小和形状对磨损的影响。Chitrakar 等[239]对冲击式水轮机的数值模拟技术进行总结，包括多相流模拟方面的拉格朗日格式，随着数值技术和计算能力的进步，利用 CFD 和 FEM 作为验证和优化水轮机设计的工具应用前景广阔。Duarte 等[240]基于 UNSCYFL 3D 平台提出使用一种简单的预测冲蚀形状的动网格方法，并对三个测试案例进行了数值模拟及实验验证。由此可见，国内外学术界和工程界对水力机械的泥沙磨损问题一直非常关注，但多数实验研究和数值模拟都是围绕离心泵开展，针对水轮机的泥沙磨损特别是应用欧拉-拉格朗日方法中冲蚀-动网格耦合模型的研究则较为鲜见。

　　为了探索水电站水轮机内部悬移质泥沙颗粒对水轮机过流部件的磨蚀机理，本章基于欧拉-拉格朗日方法中的离散相 DPM 模型与冲蚀-动网格耦合模型研究水轮机内部泥沙磨损问题。DPM 模型中对流体连续相与颗粒离散相通过控制方程中的源项进行耦合，颗粒被看作移动的有质量的点来处理，离散相的局部信息通过沿颗粒轨迹的空间平均得到，通过对整个离散域内颗粒路径的积分实现追踪。与传统静态网格方法不同，冲蚀-动网格耦合模型可以考虑泥沙冲蚀造成的结构变形。为了研究水轮机泥沙磨损特性，应用 Generic 磨损模型、Finnie 磨损模型、Oka 磨损模型、McLaury 磨损模型，并考虑泥沙颗粒撞击壁面的动量损失，通过 DPM 模型计算得到了水轮机全流道泥沙磨损固液两相湍流场，分析了湍流与泥沙磨损的相互影响机理，以及泥沙颗粒的形状及入射方式对水轮机转轮叶片磨损率的影响规律。而冲蚀-动网格耦合模型捕捉到了水轮机导水机构及转轮的泥沙磨损动态演化过程。

7.2　基于离散相模型水轮机内泥沙磨损研究

7.2.1　计算对象

研究对象为某型号混流式水轮机三维全流道，如图 7.1 所示。该水轮机额定转速为 214r/min，转轮叶片数 13 个，固定导叶与活动导叶均为 24 个。从蜗壳进口到尾水管出口的整个全流道计算采用以四面体为基本网格并与棱柱网格混合的混合网格划分，并进行了网格光顺和单元面交换来提高最后数值网格的质量，经过网格无关性验证后针对设计工况最终采用的网格单元数为 244 万个，整体网格划分如图 7.2 所示。数值模拟连续相采用可实现 k-ε 模型[241]进行稳态 N-S 方程计算，泥沙颗粒离散相在拉格朗日框架下采用稳态颗粒追踪，连续相与离散相在欧拉-拉格朗日框架下采用双向耦合方式共同求解，每次计算连续相流场时均更新前一步两相之间的流量、质量和能量交换并计入连续相的求解中。泥沙颗粒的湍流扩散通过随机轨道模型模拟，该模型考虑了颗粒与流

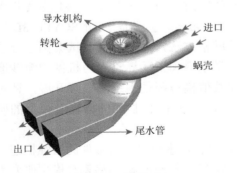

图 7.1　计算模型

图 7.2　计算网格

体的离散涡之间的相互作用，应用随机方法来考虑瞬时湍流速度对颗粒轨道的影响。动静区域采用多参考系 MRF 模型处理，压力速度耦合采用 SIMPLEC 算法，各通量采用二阶迎风格式。主要对水轮机在设计工况下的泥沙磨损问题开展计算。

7.2.2　边界条件与计算方法

流体相采用速度进口和自由出流边界条件，在壁面处采用无滑移边界条件。颗粒离散相在拉格朗日坐标系中进行描述，控制方程为广义牛顿第二定律：

$$m_{\mathrm{p}}\frac{\mathrm{d}u_{\mathrm{p}}}{\mathrm{d}t}=F_{\mathrm{D}}+F_{\mathrm{B}}+F \tag{7.1}$$

式中，m_{p} 为颗粒质量；u_{p} 为颗粒速度；F_{D} 为曳力；F_{B} 为重力造成的浮力；F 为颗粒受到的除曳力和重力造成的浮力之外的其他力（如虚拟质量力等）。

离散相泥沙颗粒在流体中受到的力主要考虑重力及曳力，泥沙颗粒的密度取为 2650kg/m³，重力加速度取为 9.81m/s²，在实际的两相流动中，颗粒的曳力受到很多因素的影响，它不仅与颗粒的雷诺数有关，而且与流体的湍流运动、流体的可压缩性、流体的温度以及颗粒速度、颗粒形状、壁面的存在、颗粒的浓度等因素有关，因此颗粒的曳力难以用统一的形式表达。为研究方便，引入曳力系数的概念，定义为

$$C_{\mathrm{D}}=\frac{F_{\mathrm{D}}}{\pi r_{\mathrm{p}}^{2}\left[\dfrac{1}{2}\rho_{\mathrm{C}}(u-u_{\mathrm{p}})^{2}\right]} \tag{7.2}$$

颗粒在流体中的曳力可表示为

$$F_{\mathrm{D}}=\frac{\pi r_{\mathrm{p}}^{2}}{2}C_{\mathrm{D}}\rho_{\mathrm{C}}\left|u-u_{\mathrm{p}}\right|(u-u_{\mathrm{p}}) \tag{7.3}$$

式中，F_{D} 为颗粒的曳力；r_{p} 为球形颗粒的半径；ρ_{C} 为连续相的密度；u 为流体速度；u_{p} 为颗粒速度。为表示泥沙颗粒细观形状特征本次模拟分别采用球形颗粒曳力系数与非球形颗粒曳力系数（颗粒形状因子取为 0.7）。球形颗粒曳力系数为

$$C_{\mathrm{D}}=\alpha_{1}+\frac{\alpha_{2}}{Re_{\mathrm{p}}}+\frac{\alpha_{3}}{Re_{\mathrm{p}}^{2}} \tag{7.4}$$

式中，α_{1}、α_{2} 及 α_{3} 均为经验常数，推荐值详见文献[242]；Re_{p} 为颗粒雷诺数。非球形颗粒曳力系数为

$$C_{\mathrm{D}}=\frac{24}{Re_{\mathrm{sph}}}\left(1+b_{1}Re_{\mathrm{sph}}^{b_{2}}\right)+\frac{b_{3}Re_{\mathrm{sph}}}{b_{4}+Re_{\mathrm{sph}}} \tag{7.5}$$

式中，b_{1}、b_{2}、b_{3}、b_{4} 为与颗粒形状因子 ϕ 相关的一些系数，具体表达式见文

献[243]。颗粒形状因子定义为 $\phi = s/S$，s 为等体积球形颗粒的表面积，S 为颗粒的真实表面积。

颗粒相泥沙颗粒入射类型采用与流体相同速度从蜗壳进口以面源方式注入，粒径分布分别用均匀分布与 Rosin-Rammler 方程分布，均匀分布中泥沙颗粒的粒径大小为 0.05mm，Rosin-Rammler 方程分布中颗粒最大直径为 0.1mm，最小直径为 0.01mm，平均粒径为 0.05mm，两种分布中颗粒质量流量均为 0.01kg/s。颗粒在进出口处采用逃逸边界条件，在壁面处采用反射边界条件，颗粒碰撞壁面模型采用 Forder 模型[244]，使用壁面反弹系数来表示颗粒碰撞后速度方向的变化。Forder模型表示如下：

$$\begin{cases} \varepsilon_n = 0.988 - 1.66\gamma + 2.11\gamma^2 - 0.67\gamma^3 \\ \varepsilon_t = 0.993 - 1.76\gamma + 1.56\gamma^2 - 0.49\gamma^3 \end{cases} \tag{7.6}$$

式中，ε_n 为壁面法向反弹系数；ε_t 为壁面切向反弹系数；γ 为颗粒撞击角。

壁面磨损模型分别应用 Generic 磨损模型、Finnie 磨损模型、Oka 磨损模型、McLaury 磨损模型。ANSYS FLUENT 中[245]计算磨损率的公式定义如下

$$R_{erosion} = \sum_{p=1}^{N_p} \frac{\dot{m}_p E}{A_{face}} \tag{7.7}$$

式中，$R_{erosion}$ 为磨损率，表示单位时间单位面积上的壁面材料损失质量，kg/(m²·s)；$\dot{m}_p$ 为计算过程中颗粒 p 所代表的质量流量，kg/s；E 为无量纲磨损率；A_{face} 为壁面上计算网格单元的表面积；N_p 为在单元面积 A_{face} 上发生碰撞的颗粒总数。

Generic 磨损模型中

$$E = C(d_p) f(\gamma) V^{b(v)} \tag{7.8}$$

式中，$C(d_p)$ 是颗粒直径的函数；γ 是颗粒路径与壁面的碰撞角；$f(\gamma)$ 是碰撞角的函数；v 是颗粒的相对速度；$b(v)$ 是颗粒相对速度的函数。本节计算中 $C(d_p)$ 取 1.8×10^{-9}，$f(\gamma)$ 取文献[246]中的值，$b(v)$ 取 2.6。

Finnie 磨损模型[247]认为对于几乎所有的韧性材料，磨损率根据下式随冲击角和速度而变化，

$$E = kV_p^n f(\gamma) \tag{7.9}$$

式中，k 是模型常数；V_p 是颗粒撞击速度；$f(\gamma)$ 是撞击角 γ 的无量纲函数。本节计算中 k 取 2.12×10^{-7}，对于金属 n 取 2，对于泥沙颗粒与碳钢碰撞的情况 $f(\gamma)$ 按下式选取：

$$f(\gamma) = \begin{cases} \dfrac{1}{3}\cos^2\gamma, & \gamma > 18.5° \\ \sin(2\gamma) - 3\sin^2\gamma, & \gamma \leqslant 18.5° \end{cases} \tag{7.10}$$

Oka 磨损模型[248]中：

$$E = E_{90} \left(\frac{V}{V_{\mathrm{ref}}} \right)^{k_2} \left(\frac{d}{d_{\mathrm{ref}}} \right)^{k_3} f(\gamma) \tag{7.11}$$

式中，E_{90} 为在 90° 撞击角时的参考磨损率；V 为颗粒撞击速度；V_{ref} 为参考速度取 104m/s；d 为颗粒直径；d_{ref} 为颗粒参考直径取 0.326mm；k_2 为速度指数取 2.35；k_3 为直径指数取 0.19；$f(\gamma)$ 是撞击角函数按下式选取：

$$f(\gamma) = (\sin \gamma)^{n_1} \left(1 + H_V (1 - \sin \gamma) \right)^{n_2} \tag{7.12}$$

式中，H_V 为壁面材料的维氏硬度取 1.8GPa；n_1 与 n_2 为角函数常数，分别取 0.8 与 1.3。

McLaury 磨损模型[249]主要用于模拟泥浆冲蚀过程中的磨损率。其磨损率 E 定义如下，

$$E = A v^n f(\gamma) \tag{7.13}$$

$$A = F B_h^k \tag{7.14}$$

式中，A 为模型常数取 1.99×10^{-7}；v 是颗粒撞击速度；n 为速度指数取 1.73；F 是经验常数；B_h 是壁面材料的布氏硬度值，指数 k 对于碳钢取 −0.59。撞击角函数按下式选取：

$$f(\gamma) = b\gamma^2 + c\gamma \qquad \gamma \leqslant \gamma_{\mathrm{lim}} \tag{7.15}$$

$$f(\gamma) = x \cos^2 \gamma \sin(w\gamma) + y \sin^2 (\gamma) + z \qquad \gamma > \gamma_{\mathrm{lim}} \tag{7.16}$$

式中，模型常数 b、c、w、x 和 y 必须由实验确定，本节计算中 $b = -13.3$、$c = 7.85$、$w = 1$、$x = 1.09$、$y = 0.125$。z 必须从上面两个方程在 $\gamma = \gamma_{\mathrm{lim}}$ 同时满足时选择，γ_{lim} 是过渡角取 15°。

7.2.3　结果及分析

1. 泥沙对水轮机内部湍流场的影响分析

水轮机主流道内展向、流向、法向断面湍流强度分布图分别如图 7.3（a）、（b）、（c）所示，其中左边为泥沙注入工况，右边为清水工况。从整个主流道湍流强度的分布可以看出，泥沙注入后湍流强度的分布规律没有发生太大变化，在固定导叶和活动导叶前端及转轮叶片进水口处由于水流撞击湍流强度最大。图 7.3（a）中主流道展向断面最大湍流强度泥沙注入工况比清水工况削弱了 20%，但最小湍流强度泥沙注入工况比清水工况略微增加了 3%。图 7.3（b）中主流道流向断面最大湍流强度泥沙注入工况比清水工况削弱了 10.5%，但最小湍流强度泥沙注入工况比清水工况略微增加了 4%。图 7.3（c）中主流道法向断面最大湍流强度泥沙注入工况比清水工况削弱了 9%，但最小湍流强度泥沙注入工况比清水工况略微增加了 1%。整体来看，由于采用随机轨道模型考虑了泥沙颗粒与湍流的相互作用，发

现泥沙颗粒的注入对湍流有一定削弱作用，另外湍流对泥沙颗粒的运动也会有一定引导作用，从水轮机主流道湍流强度的分布情况来看湍流强度较大的部位（导水机构与转轮）也是泥沙磨损较为严重的地方。

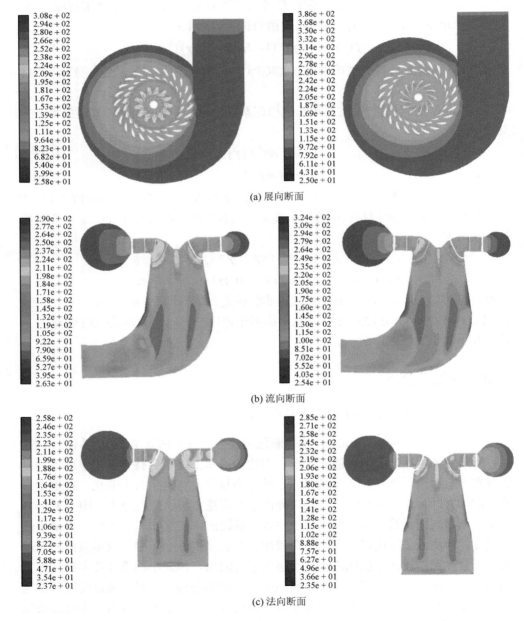

(a) 展向断面

(b) 流向断面

(c) 法向断面

图 7.3　主流道内湍流强度分布图（%）

2. 水轮机转轮泥沙磨损分析

图 7.4 为球形颗粒均匀入射方式下 4 种磨损模型计算得到的整个水轮机转轮叶片磨损率分布情况，可以看出 4 种磨损模型计算得到的磨损率分布规律基本一致，发生磨损的部位都是叶片进水边靠近下环处，主要原因是泥沙颗粒的冲撞角度大且冲撞次数多，与文献[250]中真机水轮机叶片磨损现象一致；但 Generic 磨损模型计算得到的磨损率最小，其余 3 种磨损模型计算得到的磨损率较大且量级较为接近，文献[246]指出是计算磨损率的公式中常数项的量级差异导致各种磨损模型计算磨损率结果上的量级差异。应用 4 种磨损模型分别以球形颗粒均匀入射、球形颗粒 Rosin-Rammler 方程入射、非球形颗粒均匀入射、非球形颗粒 Rosin-Rammler 方程入射 4 种组合方式下计算得到水轮机转轮某一叶片工作面的磨损率分布，如图 7.5～图 7.8 所示。从图 7.5～图 7.8 可以明显看出，Generic 磨损模型对转轮叶片磨损细节的捕捉较其余 3 种磨损模型更为细致，用 Generic 磨损模型计算叶片工作面磨损率最大的为球形颗粒均匀入射，叶片磨损率面积最大的为球形颗粒 Rosin-Rammler 方程入射，磨损形态为沿叶片进水边呈鱼鳞状分布；其余 3 种磨损模型计算得到的叶片工作面磨损率最大的均为非球形颗粒 Rosin-Rammler 方程入射，叶片磨损面积最大的均为球形颗粒 Rosin-Rammler 方程入射，磨损形态为沿叶片进口部位靠近下环处呈方形状。总体来看，Generic 磨损模型预测的磨损率与其他 3 种磨损模型相比较小，其次 Finnie 磨损模型、Oka 磨损模型、McLaury 磨损模型预测的叶片工作面上最大磨损率从大到小排列依次为非球形颗粒 Rosin-Rammler 方程入射、球形颗粒 Rosin-Rammler 方程入射、球形颗粒均匀入射、非球形颗粒均匀入射，说明泥沙颗粒形状与入射方式对转轮叶片的磨损程度有重要影响，与实际工况较为接近的非球形颗粒 Rosin-Rammler 方程入射预测的磨损率最大。

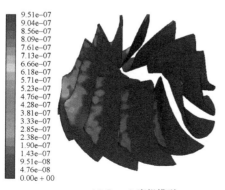

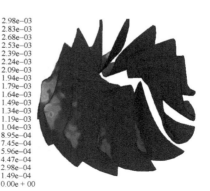

(a) Generic磨损模型　　　　　　　　　　　(b) Finnie磨损模型

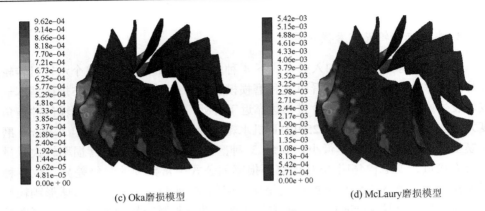

(c) Oka磨损模型   (d) McLaury磨损模型

图 7.4   四种磨损模型的整个转轮叶片磨损率分布[kg/(m²·s)]

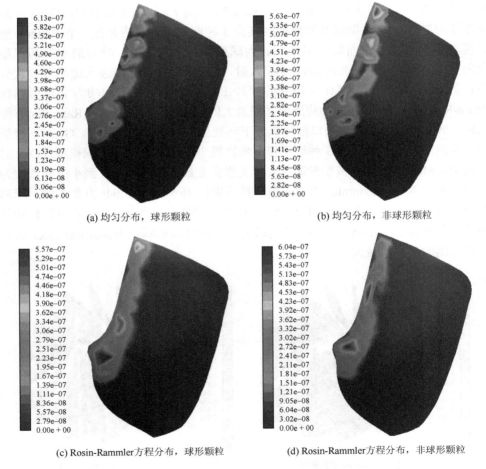

(a) 均匀分布，球形颗粒   (b) 均匀分布，非球形颗粒

(c) Rosin-Rammler方程分布，球形颗粒   (d) Rosin-Rammler方程分布，非球形颗粒

图 7.5   Generic 磨损模型的转轮叶片工作面磨损率分布[kg/(m²·s)]

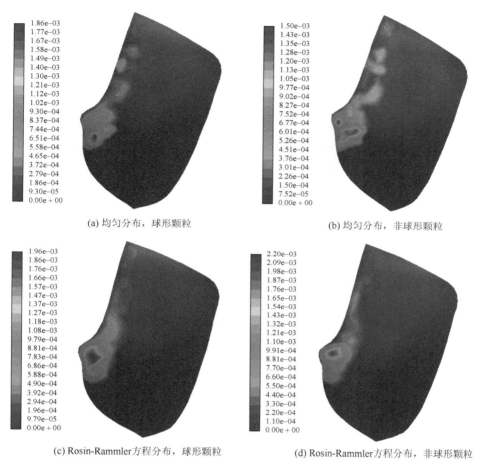

(a) 均匀分布，球形颗粒　　　　　　　　　　(b) 均匀分布，非球形颗粒

(c) Rosin-Rammler方程分布，球形颗粒　　　　　(d) Rosin-Rammler方程分布，非球形颗粒

图 7.6　Finnie 磨损模型的转轮叶片工作面磨损率分布[kg/(m²·s)]

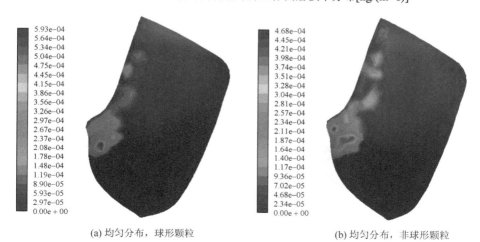

(a) 均匀分布，球形颗粒　　　　　　　　　　(b) 均匀分布，非球形颗粒

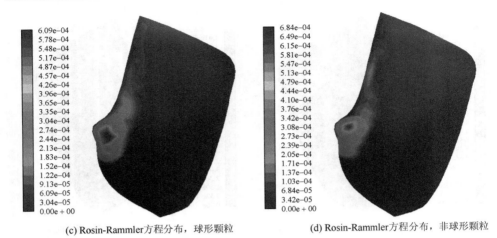

(c) Rosin-Rammler方程分布，球形颗粒　　　　　(d) Rosin-Rammler方程分布，非球形颗粒

图 7.7　Oka 磨损模型的转轮叶片工作面磨损率分布[kg/(m²·s)]

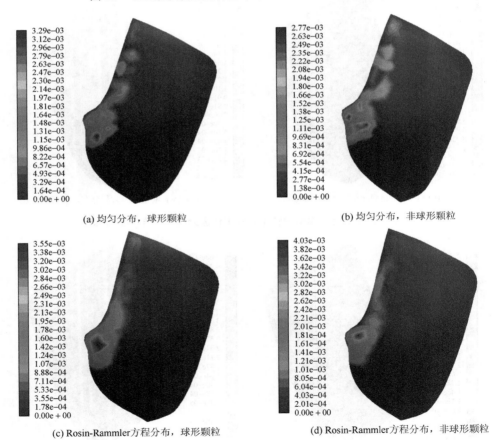

(a) 均匀分布，球形颗粒　　　　　　　　　(b) 均匀分布，非球形颗粒

(c) Rosin-Rammler方程分布，球形颗粒　　　　　(d) Rosin-Rammler方程分布，非球形颗粒

图 7.8　McLaury 磨损模型的转轮叶片工作面磨损率分布[kg/(m²·s)]

3. 水轮机内部泥沙颗粒运动轨迹分析

在非球形颗粒 Rosin-Rammler 方程入射方式下计算得到水轮机内泥沙颗粒运动轨迹如图 7.9 所示。从图 7.9（a）泥沙颗粒的粒径分布可以看出，泥沙颗粒粒径在水轮机流道内呈随机分布，从图 7.9（b）泥沙颗粒的速度分布可以看出，泥沙颗粒进入水轮机流道后在蜗壳内速度分布均匀，通过导水机构后流速有一定提升，再进入转轮受到强旋转湍流影响流速增大，泥沙颗粒对水轮机转轮叶片壁面撞击强烈会造成叶片的磨损。

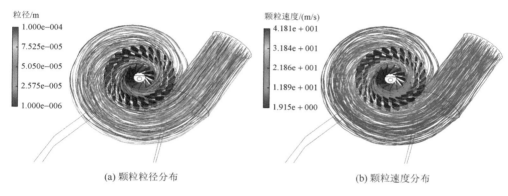

(a) 颗粒粒径分布　　　　　　　　　　　　　　(b) 颗粒速度分布

图 7.9　水轮机内泥沙颗粒运动轨迹分布

7.3　混流式水轮机冲蚀-动网格耦合泥沙磨损演化特性研究

7.3.1　计算模型

计算对象及其网格划分与 7.2 节中的原型混流式水轮机一致。流体相采用速度进口和自由出流边界条件，在壁面处采用无滑移边界条件。离散相泥沙颗粒入射类型采用与流体相同速度从蜗壳进口以面源方式注入，表 7.1 为泥沙颗粒注入参数。泥沙颗粒质量流量 0.001kg/s、0.005kg/s、0.01kg/s 分别代表低浓度、中浓度、高浓度。

表 7.1　泥沙颗粒注入参数

参数	数值
入射速度/(m/s)	7.37
粒径分布函数	Rosin-Rammler 方程分布

续表

参数	数值
质量流量/(kg/s)	0.001、0.005、0.01
最小粒径/mm	0.01
最大粒径/mm	0.1
平均粒径/mm	0.05
尺寸分布指数	3.5

颗粒在进出口处采用逃逸边界条件，在壁面处采用反射边界条件，壁面处的颗粒速度回弹采用了广泛应用的 Grant 模型。文献[246]与[251]通过对 90°弯管的磨损预测发现 Oka 磨损模型预测结果与实验结果最为接近，因此采用 Oka 磨损模型。

7.3.2 颗粒冲蚀-动网格耦合模型

水轮机壁面材料遭受泥沙颗粒的冲蚀可能会产生较大的孔洞，影响颗粒流和冲蚀过程，最终导致材料失效。传统静态网格方法无法考虑冲蚀造成的流动域变化，模拟的准确性由此受到损失，为了考虑壁面形状和位置的变化以及更准确地预测磨损率，利用准稳态方法实现颗粒冲蚀与动网格模型耦合计算水轮机壁面磨损的演化过程。在求解过程的每一步中，流体流动和颗粒冲蚀模拟都以稳态进行，而网格位置则由动态网格模型使用物理时间步长进行更新。

当冲蚀与动网格耦合计算时，单个面的网格变形为[245]

$$\Delta x_{\text{face}} = \text{ER}_{\text{face}} \Delta t_{MM} / \rho_{WM} \tag{7.17}$$

式中，Δx_{face} 为单个面网格的变形量，m；ER_{face} 为壁面冲蚀率密度，kg/(m²·s)；Δt_{MM} 为网格运动更新时间步长，s；ρ_{WM} 为壁面材料密度，kg/m³。本次模拟中壁面材料钢铁密度取为 7850kg/m³，动网格模型中采用弹簧光顺法和局部网格重划法，用于捕捉流场形状随时间的变化，弹簧光顺法仅移动曲面或内部节点而不添加任何新的计算单元，局部网格重划法根据预定义的单元质量标准在感兴趣区域生成新网格。动网格的平滑步数取为 5，固定时间步长设为 0.25h，总冲蚀时间设为 24h，每个流动迭代次数设为 100 步。考虑计算量耦合模拟中参与冲蚀动网格变形的壁面选取固定导叶、活动导叶和转轮。

在冲蚀-动网格耦合模拟中，冲蚀模块首先计算冲蚀率并将其传递给动网格模块，动网格模块对网格变形进行伪稳态模拟，然后求解器对指定数量的流体流动迭代执行稳态流计算，最后运行粒子跟踪器并更新 DPM 源。重复此过程，直到达到指定的总冲蚀时间。

为了确定合适的时间步长，分别采用 0.25h、0.5h、1h 和 2h 作为固定时间步长计算了水轮机转轮叶片工作面的冲蚀变形，如图 7.10 所示。可以看出随着时间步长的增大叶片 24h 冲蚀变形量先小幅增加后逐渐线性减小，其中时间步长为 2h 时计算的结果偏差最大，其他 3 个时间步长的结果都较为接近，时间步长为 0.25h 时的结果处在中间。为了探究不同时间步长在部分时间段内的冲蚀变形计算结果是否稳定，选取 6h 为时间间隔进行冲蚀变形增量分析，可以看到时间步长为 0.25h 时冲蚀变形增量相对其他 3 个时间步长在各时间段内波动平稳离散度最小，所以最终选取时间步长为 0.25h。

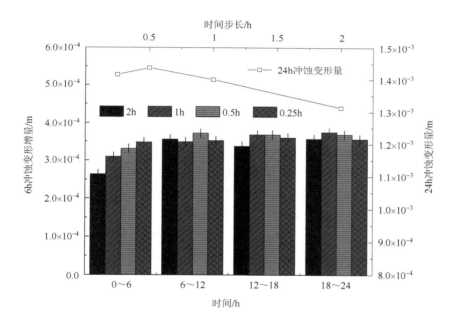

图 7.10　不同时间步长转轮叶片工作面冲蚀变形

7.3.3　数值模拟方法验证

文献[252]对 90° 弯管磨损进行了实验研究，这是一个冲蚀模拟的经典基准。利用本节所采用的颗粒冲蚀-动网格耦合模型，对文献[252]中 90° 弯管磨损实验在相同几何物理条件下进行了数值模拟，并与文献[240]中类似动网格方法的数值模拟结果进行比较。图 7.11 为 90° 弯管计算模型及网格划分，本节基于 ANSYS Meshing 采用六面体网格划分共计 348 500 个单元，文献[240]基于 ANSYS ICEM-CFD 采用 O 型六面体网格划分共计 500 000 个单元。

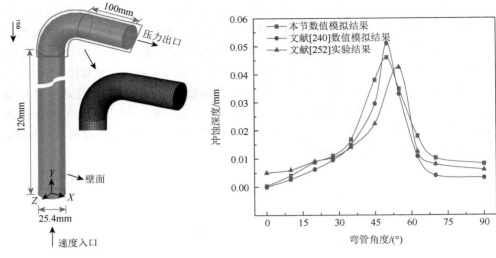

图 7.11　弯管模型及网格划分　　　　　图 7.12　弯管不同角度冲蚀深度

　　为了验证数值模拟结果的可靠性,将本节数值模拟结果与文献[240]数值模拟结果和文献[252]实验结果进行对比分析。图 7.12 为弯管不同角度冲蚀深度,可以看出本节数值模拟结果与实验结果整体变化趋势较为一致,而且最大冲蚀深度比文献[240]的结果更接近实验结果。图 7.13 为弯管冲蚀磨损分布,文献[252]中实验观察到的最大冲蚀位置在弯管 55°位置处,而本节与文献[240]数值模拟预测到的最大冲蚀位置在弯管 52°位置左右,都与实验结果较为接近。但本节的网格数量比文献[240]少了近 1/3,说明本节冲蚀-动网格耦合的方法模拟效率比文献[240]高。

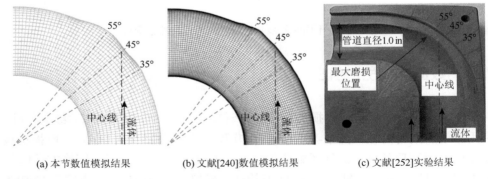

(a) 本节数值模拟结果　　　　(b) 文献[240]数值模拟结果　　　　(c) 文献[252]实验结果

图 7.13　弯管冲蚀磨损分布

1in = 2.54cm

7.3.4　计算结果及讨论

1. 泥沙冲蚀过程对水轮机内部湍流场的影响分析

混流式水轮机全流道内流线速度轨迹分布如图 7.14 所示,可以看出清水工况下水流在尾水管内运动紊乱,可能激起涡旋造成机组振动,而在泥沙注入第 1 个小时后明显减弱了尾水管内的水流紊乱程度,在后续的第 12 个小时与第 24 个小时水流在尾水管内的运动都比较流畅,可见泥沙注入对水轮机流道内的水流紊动性有较为显著的削弱作用,主要因为泥沙颗粒耗散了湍流大部分脉动的能量。水轮机主流道内展向断面湍动能分布如图 7.15 所示,可以看出泥沙注入工况下(0.01kg/s)整个主流道展向断面的湍动能较清水工况下有明显减小,最大湍动能减小 88%,说明泥沙注入后对流体湍流运动强度有明显的削弱作用,抑制了水流的紊动,其中清水工况下主流道内的湍动能分布较为均匀对称,由于水流进入蜗壳后猛烈撞击导水机构及强旋转的转轮,湍动能较大的地方发生在固定导叶与活动导叶的头端以及转轮叶片的进水口处;而泥沙注入工况下主流道内湍动能被削弱后整体分布有一定的梯度变化,分布也不再对称,湍动能较大的部位除了导水机构外主要在转轮叶片从进水口到展向的 1/2 处。

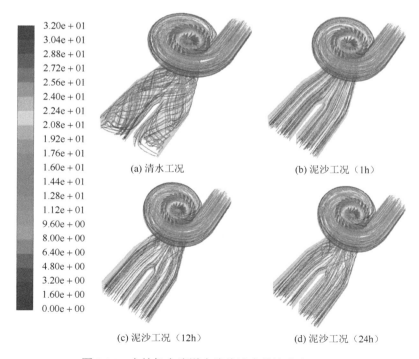

(a) 清水工况　　　　　　(b) 泥沙工况（1h）

(c) 泥沙工况（12h）　　　　　　(d) 泥沙工况（24h）

图 7.14　水轮机全流道内流线速度轨迹分布（m/s）

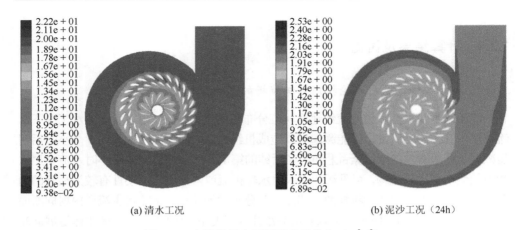

(a) 清水工况 (b) 泥沙工况（24h）

图 7.15 主流道展向断面湍动能分布（m²/s²）

非球形泥沙颗粒注入工况下颗粒质量流量对整个转轮叶片湍动能的影响如图 7.16（a）所示，可以看出 3 种泥沙质量流量对转轮叶片湍动能的影响规律基本一致，表现为开始时湍动能明显减小后面逐渐小幅略微增加最终减弱趋于稳定，总体趋势呈现为非线性减小，说明泥沙颗粒与湍流相互作用非常复杂。泥沙注入工况下（0.005kg/s）颗粒形状随冲蚀时间对整个转轮叶片湍动能的影响如图 7.16（b）所示，可以看出整个冲蚀时间内非球形颗粒对转轮叶片湍动能的削弱较球形颗粒更为明显，非球形颗粒在泥沙冲蚀开始时对转轮湍动能的削弱就发生作用，转轮湍动能随后续冲蚀时间的变化也较为稳定，而球形颗粒在冲蚀过程中湍动能变化稍许有些波动，但最终都明显比清水工况削弱了湍动能，非球形颗粒约减小了 90%，球形颗粒约减小了 84%。总体来看，由于采用随机轨道模型考虑了泥沙

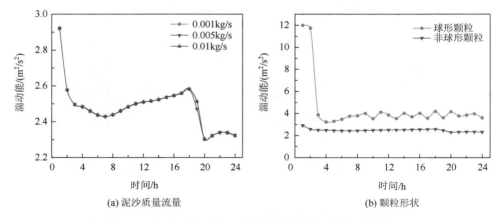

(a) 泥沙质量流量 (b) 颗粒形状

图 7.16 泥沙质量流量及颗粒形状对转轮湍动能的影响

颗粒与湍流的相互作用,发现泥沙颗粒的注入对湍流紊动有较为显著的削弱作用,另外湍流对泥沙颗粒的流动也会有一定引导作用,从水轮机主流道展向断面湍动能的分布情况来看湍动能较大的部位（导水机构与转轮）也是泥沙磨损较为严重的地方,所以采用冲蚀-动网格耦合模型进行模拟时也选取这些部位。

2. 水轮机导水机构泥沙磨损演化分析

图 7.17 为不同泥沙质量流量以非球形颗粒注入计算得到的水轮机导水机构冲蚀累计变形量随时间（6h 间隔）演化情况,可以看出相同泥沙质量流量条件下活动导叶的冲蚀累计变形量总体要大于固定导叶,主要由于含沙水流通过固定导叶分流后泥沙颗粒以较大的冲击角撞击活动导叶,其中固定导叶高浓度泥沙质量流量下的冲蚀累计变形量随时间的增加比中低浓度下明显,而活动导叶中高浓度泥沙质量流量下的冲蚀累计变形量随时间的增加比低浓度下更为明显。图 7.18 为不同泥沙颗粒形状在中浓度泥沙质量流量下对导叶冲蚀变形量的影响,从图 7.18（a）中可以看出两种颗粒形状对固定导叶冲蚀变形量的影响基本相同,表现为冲蚀开始时冲蚀变形量逐渐增大而后趋于稳定,球形颗粒的冲蚀变形量略大于非球形颗粒,说明球形颗粒对固定导叶泥沙磨损的影响较为突出;从图 7.18（b）中可以看出,整个冲蚀时间内活动导叶的冲蚀变形量基本是非球形颗粒大于球形颗粒,特别从冲蚀的第 14 个小时开始非球形颗粒的冲蚀变形量明显大于球形颗粒,而且非球形颗粒的冲蚀变形量随时间明显逐步线性增大,表明更接近水轮机实际运行情况的非球形颗粒由于沙粒形状尖锐对活动导叶冲蚀变形的影响更为突出。

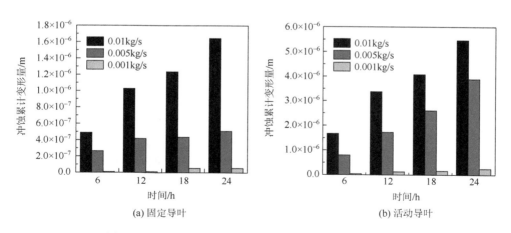

(a) 固定导叶　　　　　　　　　　　(b) 活动导叶

图 7.17　不同泥沙质量流量对导叶冲蚀累计变形量的影响

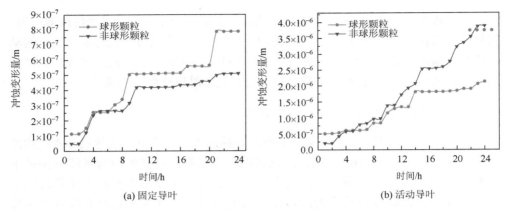

(a) 固定导叶　　　　　　　　　　　　　(b) 活动导叶

图 7.18　不同泥沙颗粒形状对导叶冲蚀变形量的影响

　　图 7.19 是泥沙质量流量为 0.005kg/s 时非球形颗粒计算得到的导叶冲蚀变形分布云图，可以看出固定导叶冲蚀变形较为明显的部位为蜗壳鼻端及邻近固定导叶，壁面网格都有一定程度变形，固定导叶前缘的上部和下部由于受到较小粒径的泥沙颗粒垂直冲击形成以变形磨损为主的蚀痕，活动导叶冲蚀变形较为明显的部位也刚好为靠近座环鼻端的几个活动导叶，在导叶前缘迎水面头部附近由于细泥沙颗粒随水流绕流导叶形成以切削磨损为主的冲蚀变形，图中照片为文献[253]、[254]中某水电站水轮机固定导叶与活动导叶实际磨损情况，数值模拟结果与其较为一致，验证了该方法的准确性。图 7.20 为不同泥沙质量流量对导叶磨损率的影响，

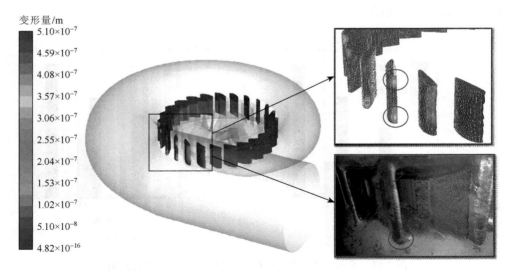

(a) 固定导叶

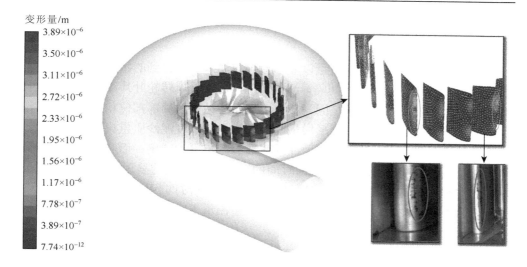

(b) 活动导叶

图 7.19　导叶冲蚀变形分布云图（m）（后附彩图）

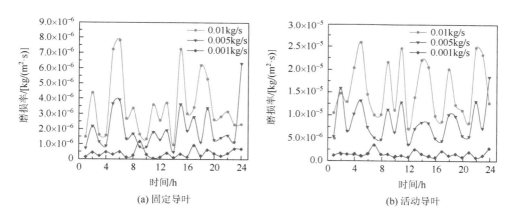

(a) 固定导叶　　　　　　　　　　　　(b) 活动导叶

图 7.20　不同泥沙质量流量对导叶磨损率的影响

可以看出活动导叶的磨损率要大于固定导叶，说明含沙水流中的泥沙颗粒随水流平顺绕流固定导叶后对活动导叶的头部产生更为严重的泥沙磨损；中高浓度泥沙质量流量下固定导叶与活动导叶的磨损率随时间波动变化较为明显，特别是高浓度时波动剧烈，而低浓度泥沙质量流量下导叶的磨损率随时间变化波动比较平稳，主要因为随着泥沙质量流量浓度增加，不同粒径泥沙颗粒冲击导叶表现出强随机性，对导叶磨损率的影响也变为复杂的非线性波动。

3. 水轮机转轮泥沙磨损演化分析

图 7.21 为不同泥沙质量流量以非球形颗粒注入计算得到的水轮机转轮叶片冲蚀累计变形增量随时间（4h 间隔）演化情况，可以看出转轮叶片工作面冲蚀累计变形增量增加较为稳定，这是因为叶片工作面冲蚀变形局部部位相对固定，高浓度泥沙质量流量下冲蚀累计变形增量明显高于中低浓度泥沙质量流量，说明泥沙质量流量浓度增大后对叶片工作面冲蚀变形的影响更为突出；而叶片背面冲蚀累计变形增量量级十分微小，随冲蚀时间的变化有略微波动呈现出非线性，主要因为叶片背面的冲蚀变形部位在冲蚀开始时与后续时间相比位置发生了变化。图 7.22 为不同泥沙颗粒形状在中浓度泥沙质量流量下对转轮叶片冲蚀变形量的影

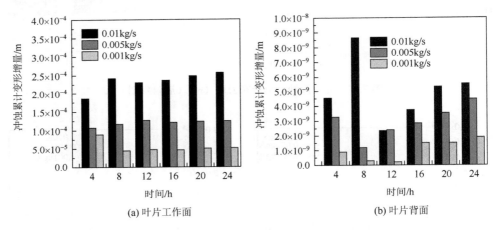

(a) 叶片工作面　　　　　　　　　　　(b) 叶片背面

图 7.21　不同泥沙质量流量对转轮叶片冲蚀累计变形增量影响

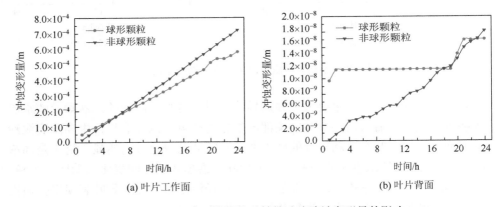

(a) 叶片工作面　　　　　　　　　　　(b) 叶片背面

图 7.22　不同泥沙颗粒形状对转轮叶片冲蚀变形量的影响

响，可以看出叶片工作面的冲蚀变形量明显高于叶片背面几个量级，两种颗粒形状下叶片工作面冲蚀变形量随时间基本线性增大，非球形颗粒的冲蚀变形量略大于球形颗粒；叶片背面非球形颗粒下冲蚀变形量随时间逐步线性增大，而球形颗粒下冲蚀变形量随时间保持恒定略微增大。

图 7.23 为冲蚀最后时刻非球形颗粒在中浓度泥沙质量流量下泥沙颗粒速度轨迹线与粒径轨迹线及转轮叶片冲蚀变形量分布云图，从图 7.23（a）可以看出含沙水流中的泥沙颗粒经过蜗壳导水机构后速度逐渐增大，进入转轮后在旋转离心力及自身重力作用下最大速度达到 45.5m/s，与旋转湍流相互作用对转轮叶片工作面强烈冲击，造成叶片进水边靠近下环处冲蚀变形量最大，主要因为携带动能较大的泥沙颗粒在该处冲击角度大且冲撞次数多；从图 7.23（b）可以看出叶片冲蚀变形量较大位置处主要受泥沙颗粒粒径较大的轨迹线冲击，说明携带动能较大的大粒径泥沙颗粒对转轮冲蚀变形影响较大，冲蚀变形会使叶片表面形状发生变化从而影响机组的水力及空化性能，造成水力损失增加降低转轮效率，促成空化发生后还会与泥沙磨损联合作用加剧转轮磨损。图 7.24 为冲蚀最后时刻非球形颗粒在中浓度泥沙质量流量下转轮叶片磨损率分布与真机实际磨损情况对比，从图 7.24（a）中可以看出叶片磨损较为严重的部位是叶片进水边靠近下环处，图 7.24（b）为文献[255]中某水电站水轮机转轮叶片实际磨损情况，与图 7.24（a）数值模拟结果对比发现磨损严重的地方相同，说明本节所用的冲蚀-动网格耦合模型具有一定的可靠性。

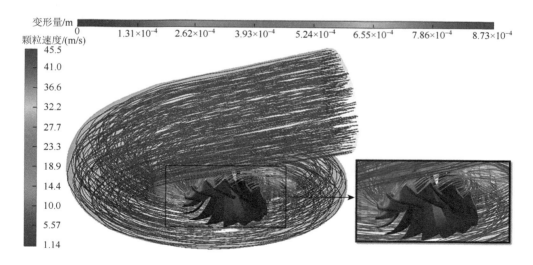

(a) 泥沙颗粒速度轨迹线

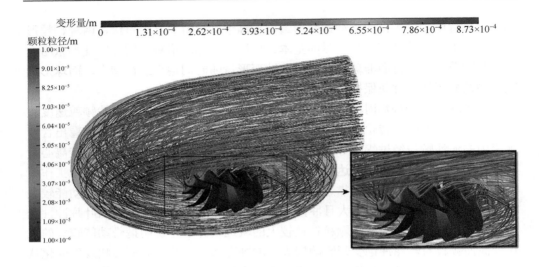

(b) 泥沙颗粒粒径轨迹线

图 7.23　泥沙颗粒速度轨迹线与粒径轨迹线及转轮叶片冲蚀变形量分布云图（后附彩图）

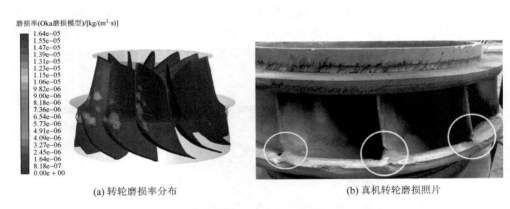

(a) 转轮磨损率分布　　　　　　　　　　　　　(b) 真机转轮磨损照片

图 7.24　转轮叶片磨损率分布与真机磨损情况对比（后附彩图）

　　图 7.25 为不同泥沙质量流量随时间对转轮叶片磨损率的影响，可以看出随着泥沙质量流量增大叶片磨损率也逐渐增大，从图 7.25（a）中可以看出低浓度泥沙质量流量时叶片工作面磨损率随时间变化平缓，而中高浓度泥沙质量流量时叶片工作面磨损率随时间变化趋势相同有一定波动；从图 7.25（b）中可以看出低浓度泥沙质量流量时叶片背面磨损率随时间波动较为显著，而中高浓度泥沙质量流量时叶片背面磨损率都是随时间逐渐增大。图 7.26 为不同泥沙冲蚀时刻转轮叶片磨损率分布，可以看出叶片工作面磨损严重而叶片背面磨损相对轻微，从图 7.26（a）中可以看出叶片工作面不同时刻磨损严重的位置与冲蚀变形量大的位置相同，都在叶片进

水边靠近下环处，呈鱼鳞波纹状分布，其中在第 18 个小时磨损严重的面积占比较大；从图 7.26（b）中可以看出在冲蚀开始第 6 个小时叶片背面磨损位置在叶片进水边靠近上冠处，后面时刻磨损位置改变到叶片进水边靠近下环处，这与图 7.21（b）中叶片背面冲蚀累计变形增量变化情况相符，叶片背面的磨损面积占比都非常小。

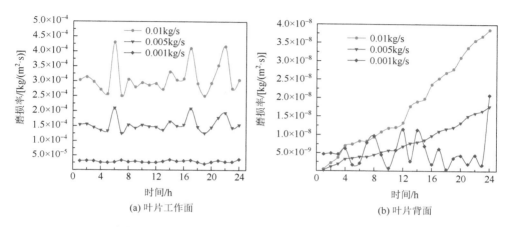

(a) 叶片工作面　　　　　　　　　　(b) 叶片背面

图 7.25　不同泥沙质量流量对转轮叶片磨损率的影响

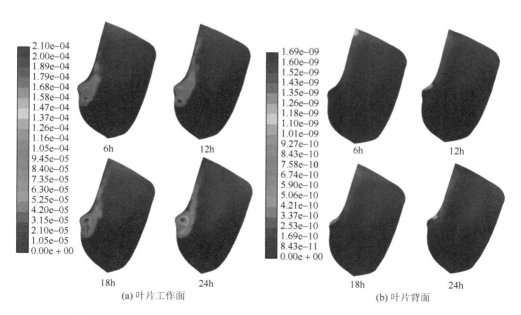

(a) 叶片工作面　　　　　　　　　　(b) 叶片背面

图 7.26　不同泥沙冲蚀时刻转轮叶片磨损率分布[kg/(m²·s)]（后附彩图）

7.4　本　章　小　结

（1）基于离散相颗粒流的 DPM 模型和可实现 k-ε 模型对某型号混流式水轮机全流道进行连续相-离散相双向耦合的泥沙固液两相湍流场数值模拟，泥沙颗粒对壁面的磨损应用 Generic 磨损模型、Finnie 磨损模型、Oka 磨损模型、McLaury 磨损模型。计算得到了主流道内湍流强度的分布与转轮泥沙磨损特征。结果发现泥沙颗粒对最大湍流强度有削弱作用，反过来湍流对泥沙颗粒的运动轨迹有一定引导作用，湍流运动剧烈的地方恰好是泥沙磨损较为严重的位置。4 种磨损模型均能较好预测水轮机壁面泥沙磨损的形态，其中 Generic 磨损模型对磨损细节的捕捉相对其余 3 种模型更为细致。泥沙颗粒的形状及入射方式对水轮机转轮工作面的磨损有重要影响，与实际工况最为接近的非球形颗粒 Rosin-Rammler 方程入射预测的磨损率最大。

（2）基于欧拉-拉格朗日方法的冲蚀-动网格耦合模型与可实现 k-ε 模型对某型号混流式水轮机全流道进行连续相-离散相双向耦合的泥沙固液两相湍流场数值模拟，泥沙颗粒对壁面的磨损应用 Oka 磨损模型。通过与文献中 90°弯管磨损实验进行对比分析验证所用数模方法的准确性与可靠性。计算分析了泥沙物性参数变化对水轮机导水机构与转轮泥沙磨损特性的影响，并与清水工况进行对比分析泥沙注入后对水轮机内部湍流场的相互影响。

（3）传统静态网格方法无法考虑冲蚀造成的流动域变化，模拟的准确性由此受到损失，冲蚀-动网格耦合方法可以较精确地预测泥沙颗粒冲蚀造成的固体壁面变形，为探索水轮机内部复杂固液两相湍流场与泥沙磨损机理提供参考，对利用颗粒流理论与 CFD 方法研究水力机械内部泥沙多相流问题也有一定参考意义。

第 8 章　基于 DEM-CFD 的水轮机内泥沙磨损研究

8.1　引　　言

在当前全球气候变暖和迅猛城镇化背景下，全球环境污染日益加重，特别是我国水环境面临水沙等多种日趋复杂的水问题，且干旱和洪涝等极端事件发生的频率日渐增强，变化环境下水安全问题成为国际上关注的热点，也是保障我国水安全战略和实现可持续发展面临的重大挑战性问题[256]。在多泥沙河流中建设和发展水电站解决泥沙磨损是一个巨大的挑战。在高水头和中水头的水电站中泥沙颗粒的磨蚀作用使水轮机遭受侵蚀，由于维护成本和生产损失这已成为一个严重的经济问题。2019 年 12 月 9 日，欧洲能源研究联盟（EERA）发布了《水力发电战略研究议程》，将"全运行范围内和瞬态运行期间对水力机械的水动力和结构动力学进行精确数值模拟的方法；用于控制水力发电机组的系统动力学数字模型；研究含沙水流和气蚀现象以准确预测和缓解液压机部件腐蚀等"列为欧洲水电领域未来将开展研究的优先事项。工程实践和理论发展趋势都表明，水轮机内部水-气-沙多相介质流动及其磨损磨蚀机理是未来水力机械及系统学科亟待解决的重要问题之一，也是当前水力机械学科面临的主要挑战。具体到水轮机主要涉及两方面的关键科学问题：一是在含沙水流条件下水轮机内部泥沙颗粒流瞬变动力学特性及其对多相介质相间耦合机制的影响；二是水轮机内部水-气-沙三相流场"连续-离散相"耦合数值仿真算法的建立及求解。

过大的含沙量及其导致的泥沙磨损一直困扰着我国许多电站或泵站，在冲蚀与空蚀等因素耦合作用下，水轮机和水泵的叶轮等过流部件极易发生快速严重磨损。在泥沙含量大的江河流域上的水电站都存在或将面临严重的水机磨蚀问题，空化与泥沙磨损联合作用，造成水轮机的磨蚀加重。经大量实验证实，水利水电工程实际引用水并非清水，且含有大量泥沙、化学污染物，致使引用水的空化压力显著升高，水轮机与水泵极易发生空化与空蚀[257]。特别是水轮机内部流动复杂多变，机组内部的湍流涡旋、空化流动、含沙流动等都可能出现水、气、沙多相流动和相互作用现象，并存在相变特性。流经水轮机过流部件的流态是典型的水-气-沙多相湍流，在某些特殊瞬态过程中，机组内部流态十分恶劣，流道中出现多种尺度的旋涡流动，流道某些局部位置可能发生空化，由此引起悬移质泥沙颗粒对水轮机过流部件的磨损及严重时水轮机的性能下降、机组的空蚀、振动等一系列问题。

泥沙颗粒一般具有非规则的几何形态，并与周围流体介质组成复杂的颗粒系统。离散单元方法已成为解决不同工程领域颗粒材料问题的有力工具，但在真实颗粒形态的构造、颗粒流动特性、多介质和多尺度问题及高性能大规模计算方面，仍面临着许多亟待解决的问题。实践证明空化和含沙水流对水轮机的工作性能及寿命有着非常重要的影响。以往对这类问题的研究主要集中在宏观层次的模拟方法，该方法从本质上削弱了固相泥沙颗粒离散结构的真实性，难以体现泥沙颗粒形状大小、相互接触碰撞等细观特征。本章应用细观离散元与计算流体动力学相结合的DEM-CFD 方法，采用有限体积法求解连续介质流体质量、动量守恒方程，离散单元法求解固相颗粒流动控制方程，固相与流体的相间耦合作用通过相间动量项完成，对水轮机内泥沙颗粒流的磨损问题进行研究。基于 ANSYS Workbench 平台，实现连续相 CFD 计算与离散相 DEM 的单向耦合计算，通过引入阿查德（Archard）磨损定律，对水轮机全流道的磨损规律进行研究，为改善水轮机泥沙固液两相流的磨损提供参考。

8.2　离散单元法与多物理场颗粒动力学仿真软件 Rocky

Rocky 是一款基于离散单元法 DEM 高保真的颗粒动力学仿真软件，由巴西ESSS 公司开发，2023 年 1 月被 Ansys 正式收购。它可以快速准确地模拟大规模颗粒的流动行为，同时基于内嵌的 SPH 求解功能，还可以用于仿真流体夹带颗粒时的泥浆状流动，广泛应用于工程机械、矿山设备、化工、冶金、食品、医药及科研等领域。离散单元法用于模拟不连续离散对象（如颗粒、片剂、矿石等）运动伴随的碰撞、受力、热等问题及其宏观影响。通过 Rocky DEM 仿真，可以增加设备寿命和性能，消除堵塞和传送带穿孔，减少泄漏和产品降解，减少设备噪声、粉尘和能耗，预测物质运动轨迹，对传送带进行优化设计，减少磨损并延长保养间隔，等等。除传统领域外，全新的 Rocky 支持环保再生、电池储能等新兴领域，以及可持续发展绿色工程、基于仿真的数字孪生等新的工程挑战。

Rocky 可以单独进行仿真，也能够与 ANSYS 其他多物理场软件如 FLUENT和 Mechanical 耦合使用，用于 DEM-CFD、FEA-DEM 计算，如图 8.1 所示。与其他 DEM 软件相比，Rocky DEM 具有精确的真实颗粒形状，如图 8.2 所示，颗粒可以是三维实体、片状体与纤维状，还可通过颗粒组装功能制作各种外形散体；嵌入光滑粒子动力学 SPH 仿真具备 SPH-DEM 求解器；表面磨损及高级颗粒破损模型；多 CPU 与 GPU 并行加速求解支持上亿颗粒数；还可与 ANSYS Motion、Adams 进行多体动力学耦合仿真；最新功能还包括多重动态计算域、黏结模型、网状接触可视化、与 ANSYS FLUENT 深度集成等。

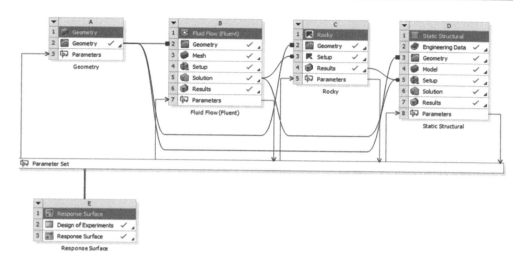

图 8.1 Rocky 与 ANSYS 其他多物理场软件的耦合

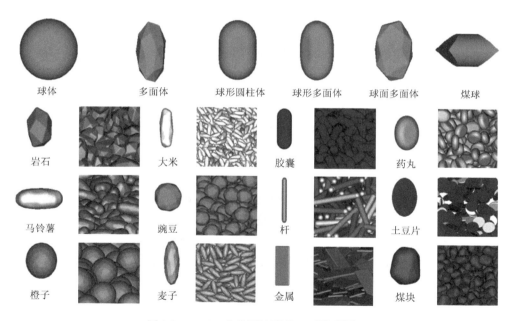

图 8.2 Rocky 中的颗粒形状（后附彩图）

总之，Rocky 是一款领先的 DEM 软件，能快速、准确地仿真不同行业中离散固体颗粒行为，以及既带颗粒又带自由表面的动态流行为。特别是在 GPU 计算和与粒子方法相关的多物理场仿真方面具有独特优势，可用于涉及任意尺寸和形状的离散固体颗粒分析的各种跨行业应用。

8.2.1　接触力模型

离散单元法是一种无网格方法，不用求解连续运动方程。每一个粒子的运动方程都与时间进行了数值积分。对于这个过程，需要知道粒子上的总作用力。总作用力是接触力（粒子之间和与边界的接触力）和物体力的合力。典型的物体力有重力（重量）、流体力和其他力（如静电力、电磁力）等。离散单元法中的接触力由法向力（垂直于接触面的力）与切向力（与接触面相切的力）两部分组成。

1. 法向力模型

DEM 模拟的法向力模型有两个主要要求：首先，力必须是排斥力；其次，由于颗粒介质是一个耗散性极强的系统，法向力模型必须允许显著的能量耗散。Rocky 提供了以下 3 种法向力模型[258]。

1）滞后线性弹簧模型

滞后线性弹簧模型又称为线性滞后模型，这种弹塑性（斥力和耗散）法向力模型可以模拟接触面上的塑性能量耗散，Rocky 中以增量方式实现，如下：

$$F_n^t = \begin{cases} \min\left(K_{nl}s_n^t, F_n^{t-\Delta t} + K_{nu}\Delta s_n\right), & \Delta s_n \geqslant 0 \\ \max\left(F_n^{t-\Delta t} + K_{nu}\Delta s_n, \lambda K_{nl}s_n^t\right), & \Delta s_n < 0 \end{cases} \tag{8.1}$$

$$\Delta s_n = s_n^t - s_n^{t-\Delta t} \tag{8.2}$$

式中，F_n^t 与 $F_n^{t-\Delta t}$ 分别是当前时间 t 和上一时间 $t-\Delta t$ 的法向弹塑性接触力，其中 Δt 是时间步长；Δs_n 是当前时间内接触法向重叠的变化，当粒子彼此接近时，假设它是正的，当粒子分开时它是负的；s_n^t 和 $s_n^{t-\Delta t}$ 分别是当前时间和前一时间的法向重叠值；K_{nl} 和 K_{nu} 分别是加载和卸载接触刚度的值。λ 是一个无量纲的常数，在 Rocky 中的值是 0.001。

2）线性弹簧阻尼器模型

线性弹簧阻尼器模型又称为线性弹性黏性模型。该模型中的法向接触力由线性弹性排斥力和阻尼力组成，即

$$F_n = K_{nl}s_n + C_n\dot{s}_n \tag{8.3}$$

式中，K_{nl} 是法向接触刚度；C_n 为法向阻尼系数；s_n 是接触法向重叠；$\dot{s}_n$ 是接触法向重叠对时间的导数。线性弹簧阻尼器模型中的能量耗散本质上是黏性的，完

全由方程（8.3）中的阻尼力项引起。法向阻尼系数 C_n 的值可以通过黏性能量耗散与非弹性碰撞的能量耗散相匹配的方式来确定，而它们又由恢复系数的值来确定。为了做到这一点，阻尼系数在 Rocky 中定义如下：

$$C_n = 2\eta\sqrt{m^* K_{nl}} \tag{8.4}$$

式中，η 是阻尼比；m^* 是触点的有效质量或等效质量。

　　尽管该模型比较简单且在 DEM 中应用广泛，但它往往不如滞后线性弹簧模型准确，因为现实世界中的能量耗散是塑性的，而不是黏性的。它的精度下降，尤其是当粒子同时具有多个接触时，因为黏性耗散的量仅对单个接触是准确的。

　　3）赫兹弹簧阻尼器模型

　　赫兹弹簧阻尼器模型与线性弹簧阻尼器模型相似，主要区别在于该模型中法向力的弹性和阻尼分量都是重叠的非线性函数。弹性部件基于赫兹在 19 世纪末发展起来的经典接触理论。在 Rocky 中实现的赫兹弹簧阻尼器模型的形式可以写成：

$$F_n = \hat{K}_H s_n^{3/2} + \hat{C}_H s_n^{1/4} \dot{s}_n \tag{8.5}$$

其中，刚度系数 $\hat{K}_H$ 定义为

$$\hat{K}_H = \frac{4}{3} E^* \sqrt{R^*} \tag{8.6}$$

式中，E^* 是折减杨氏模量；R^* 是有效半径或等效半径；$\hat{C}_H$ 是阻尼系数。

2. 切向力模型

Rocky 提供了以下 3 种切向力模型。

　　1）线性弹簧库仑极限模型

　　线性弹簧库仑极限模型又称为弹性库仑模型。模型中的切向力是弹性摩擦力。如果切向力被认为是纯弹性的，则其在时间 t 的值：

$$F_{\tau,e}^t = F_\tau^{t-\Delta t} - K_\tau \Delta s_\tau \tag{8.7}$$

式中，$F_\tau^{t-\Delta t}$ 是之前时间切向力的值；Δs_τ 是时间步长内颗粒的切向相对位移；K_τ 是切向刚度。

　　然而在这个模型中切向力不能超过库仑极限。因此，切向力的完整表达式为

$$F_\tau^t = \min\left(\left|F_{\tau,e}^t\right|, \mu F_n^t\right) \frac{F_{\tau,e}^t}{\left|F_{\tau,e}^t\right|} \tag{8.8}$$

式中，F_n' 是在时间 t 的法向接触力；μ 是摩擦系数。

2）库仑极限模型

库仑极限模型是 Rocky 中比较简单的切向力模型。该模型的切向力如下：

$$F_\tau = -\mu F_n \frac{\dot{s}_\tau}{|\dot{s}_\tau|} \tag{8.9}$$

式中，μ 是摩擦系数；F_n 是触点处的法向力；$\dot{s}_\tau$ 是相对速度矢量的切向分量。

3）Mindlin-Deresiewicz 模型

Mindlin-Deresiewicz 模型中的切向力由以下表达式给出：

$$F_\tau = -\mu F_n \left(1 - \varsigma^{3/2}\right) \frac{s_\tau}{|s_\tau|} + \eta_\tau \sqrt{\frac{6\mu m^* F_n}{s_{\tau,\max}}} \varsigma^{1/4} \dot{s}_\tau \tag{8.10}$$

$$\varsigma = 1 - \frac{\min\left(|s_\tau|, s_{\tau,\max}\right)}{s_{\tau,\max}} \tag{8.11}$$

式中，μ 是摩擦系数；F_n 是法向力；s_τ 是接触处的切向相对位移；$\dot{s}_\tau$ 是接触处相对速度的切向分量；$s_{\tau,\max}$ 是粒子开始滑动时的最大相对切向位移；m^* 是方程（8.4）中定义的有效质量；η_τ 是切向阻尼比。

8.2.2 滚动阻力模型

Rocky 提供了两种滚动阻力模型，如下所述。

1. A 型：恒力矩

在该模型中，为了表示滚动阻力对颗粒施加恒定力矩，此时表达式为

$$M_r = -\mu_r |r| F_n \frac{\omega}{|\omega|} \tag{8.12}$$

式中，μ_r 是滚动阻力系数；F_n 是法向接触力；ω 是粒子角速度矢量；$|r|$ 是粒子的滚动半径，其中 r 是连接粒子质心和接触点的向量。

2. C 型：线性弹簧滚动极限

这是一个弹塑性模型，是大多数需要包括滚动阻力影响模拟的推荐模型。这种类型的模型通常包括黏性阻尼项，以抑制振荡。如果滚动阻力是纯弹性的，滚动阻力矩将用以下方式递增更新：

$$M_{r,e}^{t} = M_{r}^{t-\Delta t} - K_{r}\omega_{rel}\Delta t \qquad (8.13)$$

$$K_{r} = R_{r}^{2}K_{r} \qquad (8.14)$$

式中，$M_{r}^{t-\Delta t}$ 是之前时间的滚动阻力矩矢量；K_{r} 是滚动刚度；ω_{rel} 是相对角速度矢量；Δt 是模拟时间步长；R_{r} 是滚动半径；K_{r} 是切向刚度。

在 C 型滚动阻力模型中，滚动阻力矩的大小受到在全滚动角下获得值的限制。极限值为

$$M_{r,lim} = \mu_{r}R_{r}F_{n} \qquad (8.15)$$

式中，μ_{r} 是滚动阻力系数；R_{r} 是滚动半径；F_{n} 是法向接触力。

C 型滚动阻力模型中滚动阻力矩的最终表达式为

$$M_{r}^{t} = \min\left(\left|M_{r,e}^{t}\right|, M_{r,lim}\right)\frac{M_{r,e}^{t}}{\left|M_{r,e}^{t}\right|} \qquad (8.16)$$

8.3　水轮机泥沙颗粒流体系统 DEM-CFD 建模及仿真

8.3.1　水轮机流体 CFD 计算

在 DEM-CFD 耦合方法中，流体流动是通过传统的连续介质力学方法获得的，为计算作用在单个颗粒上的流体力提供了信息，而颗粒的运动则是通过离散颗粒方法获得的。

研究对象为第 7 章中某型号原型混流式水轮机三维全流道，网格划分情况与 7.2 节一致，模型及网格划分分别如图 7.1、图 7.2 所示。水轮机连续相流场数值模拟基于 ANSYS FLUENT 平台采用可实现 k-ε 模型[241]进行稳态 N-S 方程计算，考虑重力影响，动静区域采用多参考系 MRF 模型处理，压力速度耦合采用 SIMPLEC 算法，各通量采用二阶迎风格式。流体相采用速度进口和自由出流边界条件，在壁面处采用无滑移边界条件。本节主要对水轮机在设计工况下的泥沙磨损问题开展计算。

8.3.2　水轮机泥沙颗粒离散元 DEM 计算

与连续方法相比，DEM 的主要优势是在粒子尺度上获得信息。在离散元框架中，所有颗粒在计算域中都以拉格朗日方式追踪，通过求解欧拉第一定律及第二定律分别控制颗粒的平移与旋转[259]：

$$m_\mathrm{p}\frac{\mathrm{d}v_\mathrm{p}}{\mathrm{d}t} = F_\mathrm{C} + F_{\mathrm{f}\to\mathrm{p}} + m_\mathrm{p}g \tag{8.17}$$

$$J_\mathrm{p}\frac{\mathrm{d}\omega_\mathrm{p}}{\mathrm{d}t} = M_\mathrm{C} + M_{\mathrm{f}\to\mathrm{p}} \tag{8.18}$$

式中，m_p 为颗粒质量；g 是重力加速度矢量；v_p 为颗粒速度；F_C 为考虑颗粒-颗粒与颗粒-壁面相互作用的接触力；ω_p 为角速度矢量；J_p 为转动惯量张量；M_C 为引起颗粒转动的切向力产生的净力矩。由于流体的相互作用，与纯 DEM 模拟相比上面方程中增加了两项，$F_{\mathrm{f}\to\mathrm{p}}$ 为颗粒与流体相相互作用引起的附加力，$M_{\mathrm{f}\to\mathrm{p}}$ 为流体相速度梯度引起的附加力矩。

本节计算中泥沙颗粒法向接触力采用滞后线性弹簧模型，切向力采用线性弹簧库仑极限模型；滚动阻力采用 C 型滚动阻力模型，不考虑附着力。

根据流动条件，颗粒与流体相互作用力 $F_{\mathrm{f}\to\mathrm{p}}$ 通常可以忽略附加虚拟质量力、升力等，只考虑阻力与压力梯度力，由下式计算

$$F_{\mathrm{f}\to\mathrm{p}} = F_\mathrm{D} + F_{\nabla p} \tag{8.19}$$

$$F_\mathrm{D} = \frac{1}{2}C_\mathrm{D}\rho_\mathrm{f}A'\big|u-v_\mathrm{p}\big|(u-v_\mathrm{p}) \tag{8.20}$$

$$F_{\nabla p} = -V_\mathrm{p}\nabla p \tag{8.21}$$

式中，F_D 为阻力；C_D 为阻力系数；ρ_f 为流体密度；A' 为颗粒在流动方向的投影面积；$u-v_\mathrm{p}$ 为颗粒与流体之间的相对速度；$F_{\nabla p}$ 为压力梯度力；V_p 为颗粒的体积，∇p 为局部压力梯度。

流体相速度梯度引起的附加力矩可按下式计算：

$$M_{\mathrm{f}\to\mathrm{p}} = C_\mathrm{T}\frac{1}{2}\rho_\mathrm{f}\frac{d_\mathrm{p}^5}{2^5}\big|\omega_\mathrm{r}\big|\omega_\mathrm{r} \tag{8.22}$$

式中，C_T 为转矩系数；d_p 为颗粒直径；ω_r 为相对流体-颗粒的角速度。

本节计算中泥沙设定为球形颗粒，颗粒直径为 0.1mm，从蜗壳进口以 6.37m/s 的速度注入，入口颗粒质量流量为 0.00001kg/s，颗粒数为 28 829 个，阻力系数 C_D 采用修正的 Schiller-Naumann 阻力模型，具体按下式计算：

$$C_\mathrm{D} = \max\left[\frac{24}{Re_\mathrm{p}}\big(1+0.15Re_\mathrm{p}^{0.687}\big),0.44\right] \tag{8.23}$$

式中，Re_p 为颗粒的雷诺数，该模型是用于球形颗粒模拟的推荐阻力定律。

水轮机材料设置为不锈钢，密度为 7850kg/m³，弹性模量为 $2×10^{11}$Pa，泊松比为 0.3。泥沙颗粒的密度取为 2650kg/m³，弹性模量为 $1×10^8$Pa，泊松比为 0.3。颗粒之间及颗粒与不锈钢之间的接触采用软球模型，材料之间的接触参数见表 8.1，重力加速度取为 9.81m/s²。

表 8.1　材料接触参数

材料	静摩擦系数	动摩擦系数	材料恢复系数
颗粒-颗粒	0.27	0.01	0.44
颗粒-不锈钢	0.15	0.01	0.50

磨损模型采用阿查德磨损定律，这个定律将材料的体积损失与材料表面摩擦力所做的功联系起来。阿查德磨损定律通常表示为[260]

$$V = k\frac{F_\tau s_\tau}{H} \tag{8.24}$$

式中，V 是表面磨损材料的总体积；F_τ 是施加在表面上的切向力；s_τ 是表面上的滑动距离；H 是磨损材料的硬度；k 是无量纲经验常数。Rocky 收集颗粒对边界实施的剪切功，且根据剪切功成比例地消除边界体积，可预测由于磨损产生的边界变化影响颗粒流动的特性。

8.3.3　水轮机 DEM-CFD 耦合计算

在 Rocky-FLUENT 耦合中，利用 ANSYS FLUENT 采用常规的连续介质力学方法获得流体流动，其中质量、动量和能量的守恒方程用有限体积法求解。采用离散元方法对 Rocky 内部的固相流动进行了模拟。由于相间相互作用，固体与流体的耦合是由相间动量和传热项共同完成的。在 CFD-DEM 模拟中，采用单向耦合方式即只考虑流体对颗粒的影响不考虑颗粒对流体的影响，数值耦合计算的总时间设为 4s（每 0.05s 记录一次数据）。在内存 64G 工作站上利用 GPU 加速计算，共耗时 10d。

8.4　结果及分析

8.4.1　水轮机内泥沙颗粒运动特性分析

图 8.3 为水轮机主流道内泥沙颗粒数量随时间变化情况，图 8.4 为水轮机主流

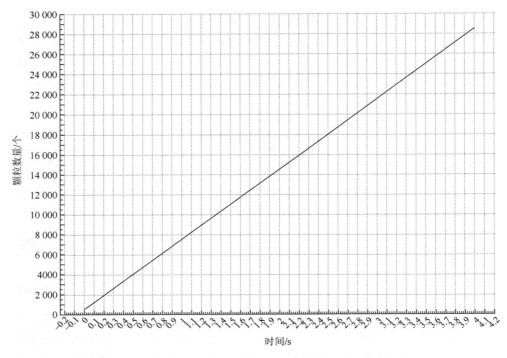

图 8.3　水轮机主流道内泥沙颗粒数量随时间变化情况

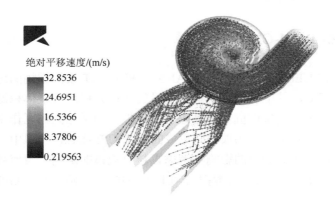

图 8.4　水轮机主流道内泥沙颗粒速度运动轨迹

道内泥沙颗粒速度运动轨迹，图 8.5 为水轮机主流道内泥沙颗粒运动状态随时间的变化。可以看出，从水轮机蜗壳进口处注入泥沙颗粒后，泥沙颗粒数量随时间基本线性增加，在 4s 时颗粒数达到最大约为 28 万个，泥沙颗粒在主流道内受到

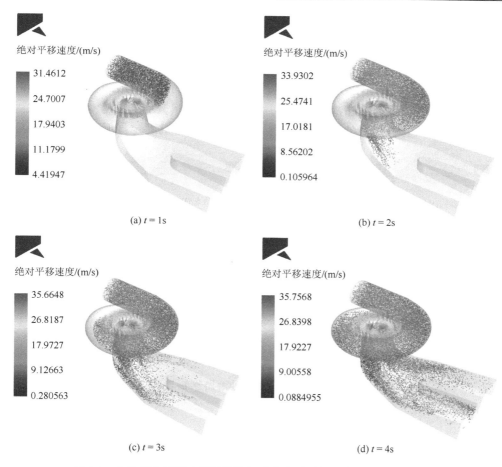

图 8.5　水轮机主流道内泥沙颗粒运动状态随时间的变化（后附彩图）

水流作用后表现出复杂的运动特性，泥沙以稍滞后水流的速度在蜗壳内均匀进入导水机构，速度进一步加大后与导叶表面产生冲击碰撞，进入转轮内与旋转湍流发生强相互作用速度达到最大约为 35m/s，最后受重力作用以较低的速度偏向肘管一侧通过尾水管。从图 8.5 中可以清楚地看到含沙水流中泥沙颗粒的运动状态，在 $t = 1s$ 时泥沙颗粒速度较低均匀分布于蜗壳直管段，少数泥沙颗粒进入导水机构与转轮后速度明显增加；在 $t = 2s$ 时泥沙颗粒数量持续增加大部分进入蜗壳弯管段，多数通过导水机构与转轮后分布于尾水管直肘段；在 $t = 3s$ 时泥沙颗粒已通过尾水管弯肘段进入水平扩散段；在 $t = 4s$ 时，泥沙颗粒数量达到峰值同时转轮内颗粒速度达到最大，泥沙颗粒在尾水管的水平扩散段的分布不均匀，一侧数量稍多于另一侧。

8.4.2　水轮机导水机构泥沙磨损分析

　　图 8.6 为水轮机固定导叶表面泥沙磨损情况分布，可以看出部分固定导叶的前缘出现了明显的冲击磨损与剪切磨损，呈点云状分布，说明泥沙颗粒对固定导叶前缘产生了强烈的撞击和切削。图 8.7 为水轮机固定导叶表面冲击强度

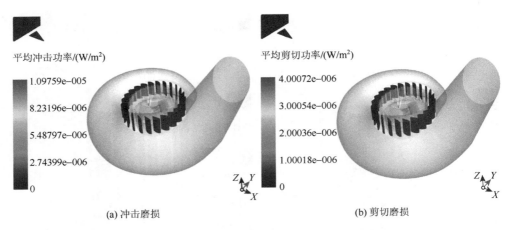

(a) 冲击磨损　　　　　　　　　　　　　　(b) 剪切磨损

图 8.6　水轮机固定导叶表面泥沙磨损分布（后附彩图）

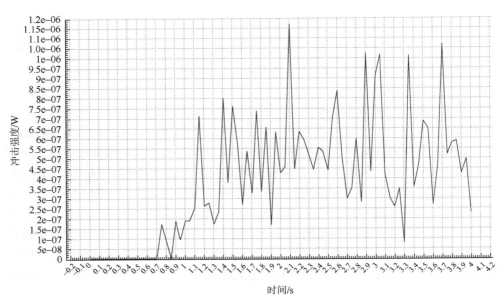

时间/s

(a) 冲击强度

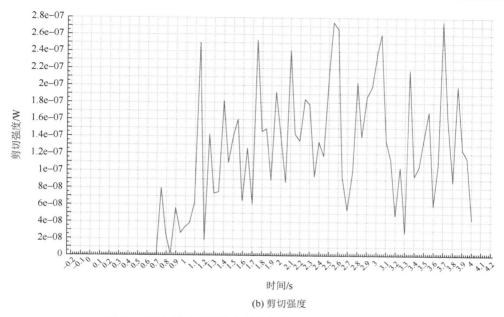

(b) 剪切强度

图 8.7　固定导叶表面冲击强度与剪切强度随时间的变化

与剪切强度随时间变化的曲线，可以看出从 0.7s 开始泥沙颗粒开始接触碰撞到固定导叶，对其产生强烈的撞击与剪切作用，固定导叶表面受到泥沙颗粒的冲击强度与剪切强度随时间变化均表现出不规则的剧烈波动，冲击强度大于剪切强度，说明泥沙颗粒撞击作用对固定导叶表面磨损的影响要比颗粒剪切作用明显。

　　图 8.8 为水轮机活动导叶表面泥沙磨损情况分布，图 8.9 为水轮机活动导叶表面应力分布，可以看出在少数几个活动导叶的前缘出现了明显的冲击磨损与

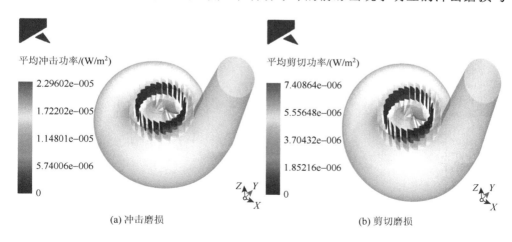

图 8.8　水轮机活动导叶表面磨损分布（后附彩图）

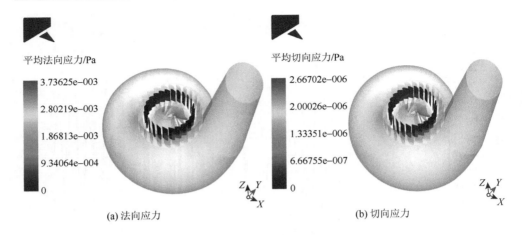

图 8.9　活动导叶表面应力分布

剪切磨损，法向应力大的部位基本与冲击磨损对应，切向应力大的部位基本与剪切磨损对应，法向应力比切向应力大，说明泥沙颗粒对导叶表面的撞击与切削相比对磨损的影响更为显著。图 8.10 为水轮机活动导叶表面冲击强度与剪切强度随时间变化的曲线，可以看出约从 0.8s 开始泥沙颗粒接触碰撞活动导叶，变化曲线也表现出了不规则波动，且随时间推移泥沙颗粒数量增多冲击强度变化更为剧烈明显，说明泥沙颗粒之间碰撞冲击比颗粒剪切对活动导叶表面磨损的影响要更加显著。

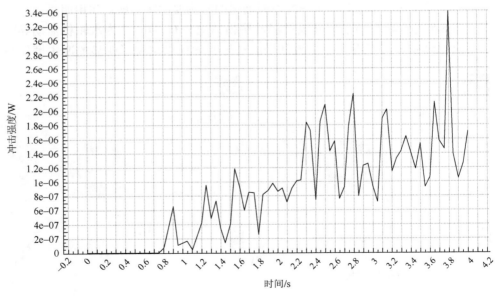

(a) 冲击强度

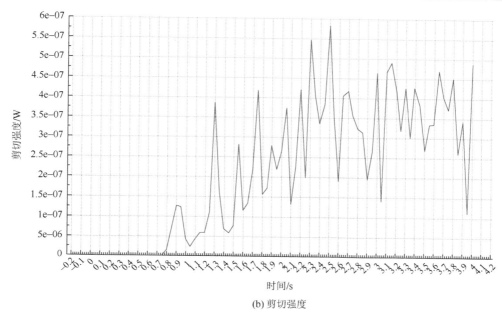

(b) 剪切强度

图 8.10　活动导叶表面冲击强度与剪切强度随时间的变化

8.4.3　水轮机转轮泥沙磨损分析

图 8.11 为水轮机转轮表面磨损分布，可以看出在少数叶片进水边中部出现呈三角状的冲击磨损，而在叶片进水边靠近下环处出现了呈半圆状的剪切磨损，说明泥沙颗粒进入转轮后与转轮内的旋转湍流相互作用，除了对转轮叶片产生强烈冲击磨损外还对叶片表面产生剪切磨损，剪切磨损分布的范围和面积要比冲击磨损大且明显。

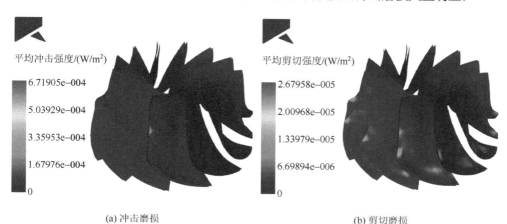

(a) 冲击磨损　　　　　　　　　　　　　　(b) 剪切磨损

图 8.11　水轮机转轮表面磨损分布（后附彩图）

图 8.12 为转轮叶片工作面的磨损分布，图 8.13 为转轮叶片工作面冲击强度与剪切强度随时间变化的曲线，可以看出叶片工作面出现冲击磨损与剪切磨损的位置形状都较为一致，在 1s 时泥沙颗粒开始对叶片工作面冲击并切削，冲击强度与剪切强度随时间都出现了不规则脉动变化，从量值上看颗粒冲击作用强于切削作用。

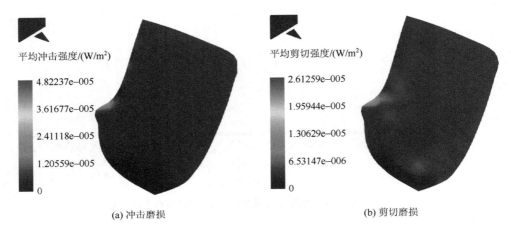

图 8.12　转轮叶片工作面磨损分布（后附彩图）

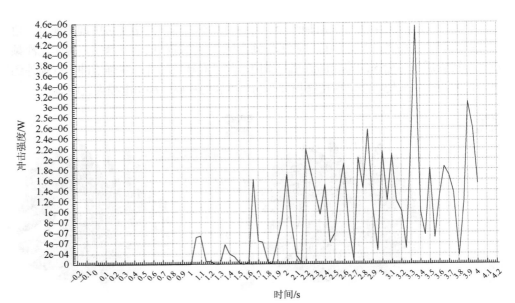

(a) 冲击强度

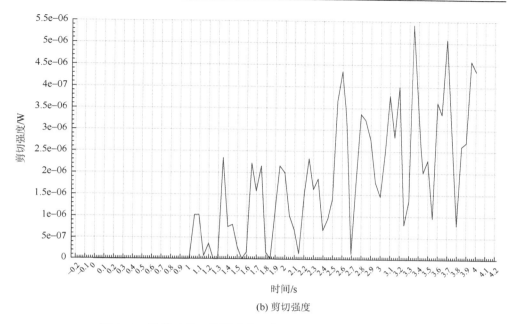

(b) 剪切强度

图 8.13　转轮叶片工作面冲击强度与剪切强度随时间的变化

　　图 8.14 为转轮叶片背面的磨损分布，图 8.15 为转轮叶片背面冲击强度与剪切强度随时间变化的曲线，可以看出叶片背面靠近下环出水边最下端均出现呈方形的冲击磨损与剪切磨损，在叶片背面进水边靠近下环处还有轻微剪切磨损，在 1s 时泥沙颗粒开始对叶片背面冲击并切削，在某些时刻冲击强度与剪切强度出现了剧烈脉动，从量值上看颗粒冲击作用强于切削作用。

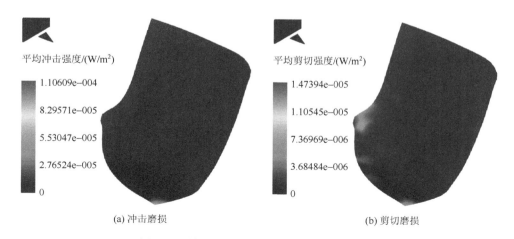

(a) 冲击磨损　　　　　　　　　　　　　　　(b) 剪切磨损

图 8.14　转轮叶片背面磨损分布（后附彩图）

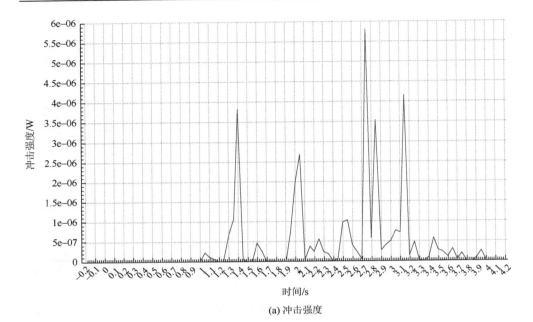

(a) 冲击强度

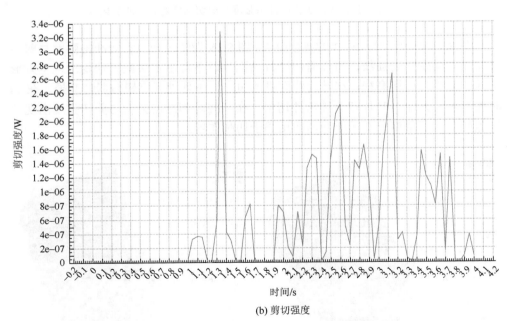

(b) 剪切强度

图 8.15　转轮叶片背面冲击强度与剪切强度随时间的变化

8.4.4　水轮机尾水管泥沙磨损分析

图 8.16 为尾水管表面磨损分布情况，图 8.17 为尾水管表面冲击强度与剪切强度随时间变化的曲线，可以看出泥沙颗粒从转轮出来后受重力及离心力作用主要对尾水管直肘段底部壁面进行撞击与切削，出现了点云状的冲击磨损与剪切磨损，

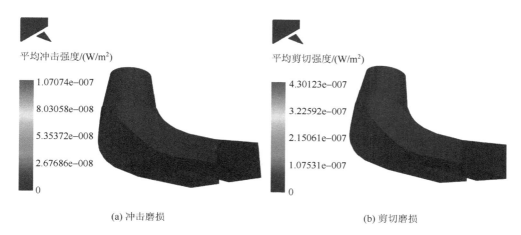

(a) 冲击磨损　　　　　　　　　　　　　　　　(b) 剪切磨损

图 8.16　尾水管表面磨损分布（后附彩图）

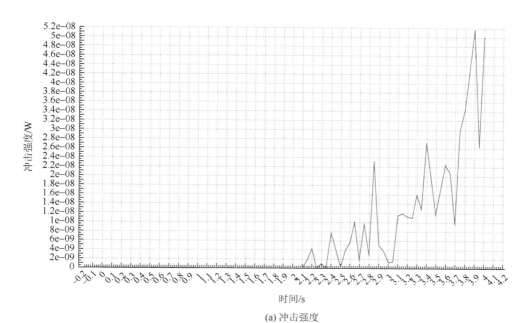

(a) 冲击强度

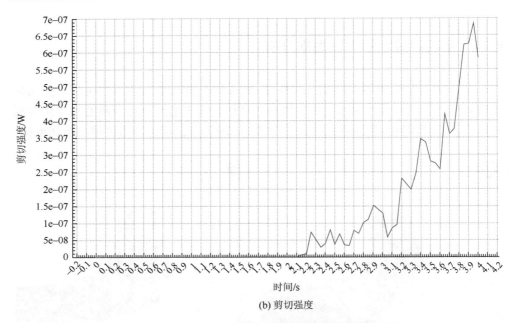

(b) 剪切强度

图 8.17　尾水管表面冲击强度与剪切强度随时间的变化

从 2.1s 开始由于含有大量泥沙颗粒的水流从转轮高速旋转后泄出对尾水管壁面的冲击强度与剪切强度随时间明显增大。

8.5　本 章 小 结

　　本章基于离散元与计算流体动力学耦合的方法求解含沙水流条件下水轮机内部颗粒-流体系统。通过 CFD 方法求解流场，使用 DEM 方法计算颗粒系统的受力情况，两者以一定的模型进行质量、动量和能量等的传递，实现耦合。在泥沙颗粒 DEM 求解中滚动阻力采用 C 型滚动阻力模型，法向力采用滞后线性弹簧模型，切向力采用线性弹簧库仑极限模型。泥沙颗粒对壁面的磨损模型基于阿查德磨损定律。在水轮机 CFD 计算中采用可实现 k-ε 模型与多参考系求解三维单相流场。借助 ANSYS 平台实现 DEM 与 CFD 的耦合计算。泥沙颗粒采用球形颗粒，曳力系数计算采用 Schiller-Naumann 模型。通过 Rocky-FLUENT 耦合计算获得与实际更为接近的泥沙磨损两相湍流场，可为进一步通过 DEM-CFD 耦合方法模拟水轮机真实泥沙磨损情况提供参考。

参 考 文 献

[1] 曹楚生，张丛林. 电能新形势下困惑难解有待深思的问题：水电与各种能源的可持续发展[J]. 水力发电学报，2012，31（3）：1-4.

[2] 韩志勇，张国祥. 科学发展观指导下的水电能源开发政策研究[J]. 水力发电，2008，34（8）：1-4.

[3] 缪益平，纪昌明，李崇浩，等. 基于可持续发展的水电能源系统规划[J]. 水力发电，2005，31（6）：1-5.

[4] 何璟. 加快水电及清洁可再生能源发展，实现电源结构的战略性调整[J]. 水力发电学报，2010，29（6）：1-5.

[5] 常近时，寿梅华，于希哲. 水轮机运行[M]. 北京：水利电力出版社，1983.

[6] 于波，肖惠民. 水轮机原理与运行[M]. 北京：中国电力出版社，2008.

[7] 刘树红，吴玉林. 水力机械流体力学基础[M]. 北京：中国水利水电出版社，2007.

[8] 任玉新，陈海昕. 计算流体力学基础[M]. 北京：清华大学出版社，2006.

[9] 陶文铨. 数值传热学[M]. 西安：西安交通大学出版社，2001.

[10] 李春. 水泵现代设计方法[M]. 上海：上海科学技术出版社，2010.

[11] 何志霞，王谦，袁建平. 数值热物理过程：基本原理及 CFD 软件应用[M]. 镇江：江苏大学出版社，2009.

[12] 董亮，刘厚林，谈明高，等. 离心泵全流场与非全流场数值计算[J]. 排灌工程机械学报，2012，30（3）：274-278.

[13] 吴大转，黄滨，胡芳芳，等. 不同离散格式下的离心泵内部流动数值模拟研究[J]. 工程热物理学报，2012，33（1）：55-58.

[14] 袁寿其，梁赟，袁建平，等. 离心泵进口回流流场特性的数值模拟及试验[J]. 排灌工程机械学报，2011，29（6）：461-465.

[15] 马栋棋. 新型自吸离心泵数值模拟及试验研究[J]. 排灌工程机械学报，2011，29（6）：483-486.

[16] 祝磊，袁寿其，袁建平，等. 不同型式隔舌离心泵动静干涉作用的数值模拟[J]. 农业工程学报，2011，27（10）：50-55.

[17] 周水清，孔繁余，王志强，等. 基于结构化网格的低比转数离心泵性能数值模拟[J]. 农业机械学报，2011，42（7）：66-69.

[18] 全良桂，许海明，吕金喜. 离心泵内部非定常数值模拟与压力脉动研究[J]. 热能动力工程，2011，26（3）：295-298.

[19] 袁寿其，司乔瑞，薛菲，等. 离心泵蜗壳内部流动诱导噪声的数值计算[J]. 排灌工程机械学报，2011，29（2）：93-98.

[20] 黄剑峰，王文全，文俊. 离心泵流场及动力特性研究[J]. 云南农业大学学报，2009，24（6）：

886-890.

[21] 辛喆，吴俊宏，常近时. 混流式水轮机的三维湍流流场分析与性能预测[J]. 农业工程学报，2010，26（3）：118-124.

[22] 肖若富，孙卉，刘伟超，等. 预开导叶下水泵水轮机 S 特性及其压力脉动分析[J]. 机械工程学报，2012，48（8）：174-179.

[23] 梁武科，董彦同，赵道利，等. 减压管状态对混流式水轮机流场的影响[J]. 动力工程，2008，28（4）：600-604，615.

[24] 王正伟，陈柳，肖若富，等. 低水头混流式水轮机蜗壳和尾水管结构变化对流动损失的影响研究[J]. 水力发电学报，2008，27（5）：147-152.

[25] 肖若富，王正伟，罗永要. 基于流固耦合的混流式水轮机转轮静应力特性分析[J]. 水力发电学报，2007，26（3）：120-123，133.

[26] 郭鹏程，罗兴锜，覃延春. 基于计算流体动力学的混流式水轮机性能预估[J]. 中国电机工程学报，2006，26（17）：132-137.

[27] 马文生，周凌九. 网格对水轮机流动计算结果的影响[J]. 水力发电学报，2006，25（1）：72-75.

[28] 黄剑峰，张立翔，王文全，等. 混流式水轮机全流道三维非定常流场数值模拟[J]. 水电能源科学，2009，27（1）：155-157，214.

[29] Wendt J F. Computational Fluid Dynamics：An Introduction[M]. 3rd. Berlin：Springer，2009.

[30] 阎超，于剑，徐晶磊，等. CFD 模拟方法的发展成就与展望[J]. 力学进展，2011，41（5）：562-589.

[31] 张立翔，杨柯. 流体结构互动理论及其应用[M]. 北京：科学出版社，2004.

[32] 唐友刚. 海洋工程结构动力学[M]. 天津：天津大学出版社，2008.

[33] 宋学官，蔡林，张华. ANSYS 流固耦合分析与工程实例[M]. 北京：中国水利水电出版社，2012.

[34] 张阿漫，戴绍仕. 流固耦合动力学[M]. 北京：国防工业出版社，2011.

[35] 叶正寅，张伟伟，史爱明. 流固耦合力学基础及其应用[M]. 哈尔滨：哈尔滨工业大学出版社，2010.

[36] 刘欣. 无网格方法[M]. 北京：科学出版社，2011.

[37] Hughes T J R，Liu W K，Zimmerman T K. Lagrangian-Eulerian finite element formulations for incompressible viscous flows[J]. Computer Methods in Applied Mechanics and Engineering，1981，29（3）：329-349.

[38] Peskin C S. The immersed boundary method[J]. Acta Numerica，2002，11：479-517.

[39] Wang X D，Liu W K. Extended immersed boundary method using FEM and RKPM[J]. Computer Methods in Applied Mechanics and Engineering，2004，193（12-14）：1305-1321.

[40] Zhang L，Gerstenberger A，Wang X D，et al. Immersed finite element method[J]. Computer Methods in Applied Mechanics and Engineering，2004，193（21-22）：2051-2067.

[41] Rabczuk T，Gracie R，Song J H，et al. Immersed particle method for fluid-structure interaction[J]. International Journal for Numerical Methods in Engineering，2010，81（1）：48-71.

[42] Gerstenberger A，Wall W A. An extended finite element method/Lagrange multiplier based approach for fluid-structure interaction[J]. Computer Methods in Applied Mechanics and

Engineering，2008，197（19-20）：1699-1714.

[43] 王学，高普云，吴志桥，等. 基于同步交替法求解流体-弹性板耦合作用[J]. 力学学报，2010，42（5）：856-862.

[44] Harlow F H，Welch J E. Numerical calculation of time-dependent viscous incompressible flow of fluid with free surface[J]. The Physics of Fluids，1965，8（12）：2182-2189.

[45] Hirt C W，Nicols B D. Volume of fluid（VOF）method for the dynamics of free boundaries[J]. Journal of Computational Physics，1981，39（1）：201-225.

[46] 张立翔，郭亚昆，王文全. 强耦合流激振动的建模及求解的预测多修正算法[J]. 工程力学，2010，27（5）：36-44.

[47] 张立翔，王文全，姚激. 混流式水轮机转轮叶片流激振动分析[J]. 工程力学，2007，24（8）：143-150.

[48] 张立翔，郭亚昆，张洪明. 基于 GMRES 算法的弹性结构强耦合小变形流激振动分析[J]. 应用数学和力学，2010，31（1）：81-90.

[49] 王福军，赵薇，杨敏，等. 大型水轮机不稳定流体与结构耦合特性研究 I：耦合模型及压力场计算[J]. 水利学报，2011，42（12）：1385-1391.

[50] 王福军，赵薇，杨敏，等. 大型水轮机不稳定流体与结构耦合特性研究 II：结构动应力与疲劳可靠性分析[J]. 水利学报，2012，43（1）：15-21.

[51] 黄典贵. 振动叶栅中三维振荡欧拉流场的压力消去法[J]. 中国电机工程学报，1999，19（4）：37-40，45.

[52] 王磊，朱茹莎，常近时. 青铜峡与八盘峡水电站水中泥沙含量对空化压力的影响[J]. 水力发电学报，2008，27（4）：44-47.

[53] 王磊，常近时. 考虑水质状况的空化流计算理论[J]. 农业机械学报，2010，41（3）：62-66，76.

[54] 周凌九，王正伟. 基于空化流动计算的混流式水轮机尾水管的压力脉动[J]. 清华大学学报（自然科学版），2008，48（6）：972-976.

[55] 刘德民，刘树红，吴玉林，等. 基于修正空化质量传输方程的水轮机空化的数值模拟[J]. 工程热物理学报，2011，32（12）：2048-2051.

[56] 王玲花. 水轮发电机组振动及分析[M]. 郑州：黄河水利出版社，2011.

[57] Weaver D S，Ziada S，Au-Yang M K，et al. Flow-induced vibration in power and process plants components-progress and prospects[J]. ASME Journal of Pressure Vessel Technology，2000，122（3）：339-348.

[58] 樊世英. 大中型水力发电机组的安全稳定运行分析[J]. 中国电机工程学报，2012，32（9）：140-148.

[59] 吴玉林，刘树红. 粘性流体力学[M]. 北京：中国水利水电出版社，2007.

[60] Clark R A，Ferziger J H，Reynolds W C. Evaluation of subgrid-scale models using an accurately simulated turbulent flow[J]. Journal of Fluid Mechanics，1979，91：1-16.

[61] Ray M M，Moin P. Direct simulation of turbulent flow using finite-difference scheme[J]. Journal of Computational Physics，1991，96（1）：15-53.

[62] Kim J，Moin P，Moser R. Turbulent statistics in fully developed channel flow at low Reynolds number[J]. Journal of Fluid Mechanics，1987，177：133-166.

[63] Verzicco R, Orlandi P. Direct simulation of the transitional regime of a circular jet[J]. Physics of Fluids, 1994, 6 (2): 751-759.

[64] Åsén P, Kreiss G, Rempfer D. Direct numerical simulations of localized disturbances in pipe Poiseuille flow[J]. Computers & Fluids, 2010, 39 (6): 926-935.

[65] Launder B E, Spalding D B. Lectures in Mathematical Models of Turbulence[M]. London: Academic Press, 1972.

[66] Yakhot V, Orzag S A. Renormalization group analysis of turbulence: Basic theory[J]. Journal of Scientific Computation, 1986, 1 (1): 3-11.

[67] 李人宪. 有限体积法基础[M]. 北京: 国防工业出版社, 2008.

[68] Hinze J O. Turbulence[M]. New York: McGraw-Hill Publishing Co. , 1975.

[69] Smagorinsky J. General circulation experiments with the primitive equations: Ⅰ. The basic experiment[J]. Monthly Weather Review, 1963, 91 (3): 99-165.

[70] Germano M, Piomelli U, Moin P, et al. A dynamic subgrid-scale eddy viscosity model[J]. Phys Fluids A, 1991, 3 (7): 1760-1765.

[71] Lilly D K. A proposed modification of the Germano subgrid-scale closure model[J]. Physics of Fluids, 1992, 4 (3): 633-635.

[72] Kim S E. Large eddy simulation using unstructured meshes and dynamic subgrid scale turbulence models[R]. Technical Report AIAA-2004-2548. American Institute of Aeronautics and Astronautics, 34th Fluid Dynamics Conference and Exhibit, 2004.

[73] Kim W W, Menon S. Application of the localized dynamic subgrid-scale model to turbulent wall-bounded flows[R]. Technical Report AIAA-97-0210, American Institute of Aeronautics and Astronautics, 35th Aerospace Sciences Meeting, Reno, NV, 1997.

[74] 周俊波, 刘洋. FLUENT6.3 流场分析从入门到精通[M]. 北京: 机械工业出版社, 2012.

[75] 于勇. FLUENT 入门与进阶教程[M]. 北京: 北京理工大学出版社, 2008.

[76] Shur M, Spalart P R, Strelets M, et al. Detached-eddy simulation of an airfoil at high angle of attack[C]//Rodi W, Laurence D. Engineering Trubulence Modelling and Experiments 4. Proceedings of the 4th International symposium on Engineering Turbulence Modeling and Experiments, Corsica, France, 1999: 669-678.

[77] Menter F R, Kuntz M, Langtry R. Ten years of experience with the SST turbulence model[M]//Hanjalic K, Nagano Y, Tummers M. Turbulence, Heat and Mass Transfer 4. Danbury: Begell House Inc. , 2003: 625-632.

[78] Hirt C W, Amsden A A, Cook J L. An arbitrary Lagrangian-Eulerrian computing method for all flow speeds[J]. Journal of Computational Physics, 1974, 14 (3): 227-253.

[79] Song C C S, Chen X Y, He J, et al. Using computational tools for hydraulic design of hydropower plants[J]. Hydro Review, 1995, 14 (4): 114-121.

[80] 袁淑玲, Chen X Y. 采用大涡模拟方法对混流式水轮机系统进行综合模拟[J]. 国外大电机, 2001, 1: 64-67.

[81] 杨建明, 刘文俊, 吴玉林. 用大涡模拟方法计算尾水管内非定常周期性湍流[J]. 水利学报, 2001, 8: 79-84.

[82] Wang W Q, Zhang L X, Yan Y, et al. Large eddy simulation of turbulent flow considering inflow wakes in a Francis turbine blade passage[J]. Journal of Hydrodynamics, Ser. B, 2007, 19 (2): 201-209.

[83] Caruelle B, Ducros F. Detached-eddy simulations of attached and detached boundary layers[J]. International Journal of Computational Fluid Dynamics, 2003, 17 (6): 433-451.

[84] 李相鹏, 周昊, 岑可法. 涡结构对小颗粒在圆管背风面碰撞分布的影响[J]. 浙江大学学报 (工学版), 2006, 40 (4): 605-609.

[85] 张宇宁, 刘树红, 吴玉林. 混流式水轮机压力脉动精细模拟和分析[J]. 水力发电学报, 2009, 28 (1): 183-186.

[86] 彭玉成, 张克危, 占梁梁, 等. 三峡左岸电厂 6F 机组小开度工况异常振动动态数值解析[J]. 水力发电学报, 2008, 27 (6): 157-162.

[87] Abe K. A hybrid LES/RANS approach using an anisotropy-resolving algebraic turbulence model[J]. International Journal of Heat and Fluid Flow, 2005, 26 (2): 204-222.

[88] Spalart P R. Strategies for turbulence modeling and simulations[J]. International Journal of Heat and Fluid Flow, 2000, 21 (3): 252-263.

[89] Schmidt S, Thiele F. Comparison of numerical methods applied to the flow over wall-mounted cubes[J]. International Journal of Heat and Fluid Flow, 2002, 23 (3): 330-339.

[90] Xu C Y, Chen L W, Lu X Y. Large-eddy and detached-eddy simulations of the separated flow around a circular cylinder[J]. Journal of Hydrodynamics, Ser. B, 2007, 19 (5): 559-563.

[91] Nishino T, Roberts G T, Zhang X. Unsteady RANS and detached-eddy simulations of flow around a circular cylinder in ground effect[J]. Journal of Fluids and Structures, 2008, 24 (1): 18-33.

[92] Liu Z H, Xiong Y, Wang Z Z et al. Numerical simulation and experimental study of the new method of horseshoe vortex control[J]. Journal of Hydrodynamics, Ser. B, 2010, 22 (4): 572-581.

[93] Squires K D, Krishnan V, Forsythe J R. Prediction of the flow over a circular cylinder at high Reynolds number using detached-eddy simulation[J]. Journal of Wind Engineering and Industrial Aerodynamics, 2008, 96 (10-11): 1528-1536.

[94] 李霞, 孙芦忠, 尹洪波, 等. 机动式高架栈桥在风浪耦合作用下的位移响应[J]. 振动与冲击, 2011, 30 (11): 117-121.

[95] 车得福, 李会雄. 多相流及其应用[M]. 西安: 西安交通大学出版社, 2007.

[96] 吴玉林, 唐学林, 刘树红, 徐宇. 水力机械空化和固液两相流体动力学[M]. 北京: 中国水利水电出版社, 2007.

[97] Kumar P, Saini R P. Study of cavitation in hydro turbines: A review[J]. Renewable and Sustainable Energy Reviews, 2010, 14 (1): 374-383.

[98] 蒲中奇, 张伟, 施克仁, 等. 水轮机空化的小波奇异性检测研究[J]. 中国电机工程学报, 2005, 25 (8): 105-109.

[99] 张俊华, 张伟, 蒲中奇, 等. 轴流转桨式水轮机空化程度声信号辨识研究[J]. 中国电机工程学报, 2006, 26 (8): 72-76.

[100] 常近时. 工质为浑水时水泵与水轮机的空化与空蚀[J]. 排灌机械工程学报, 2010, 28 (2):
　　　 93-97.

[101] 崔宝玲, 万忠, 朱祖超, 等. 具有诱导轮的高速离心泵汽蚀特性试验[J]. 农业机械学报,
　　　 2010, 41 (3): 96-99.

[102] 苏永生, 王永生, 段向阳. 离心泵空化试验研究[J]. 农业机械学报, 2010, 41 (3): 77-80.

[103] 张博, 王国玉, 黄彪, 等. 绕水翼空化非定常动力特性的时频分析[J]. 实验流体力学, 2009,
　　　 23 (3): 44-49.

[104] Srinivasan V, Salazar A J, Saito K. Numerical simulation of cavitation dynamics using a
　　　 cavitation-induced-momentum-defect (CIMD) correction approach[J]. Applied Mathematical
　　　 Modelling, 2009, 33 (3): 1529-1559.

[105] Wang G, Ostoja-Starzewski M. Large eddy simulation of a sheet/cloud cavitation on a
　　　 NACA0015 hydrofoil[J]. Applied Mathematical Modelling, 2007, 31 (3): 417-447.

[106] 张露颖, 符松. 钝体绕流空化的数值研究[J]. 工程力学, 2009, 26 (12): 46-51.

[107] 赵静, 魏英杰, 张嘉钟, 等. 不同湍流模型对空化流动模拟结果影响的研究[J]. 工程力学,
　　　 2009, 26 (8): 233-238.

[108] Yoshirera K, Kato H, Yamagushi H, et al. Experimental study on the internal flow of a sheet
　　　 cavity[C]//Cavitation and Multiphase Flow, ASME FED, 1998, 64: 94-98.

[109] Shen Y T, Gowing S. Cavitation effects on foil lift[C]//Cavitation and Multiphase Flow, ASME
　　　 FED, 1993, 153: 209-213.

[110] 吴墒锋, 吴玉林, 刘树红. 轴流转桨式水轮机性能预测及运行综合特性曲线绘[J]. 水力发
　　　 电学报, 2008, 27 (4): 121-125.

[111] 张乐福, 张亮, 张梁, 等. 混流式水轮机的三维空化湍流计算[J]. 水力发电学报, 2008,
　　　 27 (1): 135-138.

[112] 张梁, 吴玉林, 刘树红, 等. 混流式水轮机内部流场的三维空化湍流计算[J]. 工程热物理
　　　 学报, 2007, 28 (4): 598-600.

[113] 陈庆光, 吴玉林, 刘树红, 等. 轴流式水轮机内三维空化湍流的数值研究[J]. 水力发电学
　　　 报, 2006, 25 (6): 130-135.

[114] 王磊, 常近时. 混流式水轮机转轮优化设计的空化流计算[J]. 农业机械学报, 2009, 40 (9):
　　　 98-102.

[115] 谭磊, 曹树良, 桂绍波, 等. 带有前置导叶离心泵空化性能的试验及数值模拟[J]. 机械工
　　　 程学报, 2010, 46 (18): 177-182.

[116] 郝宗睿, 王乐勤, 吴大转. 水翼非定常空化流场的数值模拟[J]. 浙江大学学报 (工学版),
　　　 2010, 44 (5): 1043-1048.

[117] 李军, 刘立军, 李国君, 等. 离心泵叶轮内空化流动的数值预测[J]. 工程热物理学报, 2007,
　　　 28 (6): 948-950.

[118] 李军, 刘立军, 李国君, 等. 空化数对离心泵水力性能影响的数值研究[J]. 工程热物理学
　　　 报, 2010, 31 (5): 773-776.

[119] 吴达人. 离心泵流体力学[M]. 北京: 中国电力出版社, 1998.

[120] Knapp R T, Daily J W, Hammitt F G. Cavitation[M]. New York: McGraw-Hill, 1970.

[121] 吴玉林, 何燕雨, 曹树良. 水轮机转轮内部的三维固液两相紊流计算[J]. 水利学报,

1998，（3）：17-21.

[122] 李琪飞，李仁年，韩伟，等. 蜗壳内部含沙水两相流动的 CFD 模拟分析[J]. 排灌机械，2007，25（5）：61-64.

[123] 张海库，刘小兵，何婷，等. 含沙河流中混流式水轮机全流道三维性能预测[J]. 水电能源科学，2009，27（2）：158-160.

[124] 钱忠东，王焱，郜元勇. 双吸式离心泵叶轮泥沙磨损数值模拟[J]. 水力发电学报，2012，31（3）：223-229.

[125] 郑源，鞠小明，程云山. 水轮机[M]. 北京：中国水利水电出版社，2007.

[126] 温正，石良辰，任毅如. FLUENT 流体计算应用教程[M]. 北京：清华大学出版社，2009.

[127] Brennen C E. Cavitation and Bubble Dynamics[M]. Oxford：Oxford University Press，1995.

[128] Schnerr G H，Sauer J. Physical and numerical modeling of unsteady cavitation dynamics[C]// Proceeding of 4th International Conference on Multiphase Flow，New Orleans，USA，2001.

[129] Manninen M，Taivassalo V，Kallio S. On the Mixture Model for Multiphase Flow[M]. Espoo：VTT Publications 288，Technica Research Centre of Finland，1996.

[130] 刘君，白晓征，郭正. 非结构动网格计算方法及其在包含运动界面的流场模拟中的应用[M]. 长沙：国防科技大学出版社，2009.

[131] 郑源，张健. 水力机组过渡过程[M]. 北京：北京大学出版社，2008.

[132] 陈家远. 水力过渡过程的数学模拟及控制[M]. 成都：四川大学出版社，2008.

[133] 巨江. 工程水力学数值仿真与可视化[M]. 北京：中国水利水电出版社，2010.

[134] 杨开林. 电站与泵站中的水力瞬变及调节[M]. 北京：中国水利水电出版社，2000.

[135] 常近时. 水力机械装置过渡过程[M]. 北京：高等教育出版社，2005.

[136] He L. Three-dimensional unsteady Navier-Stokes analysis of stator-rotor interaction in axial-flow turbines[C]//Proceedings of the Institution of Mechanical Engineers，2000，214：13-22.

[137] Yilbas B S，Budair M O，Naweed Ahmed M. Numerical simulation of the flow field around a cascade of NACA0012 airfoils-effects of solidity and stagger[J]. Computer Methods in Applied Mechanics and Engineering，1998，158（1-2）：143-154.

[138] Michelassi V，Wissink J G，Rodi W. Direct numerical simulation，large eddy simulation and unsteady Reynolds-averaged Navier-Stokes simulations of periodic unsteady flow in a low-pressure turbine cascade：A comparison[C]//Proceedings of the Institution of Mechanical Engineers，Part A：Journal of Power and Energy，2003，217（4）：403-411.

[139] Jadic I，So R M C，Mignolet M P. Analysis of fluid-structure interactions using *a* time-marching technique[J]. Journal of Fluids and Structures，1998，12，631-654.

[140] 王春林，郑海霞，张浩，等. 可调叶片高比转速混流泵内部流场数值模拟[J]. 排灌机械，2009，27（1）：30-34.

[141] 朱红钧，林元华，谢龙汉. FLUENT12 流体分析及工程仿真[M]. 北京：清华大学出版社，2011.

[142] 周俊杰，徐国权，张华俊. FLUENT 工程技术与实例分析[M]. 北京：中国水利水电出版社，2010.

[143] 江帆，黄鹏. Fluent 高级应用与实例分析[M]. 北京：清华大学出版社，2008.

[144] 朱红钧，林元华，谢龙汉. FLUENT 流体分析及仿真实用教程[M]. 北京：人民邮电出版社，2010.

[145] 张德良. 计算流体力学教程[M]. 北京：高等教育出版社，2010.

[146] Peskin C S. Flow patterns around heart valves: A numerical method[J]. Journal of Computational Physics, 1972, 10: 252-271.

[147] Meyer M, Devesa A, Hickel S, et al. A conservative immersed interface method for large-eddy simulation of incompressible flows[J]. Journal of Computational Physics, 2010, 229 (18): 6300-6317.

[148] Chiu P H, Lin R K, Sheu T W H. A differentially interpolated direct forcing immersed boundary method for predicting incompressible Navier-Stokes equations in time-varying complex geometries[J]. Journal of Computational Physics, 2010, 229 (12): 4476-4500.

[149] Vanella M, Rabenold P, Balaras E. A direct-forcing embedded-boundary method with adaptive mesh refinement for fluid-structure interaction problems[J]. Journal of Computational Physics, 2010, 229 (18): 6427-6449.

[150] Liao C C, Lin C A. Simulations of natural and forced convection flows with moving embedded object using immersed boundary method[J]. Computer Methods in Applied Mechanics and Engineering, 2012, 213-216: 58-70.

[151] Mori Y, Peskin C S. Implicit second-order immersed boundary methods with boundary mass[J]. Computer Methods in Applied Mechanics and Engineering, 2008, 197 (25-28): 2049-2067.

[152] Muldoon F, Acharya S. A divergence-free interpolation scheme for the immersed boundary method[J]. International Journal for Numerical Methods in Fluids, 2008, 56 (10): 1845-1884.

[153] Colonius T, Taira K. A fast immersed boundary method using a nullspace approach and multi-domain far-field boundary conditions[J]. Computer Methods in Applied Mechanics and Engineering, 2008, 197 (25-28): 2131-2146.

[154] Wang X D, Liu W K. Extended immersed boundary method using FEM and RKPM[J]. Computer Methods in Applied Mechanics and Engineering, 2004, 193 (12-14): 1305-1321.

[155] Ilinca F, Hétu J F. A finite element immersed boundary method for fluid flow around moving objects[J]. Computers & Fluids, 2010, 39: 1656-1671.

[156] Deng J, Shao X M, Ren A L. A new modification of the immersed-boundary method for simulating flows with complex moving boundaries[J]. International Journal for Numerical Methods in Fluids, 2006, 52 (11): 1195-1213.

[157] Huang W X, Sung H J. An immersed boundary method for fluid-flexible structure interaction[J]. Computer Methods in Applied Mechanics and Engineering, 2009, 198 (33-36): 2650-2661.

[158] Seo J H, Mittal R. A high-order immersed boundary method for acoustic wave scattering and low-Mach number flow-induced sound in complex geometries[J]. Journal of Computational Physics, 2011, 230 (4): 1000-1019.

[159] Linnick M N, Fasel H F. A high-order immersed interface method for simulating unsteady incompressible flows on irregular domains[J]. Journal of Computational Physics, 2005, 204 (1): 157-192.

[160] Huang W X, Chang C B, Sung H J. An improved penalty immersed boundary method for fluid-flexible body interaction[J]. Journal of Computational Physics, 2005, 230 (12): 5061-5079.

[161] Sui Y, Chew Y T, Roy P, et al. A hybrid immersed-boundary and multi-block lattice Boltzmann method for simulating fluid and moving-boundaries interactions[J]. International Journal for Numerical Methods in Fluids, 2007, 53: 1727-1754.

[162] Shu C, Liu N, Chew Y T. A novel immersed boundary velocity correction-lattice Boltzmann method and its application to simulate flow past a circular cylinder[J]. Journal of Computational Physics, 2007, 226 (2): 1607-1622.

[163] Ge L, Sotiropoulos F. A numerical method for solving the 3D unsteady incompressible Navier-Stokes equations in curvilinear domains with complex immersed boundaries[J]. Journal of Computational Physics, 2007, 225 (2): 1782-1809.

[164] Yang J, Preidikman S, Balaras E. A strongly coupled, embedded-boundary method for fluid-structure interactions of elastically mounted rigid bodies[J]. Journal of Fluids and Structures, 2008, 24 (2): 167-182.

[165] Mittal R, Dong H, Bozkurttas M, et al. A versatile sharp interface immersed boundary method for incompressible flows with complex boundaries[J]. Journal of Computational Physics, 2008, 227 (10): 4825-4852.

[166] Revstedt J. A virtual boundary method with improved computational efficiency using a multi-grid method[J]. International Journal for Numerical Methods in Fluids, 2004, 45 (7): 775-795.

[167] Löhner R, Cebral J R, Camelli F E, et al. Adaptive embedded and immersed unstructured grid techniques[J]. Computer Methods in Applied Mechanics and Engineering, 2008, 197 (25-28): 2173-2197.

[168] Devendran D, Peskin C S. An immersed boundary energy-based method for incompressible viscoelasticity[J]. Journal of Computational Physics, 2012, 231 (14): 4613-4642.

[169] Bonfigli G, Jenny P. An efficient multi-scale Poisson solver for the incompressible Navier-Stokes equations with immersed boundaries[J]. Journal of Computational Physics, 2009, 228 (12): 4568-4587.

[170] Ji C, Munjiza A, Williams J J R. A novel iterative direct-forcing immersed boundary method and its finite volume applications[J]. Journal of Computational Physics, 2012, 231 (4): 1797-1821.

[171] Hou T Y, Shi Z Q. An efficient semi-implicit immersed boundary method for the Navier-Stokes equations[J]. Journal of Computational Physics, 2008, 227 (20): 8968-8991.

[172] Ilinca F, Hétu J F. Numerical simulation of fluid–solid interaction using an immersed boundary finite element method[J]. Computers & Fluids, 2012, 59: 31-43.

[173] Luo K, Wang Z L, Fan J R. A modified immersed boundary method for simulations of fluid-particle interactions[J]. Computer Methods in Applied Mechanics and Engineering, 2007, 197 (1-4): 36-46.

[174] Kempe T, Fröhlich J. An improved immersed boundary method with direct forcing for the

simulation of particle laden flows[J]. Journal of Computational Physics，2012，231（9）：3663-3684.

[175] Yang J M，Balaras E. An embedded-boundary formulation for large-eddy simulation of turbulent flows interacting with moving boundaries[J]. Journal of Computational Physics，2006，215（10）：12-40.

[176] Li C W，Wang L L. An immersed boundary finite difference method for LES of flow around bluff shapes[J]. International Journal for Numerical Methods in Fluids，2004，46（1）：85-107.

[177] Wang S Z，Zhang X. An immersed boundary method based on discrete stream function formulation for two-and three-dimensional incompressible flows[J]. Journal of Computational Physics，2011，230（9）：3479-3499.

[178] Choi J I，Oberoi R C，Edwards J R，et al. An immersed boundary method for complex incompressible flows[J]. Journal of Computational Physics，2007，224（2）：757-784.

[179] De Tullio M D，De Palma P，Iaccarino G，et al. An immersed boundary method for compressible flows using local grid refinement[J]. Journal of Computational Physics，2007，225（2）：2098-2117.

[180] Pan D. An immersed boundary method for incompressible flows using volume of body function[J]. International Journal for Numerical Methods in Fluids，2006，50：733-750.

[181] Lai M C，Tseng Y H，Huang H X. An immersed boundary method for interfacial flows with insoluble surfactant[J]. Journal of Computational Physics，2008，227（15）：7279-7293.

[182] Hieber S E，Koumoutsakos P. An immersed boundary method for smoothed particle hydrodynamics of self-propelled swimmers[J]. Journal of Computational Physics，2008，227（18）：8636-8654.

[183] Su S W，Lai M C，Lin C A. An immersed boundary technique for simulating complex flows with rigid boundary[J]. Computers & Fluids，2007，36（2）：313-324.

[184] Xu S，Wang Z J. An immersed interface method for simulating the interaction of a fluid with moving boundaries[J]. Journal of Computational Physics，2006，216（2）：454-493.

[185] Morgenthal G，Walther J H. An immersed interface method for the Vortex-In-Cell algorithm[J]. Computers & Fluids，2007，85：712-726.

[186] Le D V，Khoo B C，Peraire J. An immersed interface method for viscous incompressible flows involving rigid and flexible boundaries[J]. Journal of Computational Physics，2006，220（1）：109-138.

[187] Luo H X，Mittal R，Zheng X D，et al. An immersed-boundary method for flow-structure interaction in biological systems with application to phonation[J]. Journal of Computational Physics，2008，227（22）：9303-9332.

[188] Le D V，White J，Peraire J，et al. An implicit immersed boundary method for three-dimensional fluid-membrane interactions[J]. Journal of Computational Physics，2009，228（22）：8427-8445.

[189] Gao T，Tseng Y H，Lu X Y. An improved hybrid Cartesian/immersed boundary method for fluid-solid flows[J]. International Journal for Numerical Methods in Fluids，2007，55（12）：1189-1211.

[190] Poncet P. Analysis of an immersed boundary method for three-dimensional flows in vorticity

formulation[J]. Journal of Computational Physics，2009，228（19）：7268-7288.

[191] Weymouth G D，Yue D K P. Boundary data immersion method for Cartesian-grid simulations of fluid-body interaction problems[J]. Journal of Computational Physics，2011，230（16）：6233-6247.

[192] Tavakoli R. CartGen：Robust，efficient and easy to implement uniform/octree/embedded boundary Cartesian grid generator[J]. International Journal for Numerical Methods in Fluids，2008，57（12）：1753-1770.

[193] Löhner R，Appanaboyina S，Cebral J R. Comparison of body-fitted，embedded and immersed solutions of low Reynolds-number 3-D incompressible flows[J]. International Journal for Numerical Methods in Fluids，2008，57：13-30.

[194] Jung E，Lim S，Lee W，et al. Computational models of valveless pumping using the immersed boundary method[J]. Computer Methods in Applied Mechanics and Engineering，2008，197：2329-2339.

[195] Liang A，Jing X D，Sun X F. Constructing spectral schemes of the immersed interface method via a global description of discontinuous functions[J]. Journal of Computational Physics，2008，227（18）：8341-8366.

[196] Liu Y L，Zhang L，Wang X D，et al. Coupling of Navier-Stokes equations with protein molecular dynamics and its application to hemodynamics[J]. International Journal for Numerical Methods in Fluids，2004，46（12）：1237-1252.

[197] Kang S，Iaccarino G，Ham F. DNS of buoyancy-dominated turbulent flows on a bluff body using the immersed boundary method[J]. Journal of Computational Physics，2009，228（9）：3189-3208.

[198] Feng Y T，Han K，Owen D R J. Coupled lattice Boltzmann method and discrete element modelling of particle transport in turbulent fluid flows：Computational issues[J]. International Journal for Numerical Methods in Engineering，2007，72（9）：1111-1134.

[199] Gil A J，Arranz Carreño A，Bonet J，et al. The immersed structural potential method for haemodynamic applications[J]. Journal of Computational Physics，2010，229（22）：8613-8641.

[200] Anderson D M，McFadden G B，Wheeler A A. Diffuse-interface methods in fluid mechanics[J]. Annual Review of Fluid Mechanics，1998，30：139-165.

[201] Scardovelli R，Zaleski S. Direct numerical simulation of free-surface and interfacial flows[J]. Annual Review of Fluid Mechanics，1999，31：567-603.

[202] 谢胜百，单鹏. 两种浸入式边界方法的比较[J]. 力学学报，2009，41（5）：618-627.

[203] 明平剑，张文平，卢熙群，等. 基于非结构化网格和浸入边界的流固耦合数值模拟[J]. 水动力学研究与进展，A辑，2010，25（3）：323-331.

[204] 王亮，吴锤结. "槽道效应"在鱼群游动中的节能机制研究[J]. 力学学报，2011，43（1）：18-23.

[205] 何国毅，张曙光，张星. 摆动水翼的推力与流场结构数值研究[J]. 应用数学和力学，2010，31（5）：553-560.

[206] 卢浩，张会强，王兵，等. 横向粗糙元壁面槽道湍流的大涡模拟研究[J]. 工程热物理学报，2012，33（7）：1163-1167.

[207] 宫兆新，鲁传敬，黄华雄. 虚拟解法分析浸入边界法的精度[J]. 应用数学和力学，2010，31（10）：1141-1151.

[208] Mittal R，Iaccarino G. Immersed boundary methods[J]. Annual Review of Fluid Mechanics，2005，37：239-261.

[209] Goldstein D，Handler R，Sirovich L. Modeling a no-slip flow boundary with an external force field[J]. Journal of Computational Phsyics，1993，105：354-366.

[210] Saiki E M，Biringen S. Numerical simulation of cylinder in uniform flow：Application of a virtual boundary method[J]. Journal of Computational Physics，1996，123（2）：450-465.

[211] 张兆顺，崔桂香. 流体力学[M]. 北京：清华大学出版社，1999.

[212] 朱克勤，许春晓. 粘性流体力学[M]. 北京：高等教育出版社，2009.

[213] 庄礼贤，尹协远，马晖扬. 流体力学[M]. 合肥：中国科学技术大学出版社，2009.

[214] 阎超，钱翼稷，连祺祥. 粘性流体力学[M]. 北京：北京航空航天大学出版社，2005.

[215] 童秉纲，尹协远，朱克勤. 涡运动理论[M]. 2版. 合肥：中国科学技术大学出版社，2009.

[216] Hunt J C R，Wray A A，Moin P. Eddies，stream and convergence zones in turbulent flows[R]. Technical Report CTR-S88，Stanford Univesity. 1988：193-208.

[217] Dallman U，Hilgenstock A，Riedelbauch S，et al. On the footprints of three-dimensional separated vortex flows around blunt bodies[C]//Proceedings of the 67th Meeting of Fluid Dynamics Panel Symposium on Vortex Aerodynamics. Netherlands：AGARD CP 494，1991：1-13.

[218] Jeong J，Hussain F. On the identification of a vortex[J]. Journal of Fluid Mechanics，1995，285：69-94.

[219] Wu J Z，Ma H Y，Zhou M D. Vorticity and Vortex Dynamics[M]. Berlin：Springer-Verlag，2006.

[220] 张建文，杨振亚，张政. 流体流动与传热过程的数值模拟基础与应用[M]. 北京：化学工业出版社，2009.

[221] 陆力，彭忠年，王鑫，等. 水力机械研究领域的发展[J]. 中国水利水电科学研究院学报，2018，16（5）：442-450.

[222] Thapa B S，Dahlhaug O G，Thapa B. Sediment erosion in hydro turbines and its effect on the flow around guide vanes of Francis turbine[J]. Renewable and Sustainable Energy Reviews，2015，49：1100-1113.

[223] Koirala R，Thapa B，Neopane H P. A review on flow and sediment erosion in guide vanes of Francis turbines[J]. Renewable and Sustainable Energy Reviews，2017，75：1054-1065.

[224] Rajkarnikar B，Neopane H P，Thapa B S. Development of rotating disc apparatus for test of sediment-induced erosion in Francis runner blades[J]. Wear，2013，306（1-2）：119-125.

[225] 黄思. 流体机械数值仿真研究及应用[M]. 广州：华南理工大学出版社，2015.

[226] 黄剑峰，张立翔，姚激，等. 水轮机泥沙磨损两相湍流场数值模拟[J]. 排灌机械工程学报，2016，34（2）：145-150.

[227] 黄先北，杨硕，刘竹青，等. 基于颗粒轨道模型的离心泵叶轮泥沙磨损数值预测[J]. 农业机械学报，2016，47（8）：35-41.

[228] 韩伟，陈雨，刘宜，等. 水轮机活动导叶端面间隙磨蚀形态演变预测[J]. 农业工程学报，

2018，34（4）：100-107.

[229] 韩伟，陈雨，刘宜，等. 水轮机活动导叶端面间隙磨蚀特性数值模拟[J]. 排灌机械工程学报，2018，36（5）：404-412.

[230] 赵伟国，郑英杰，刘宜，等. 沙粒体积分数对离心泵磨损特性影响的数值分析[J]. 排灌机械工程学报，2018，36（2）：98-103.

[231] 申正精，楚武利，董玮. 颗粒参数对螺旋离心泵流场及过流部件磨损特性的影响[J]. 农业工程学报，2018，34（6）：58-66.

[232] Mack R，Drtina P，Lang E. Numerical prediction of erosion on guide vanes and in labyrinth seals in hydraulic turbines[J]. Wear，1999，233-235（99）：685-691.

[233] Sangal S，Singhal M K，Saini R P. Hydro-abrasive erosion in hydro turbines：A review[J]. International Journal of Green Energy，2018，15（4）：1-22.

[234] Parsi M，Kara M，Agrawal M，et al. CFD simulation of sand particle erosion under multiphase flow conditions[J]. Wear，2017，376-377：1176-1184.

[235] Parsi M，Agrawal M，Srinivasan V，et al. CFD simulation of sand particle erosion in gas-dominant multiphase flow[J]. Journal of Natural Gas Science and Engineering，2015，27（Part 2）：706-718.

[236] Tarodiya R，Gandhi B K. Hydraulic performance and erosive wear of centrifugal slurry pumps：A review[J]. Powder Technology，2017，305：27-38.

[237] Noon A A，Kim M H. Erosion wear on centrifugal pump casing due to slurry flow[J]. Wear，2016，364-365：103-111.

[238] Gautam S，Neopane H P，Acharya N，et al. Sediment erosion in low specific speed francis turbines：A case study on effects and causes[J]. Wear，2020，442-443：1-16.

[239] Chitrakar S，Solemslie B，Neopane H P，et al. Review on numerical techniques applied in impulse hydro turbines[J]. Renewable energy，2020，159：843-859.

[240] Duarte C A R，Souza F J D. Dynamic mesh approaches for eroded shape predictions[J]. Wear，2021，484-485：1-16.

[241] 王福军. 流体机械旋转湍流计算模型研究进展[J]. 农业机械学报，2016，47（2）：1-14.

[242] Morsi S A，Alexander A J. An investigation of particle trajectories in two-phase flow systems[J]. Journal of Fluid Mechanics，1972，55（2）：193-208.

[243] Haider A，Levenspiel O. Drag coefficient and terminal velocity of spherical and nonspherical particles[J]. Powder Technology，1989，58（1）：63-70.

[244] Forder A，Thew M，Harrison D. A numerical investigation of solid particle erosion experienced within oilfield control valves [J]. Wear，1998，216（2）：184-193.

[245] ANSYS Inc. ANSYS Fluent Theory Guide [M]. Canonsburg：ANSYS Inc.，2019

[246] 苏佳慧，郭志伟. 基于磨损公式的磨损模型适用性研究[J]. 中国农村水利水电，2019（4）：104-109.

[247] Finnie I. Erosion of surfaces by solid particles[J]. Wear，1960，3（2）：87-103.

[248] Oka Y I，Yoshida T. Practical estimation of erosion damage caused by solid particle impact，part2：Mechanical properties of materials directly associated with erosion damage[J]. Wear，

2005，259（1-6）：102-109.

[249] McLaury B S，Shirazi S A，Shadley J R，et al. Modeling erosion in chokes[C]//ASME Fluids Engineering Summer Meeting，San Diego，California，1996，236（1）：773-781.

[250] 黑泽贞男，松本贵与志，稻垣泰造，等. 混流式水轮机转轮泥沙磨损解析预测[C]//第二届水力发电技术国际会议论文集，2009：74-80.

[251] 刘琦，龙新平，陈正文，等.90°弯管液固两相流动冲蚀磨损的数值模拟[J]. 武汉大学学报（工学版），2018，51（5）：443-450.

[252] Mazumder Q H，Shirazi S A，McLaury B. Experimental investigation of the location of maximum erosive wear damage in elbows[J]. Journal of Pressure Vessel Technology，2008，130（1）：011303.

[253] Noon A A，Kim M H. Erosion wear on Francis turbine components due to sediment flow[J]. Wear，2017，378-379：126-135.

[254] Koirala R，Thapa B，Neopane H P，et al. Sediment erosion in guide vanes of Francis turbine：A case study of Kaligandaki Hydropower Plant，Nepal[J]. Wear，2016，362-363：53-60.

[255] Chitrakar S，Neopane H P，Dahlhaug O G. Study of the simultaneous effects of secondary flow and sediment erosion in Francis turbines[J]. Renewable Energy，2016，97：881-891.

[256] 夏军，石卫. 变化环境下中国水安全问题研究与展望[J]. 水利学报，2016，47（3）：292-301.

[257] 常近时. 水轮机与水泵的空化与空蚀[M]. 北京：科学出版社，2016.

[258] ESSS. DEM technical manual[Z]. ESSS Rocky DEM，S. R. L.，2022.

[259] ESSS. CFD coupling technical manual[Z]. ESSS Rocky DEM，S. R. L.，2022.

[260] Qiu X J，Potapov A，Song M，et al. Prediction of wear of mill lifters using discrete element method[C]// 2001 SAG Conference Proceedings，University of British Columbia，Vancouver，Canada，2001：260-271.

附录 槽道内双列线性动静叶栅绕流的 IBM-LES 模拟

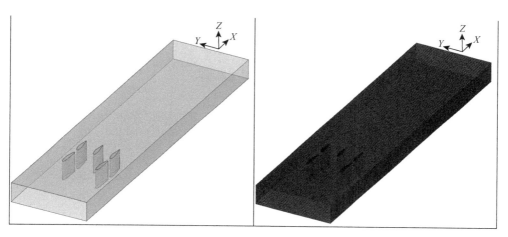

附图 1 计算模型及计算网格

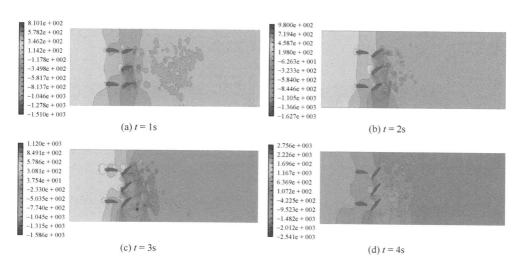

(a) $t = 1s$

(b) $t = 2s$

(c) $t = 3s$

(d) $t = 4s$

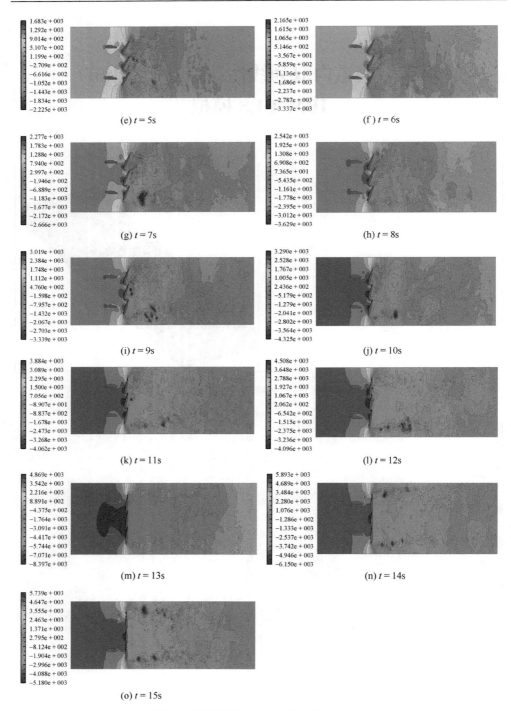

附图 2　展向断面 $z = 0.5L$ 压力分布（Pa）

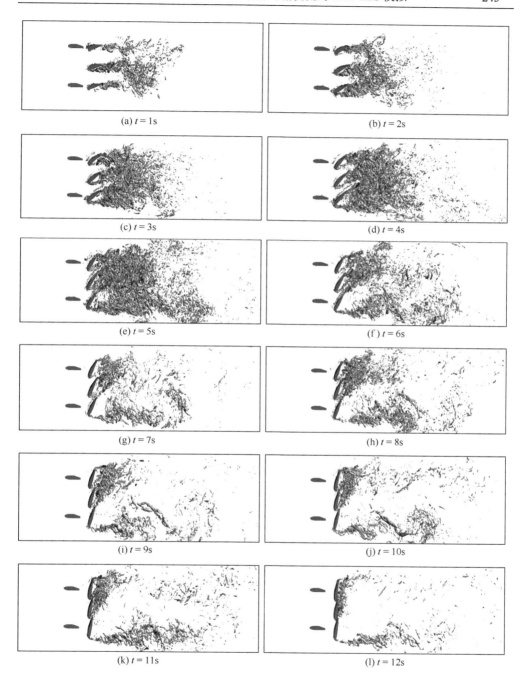

(a) $t = 1$s

(b) $t = 2$s

(c) $t = 3$s

(d) $t = 4$s

(e) $t = 5$s

(f) $t = 6$s

(g) $t = 7$s

(h) $t = 8$s

(i) $t = 9$s

(j) $t = 10$s

(k) $t = 11$s

(l) $t = 12$s

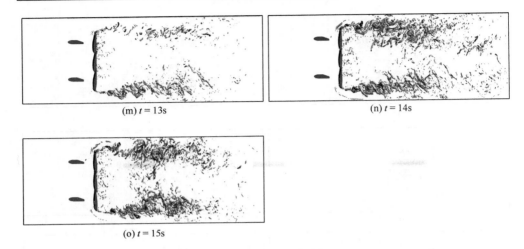

(m) $t = 13$s

(n) $t = 14$s

(o) $t = 15$s

附图 3　叶栅流道内尾迹结构分布

彩　　图

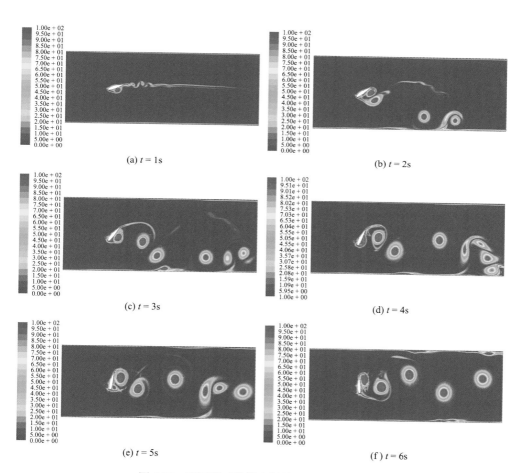

(a) $t = 1$s

(b) $t = 2$s

(c) $t = 3$s

(d) $t = 4$s

(e) $t = 5$s

(f) $t = 6$s

图 5.18　不同瞬时槽道内尾迹涡量分布（1/s）

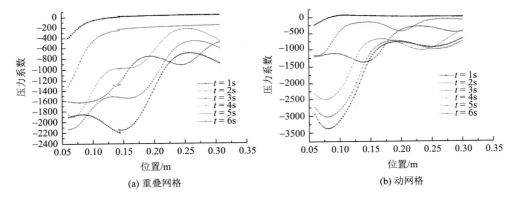

(a) 重叠网格　　　　　　　　　　(b) 动网格

图 5.23　不同瞬时叶后流场压力系数分布

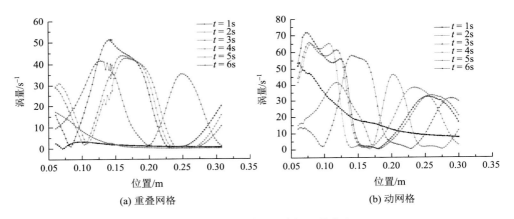

(a) 重叠网格　　　　　　　　　　(b) 动网格

图 5.25　不同瞬时叶后流场涡量分布

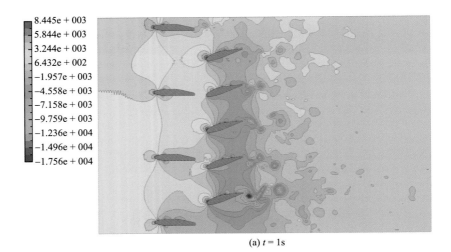

(a) $t = 1s$

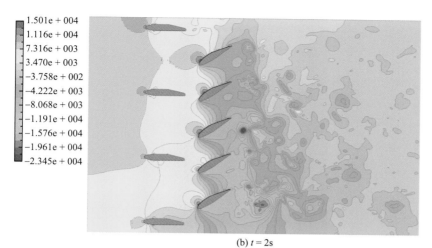

| 1.501e + 004 |
| 1.116e + 004 |
| 7.316e + 003 |
| 3.470e + 003 |
| −3.758e + 002 |
| −4.222e + 003 |
| −8.068e + 003 |
| −1.191e + 004 |
| −1.576e + 004 |
| −1.961e + 004 |
| −2.345e + 004 |

(b) $t = 2$s

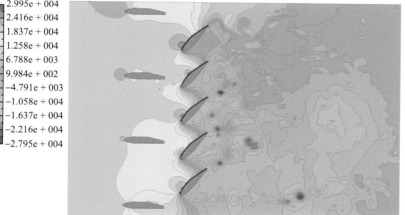

| 2.995e + 004 |
| 2.416e + 004 |
| 1.837e + 004 |
| 1.258e + 004 |
| 6.788e + 003 |
| 9.984e + 002 |
| −4.791e + 003 |
| −1.058e + 004 |
| −1.637e + 004 |
| −2.216e + 004 |
| −2.795e + 004 |

(c) $t = 3$s

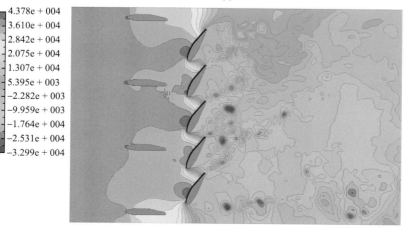

| 4.378e + 004 |
| 3.610e + 004 |
| 2.842e + 004 |
| 2.075e + 004 |
| 1.307e + 004 |
| 5.395e + 003 |
| −2.282e + 003 |
| −9.959e + 003 |
| −1.764e + 004 |
| −2.531e + 004 |
| −3.299e + 004 |

(d) $t = 4$s

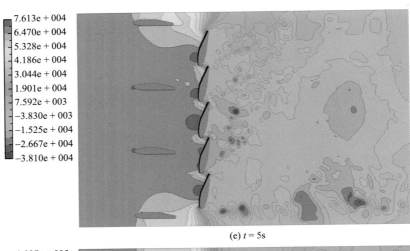

7.613e + 004
6.470e + 004
5.328e + 004
4.186e + 004
3.044e + 004
1.901e + 004
7.592e + 003
−3.830e + 003
−1.525e + 004
−2.667e + 004
−3.810e + 004

(e) $t = 5s$

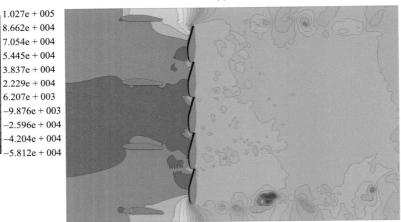

1.027e + 005
8.662e + 004
7.054e + 004
5.445e + 004
3.837e + 004
2.229e + 004
6.207e + 003
−9.876e + 003
−2.596e + 004
−4.204e + 004
−5.812e + 004

(f) $t = 6s$

图 6.6　展向断面 $z = 0.5L$ 压力分布（Pa）

变形量/m

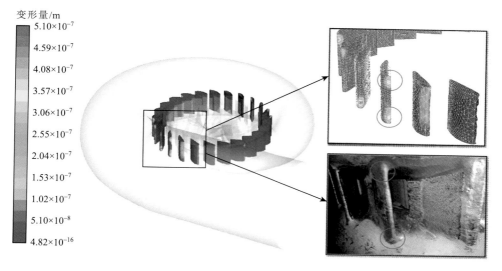

$5.10×10^{-7}$
$4.59×10^{-7}$
$4.08×10^{-7}$
$3.57×10^{-7}$
$3.06×10^{-7}$
$2.55×10^{-7}$
$2.04×10^{-7}$
$1.53×10^{-7}$
$1.02×10^{-7}$
$5.10×10^{-8}$
$4.82×10^{-16}$

(a) 固定导叶

变形量/m

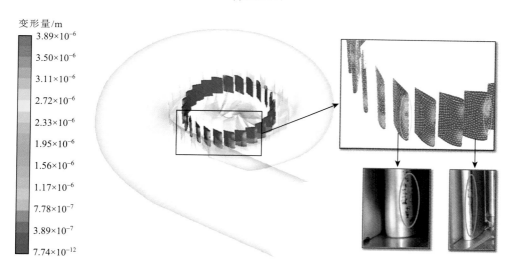

$3.89×10^{-6}$
$3.50×10^{-6}$
$3.11×10^{-6}$
$2.72×10^{-6}$
$2.33×10^{-6}$
$1.95×10^{-6}$
$1.56×10^{-6}$
$1.17×10^{-6}$
$7.78×10^{-7}$
$3.89×10^{-7}$
$7.74×10^{-12}$

(b) 活动导叶

图 7.19 导叶冲蚀变形分布云图（m）

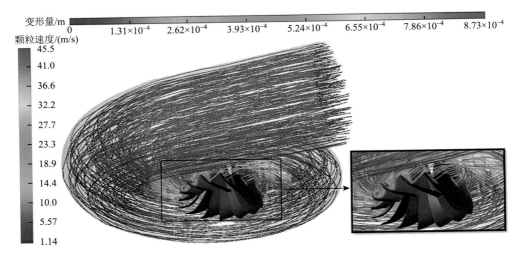

(a) 泥沙颗粒速度轨迹线

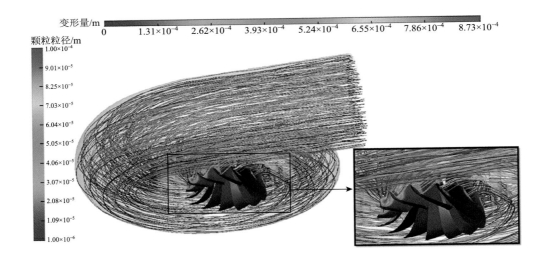

(b) 泥沙颗粒粒径轨迹线

图 7.23　泥沙颗粒速度轨迹线与粒径轨迹线及转轮叶片冲蚀变形量分布云图

磨损率(Oka磨损模型)/[kg/(m²·s)]

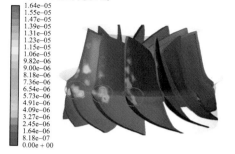

(a) 转轮磨损率分布

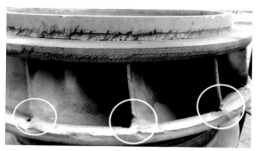

(b) 真机转轮磨损照片

图 7.24 转轮叶片磨损率分布与真机磨损情况对比

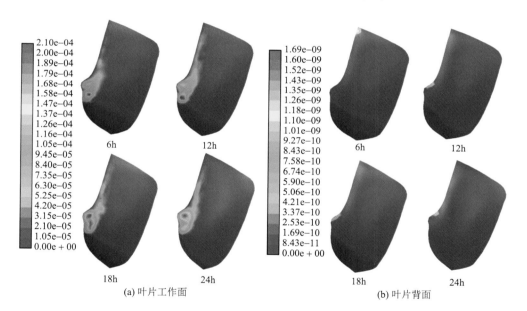

图 7.26 不同泥沙冲蚀时刻转轮叶片磨损率分布[kg/(m²·s)]

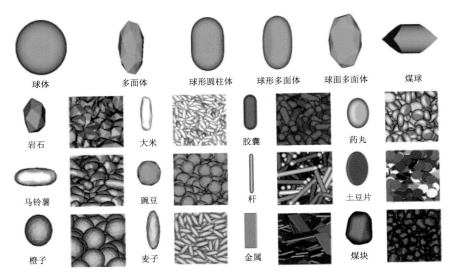

图 8.2　Rocky 中的颗粒形状

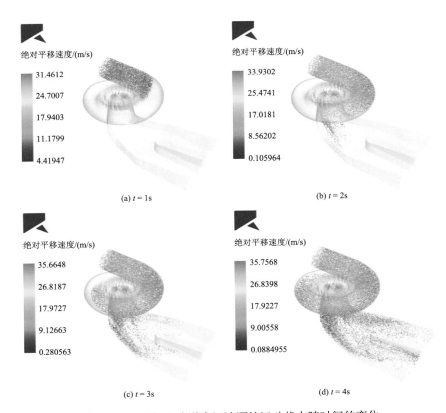

图 8.5　水轮机主流道内泥沙颗粒运动状态随时间的变化

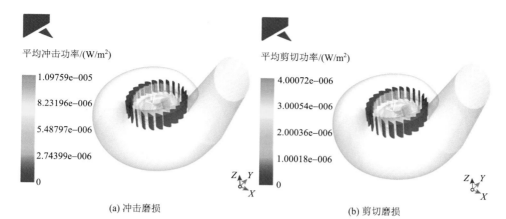

(a) 冲击磨损   (b) 剪切磨损

图 8.6 水轮机固定导叶表面泥沙磨损分布

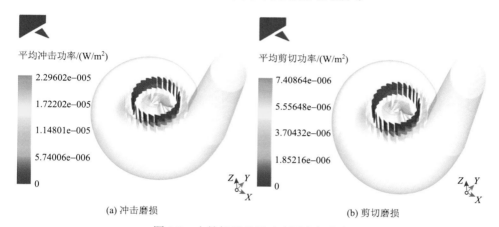

(a) 冲击磨损   (b) 剪切磨损

图 8.8 水轮机活动导叶表面磨损分布

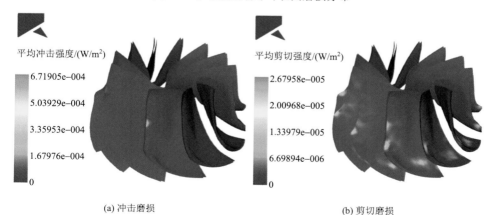

(a) 冲击磨损   (b) 剪切磨损

图 8.11 水轮机转轮表面磨损分布

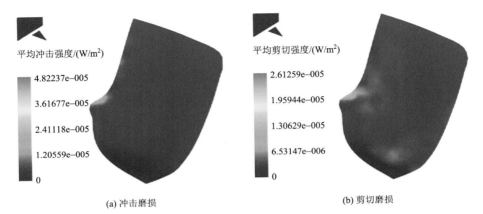

平均冲击强度/(W/m²)

4.82237e−005

3.61677e−005

2.41118e−005

1.20559e−005

0

(a) 冲击磨损

平均剪切强度/(W/m²)

2.61259e−005

1.95944e−005

1.30629e−005

6.53147e−006

0

(b) 剪切磨损

图 8.12　转轮叶片工作面磨损分布

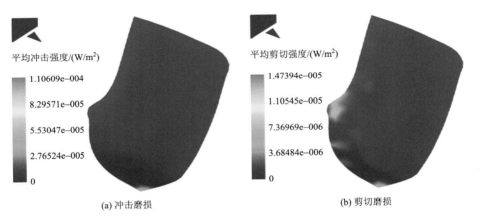

平均冲击强度/(W/m²)

1.10609e−004

8.29571e−005

5.53047e−005

2.76524e−005

0

(a) 冲击磨损

平均剪切强度/(W/m²)

1.47394e−005

1.10545e−005

7.36969e−006

3.68484e−006

0

(b) 剪切磨损

图 8.14　转轮叶片背面磨损分布

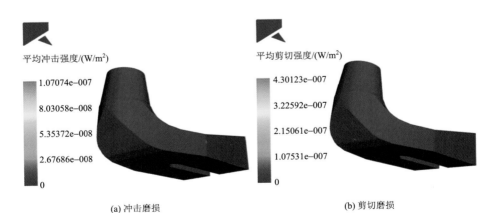

平均冲击强度/(W/m²)

1.07074e−007

8.03058e−008

5.35372e−008

2.67686e−008

0

(a) 冲击磨损

平均剪切强度/(W/m²)

4.30123e−007

3.22592e−007

2.15061e−007

1.07531e−007

0

(b) 剪切磨损

图 8.16　尾水管表面磨损分布